机械可靠性设计与分析

武红霞　陈江义　秦东晨　主编

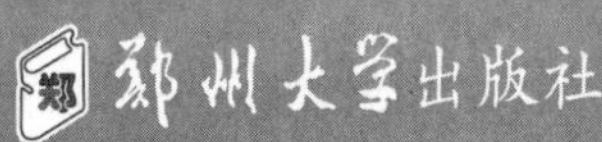

图书在版编目(CIP)数据

机械可靠性设计与分析 / 武红霞，陈江义，秦东晨主编 . — 郑州 : 郑州大学出版社，2022. 12(2023.6 重印)

ISBN 978-7-5645-9113-7

Ⅰ. ①机… Ⅱ. ①武…②陈…③秦… Ⅲ. ①机械设计 - 可靠性设计 Ⅳ. ①TH122

中国版本图书馆 CIP 数据核字(2022)第 182460 号

机械可靠性设计与分析
JIXIE KEKAOXING SHEJI YU FENXI

策划编辑	崔青峰	封面设计	王 微
责任编辑	吴 波	版式设计	苏永生
责任校对	李 蕊	责任监制	李瑞卿

出版发行	郑州大学出版社	地 址	郑州市大学路 40 号(450052)
出 版 人	孙保营	网 址	http://www.zzup.cn
经 销	全国新华书店	发行电话	0371-66966070
印 刷	郑州龙洋印务有限公司		
开 本	787 mm×1 092 mm 1 / 16		
印 张	13	字 数	302 千字
版 次	2022 年 12 月第 1 版	印 次	2023 年 6 月第 2 次印刷

书 号	ISBN 978-7-5645-9113-7	定 价	39.00 元

前言

可靠性是一门新兴的工程学科，它涉及基础科学、技术科学和管理科学的许多领域，是一门多学科交叉的边缘学科。它以提高产品可靠性为目的，以概率论和数理统计为基础，综合运用数学、物理、工程力学、系统工程等多方面知识对产品进行可靠性设计与分析。作为《中国制造 2025》的一个战略任务，可靠性技术已经贯穿于高科技产品、大型设备的设计、制造、使用、试验、维修保养等全寿命周期的各个环节。

从机械工程学科人才培养需求考虑，我校从 20 世纪 90 年代就开设了可靠性工程基础课程。2008 年，在原有课程基础上对教学内容进行了调整，课程设置为机械可靠性设计。本书是编者在讲授可靠性工程基础、机械可靠性设计课程的基础上，总结历年教学经验和相关可靠性研究工作，经过不断的补充、修改、完善而形成的。本书以大学本科教学为出发点，系统介绍了机械可靠性设计与分析的基本理论、方法及应用，各章后设置有习题，可作为高等院校机械类本科生、研究生的教材，也可供从事机械、车辆工程及其他可靠性工程技术工作的人员学习和参考。

全书共分 10 章，第 1、4、5、6、7、8 章由武红霞编写，第 2、3 章由陈江义教授编写，第 9、10 章由秦东晨教授编写。全书由武红霞整体策划并负责统稿，秦东晨教授审定。定稿期间，郑州大学出版社的崔青峰总编和吴波老师给出了宝贵的修改建议，在此特别表示感谢。另外，在编写过程中参阅了很多国内外同行的相关文献，也在此表示感谢。

本书的出版得到了“中原领军人才”项目（项目编号：ZYQR201912087）的资助，谨此致谢！

由于编写水平有限，本书难免存在疏漏或不妥之处，敬请各位读者批评指正。

编　者

2022 年 3 月

目　录

第1章 绪论

质量是产品实现其功能的基本保证,可靠性是衡量产品质量的一个重要指标。因此,产品的可靠性是今后国际市场中产品竞争的焦点,也是今后质量管理的主要发展方向,只有那些具有高可靠性指标的产品及其企业才能在日益激烈的国际市场的竞争中生存下来。我国已经把可靠性技术列为机电产品的四大共性技术(设计、制造、测试、可靠性)之一,可靠性已经贯穿于产品的设计、制造、检验及使用的整个过程中。可靠性工作的推行,不仅仅是提高产品质量的措施,而且是提高整个工业体系及行业管理水平,将我国产品质量管理全面引上一个新台阶的战略措施。

1.1 可靠性工程的发展

1.1.1 萌芽和兴起阶段(20世纪40—50年代)

最早的可靠性概念来自美国航空委员会,1939年,美国航空委员会《适航性统计学注释》中首次提出飞机故障率≤0.000 01次/h,相当于1 h内飞机的可靠度 $R_s=0.999\ 99$,这是最早的飞机安全性和可靠性定量指标。

在第二次世界大战末期,德国火箭专家Robert Lussen把VII火箭诱导装置作为串联系统,求得其可靠度为75%,这是首次定量计算复杂系统的可靠度问题。因此,VII火箭成为第一个运用系统可靠性理论的飞行器。

20世纪50年代初,可靠性工程在美国兴起。1952年8月21日,美国国防部下令成立由军方、工业部门和学术界组成的"电子设备可靠性咨询组",即AGREE(Advisory Group on Reliability of Electronic Equipment)。1955年,AGREE开始实施一个从设计、试验、生产到交付、储存、使用的全面的可靠性发展计划,并于1957年发表了名为《军用电子设备可靠性》的研究报告。该报告从9个方面阐述了可靠性设计、试验及管理的程序及方法,确定了美国可靠性工程发展的方向,成为可靠性发展的奠基性文件,标志着可靠性已成为一门独立的学科,是可靠性工程发展的重要里程碑。此后美国制定一系列有关的可靠性指标,确立了可靠性设计方法、试验方法及程序,并建立了失效数据收集及处理系统。从此,可靠性逐渐发展成为一门新兴的独立学科。

1.1.2 全面发展和成熟应用阶段(20 世纪 60—70 年代)

20 世纪 60 年代是世界经济发展较快的年代。可靠性工程以美国为先行,带动其他工业国家,得到全面、迅速发展。1969 年 7 月登月成功的阿波罗 11 号宇宙飞船,共有 120 所大学、15 000 个单位的 42 万人参加研制,使用了 720 万个零件,系统的复杂性使可靠性问题成了阿波罗 11 号宇宙飞船能否登月成功的关键问题。为了预测阿波罗 11 号宇宙飞船的可靠性,美国通用电子技术公司研制了“用仿真方法预测阿波罗 11 号宇宙飞船完成任务概率”的计算机程序,美国国家航空航天局认为:可靠性工程技术在阿波罗 11 号宇宙飞船登月成功中起到了至关重要的作用,并将可靠性工程技术列为 60 年代技术成就之一。这时,苏联、法国、日本等国家也相继开展了可靠性工程的研究,我国在雷达、通信机、计算机等方面也提出了可靠性问题。

20 世纪 70 年代,可靠性理论与实践的发展进入了成熟的应用阶段。逐步建立了完善的可靠性管理机构,负责组织、协调可靠性政策、标准、手册和重大研究课题。成立了全国性的可靠性数据网,加强政府与工业部门间的技术信息交流,并制定了完善的可靠性设计、试验及管理的方法和程序。在项目设计上,从一开始设计对象的型号论证开始,就强调可靠性设计,在设计制造过程中,通过加强对元器件的控制,强调环境应力筛选、可靠性增长试验和综合环境应力可靠性试验等来提高设计对象的可靠性,并开始重视机械可靠性和软件可靠性的研究工作。

1978 年,我国提出《电子产品可靠性“七专”质量控制与反馈科学试验》计划,并组织实施。长征运载火箭是我国可靠性研究和应用的代表,长征运载火箭通过对故障原因分析、可靠性标准的规范应用等一系列措施,大大提高了整个系统的可靠性,是目前最安全可靠的航天运载工具之一。

1.1.3 深入发展阶段(20 世纪 80—90 年代)

20 世纪 80 年代,可靠性工程开始向更深、更广的方向发展:在技术上深入开展软件可靠性、机械可靠性、光电器件可靠性和微电子器件可靠性的研究,全面推广计算机辅助设计技术在可靠性领域的应用,采用模块化、综合化和可靠性高的新技术(如超高速集成电路等)来提高设计对象的可靠性。1985 年,美国军方提出在 2000 年实现“可靠性加倍,维修时间减半”的目标。我国掀起了电子行业可靠性工程和管理的第一个高潮,1984 年组建了全国统一的电子产品可靠性信息交换网,1987 年颁布了《电子设备可靠性预计手册》(GJB/Z 299—1987),同时还组织制定了一系列有关可靠性的国家标准、国家军用标准和专业标准,使可靠性工作进入标准化轨道。

20 世纪 90 年代,可靠性工程开始步入理念更新时期,出现了一些新的可靠性理念,改变了一些传统的可靠性工作方法。随着产品可靠性的持续提高,可靠性强化试验、产品健壮性设计技术、动态可靠性分析与评估技术等一些新概念、新方法、新技术逐步发展起来,为高可靠、长寿命产品与装备的可靠性增长、可靠性试验与可靠性评估提供了新的有效解决途径。我国原机械电子工业部提出了“以科技为先导,以质量为主线”,沿着“管起来—控制好—上水平”的发展模式开展可靠性工作,提出了可靠性系统工程的概念,掀起了我国第二次可靠性工作的高潮。

1.1.4　综合化、系统化和智能化发展阶段(21世纪)

随着科学技术的发展,特别是信息技术的迅速发展,航空、航天、通信、工业应用等各个领域的工程系统日趋复杂,大量复杂系统的复杂性、综合化、智能化程度不断提高。伴随着复杂系统的发展,其研制、生产尤其是维护和保障的成本越来越高。同时,由于组成环节和影响因素的增加,发生故障和功能失效的概率逐渐加大,因此,复杂系统故障诊断和维护逐渐成为大家关注的焦点。可靠性系统工程的理念在航空航天、兵器舰船等军工行业的实践中迅速得到推动和发展,把与故障直接或间接相关的设计特性称为通用质量特性的“六性”(可靠性、维修性、测试性、保障性、环境适应性和安全性)。

2006年国务院制定的《国家中长期科学和技术规划发展纲要(2006—2020)》把“重大产品和重大设施寿命预测技术”列为需要攻克的前沿技术之一,其中包括重大产品、复杂系统和重大设施的可靠性、安全性和寿命预测技术。2010年,国家自然科学基金委员会、工程与材料科学部编写的《机械工程学科发展战略报告(2011—2020)》将重大设备的运行可靠性、安全性、可维护性关键技术列为重要的研究方向。随后,基于复杂系统可靠性、安全性、经济性考虑,以预测技术为核心的故障预测与健康管理(prognostics and health management,PHM)系统获得了越来越多的重视和应用。利用先进的传感器技术,获取系统运行状态信息和故障信息,借助神经网络、模糊推理等算法,根据系统历史数据和环境因素,对系统进行状态监测、故障预测,同时对系统的健康状态进行评估,结合地面维修资源情况,给出维修决策,以实现关键部件的实情维修。人们对可靠性分析方法的研究更加趋于活跃,许多学者将人工智能、随机模拟、心理学、认知工程学、神经网络、信息论、突变论、模糊集合论等学科的思想应用到可靠性分析中,出现了可靠性心理模型、可靠性分析综合认知模型、模糊可靠性模型、人机系统中人失误率评估的动态可靠性技术等。可靠性工程发展成一个多学科交叉渗透的综合化、系统化智能化健康管理系统。

2015年,国务院印发的《中国制造2025》中提出如下有关可靠性的战略任务:提升质量控制技术,完善质量管理机制,夯实质量发展基础……普及卓越绩效、六西格玛、精益生产、质量诊断、质量持续改进等先进生产管理模式和方法……加强可靠性设计、试验与验证技术开发应用……目前,我国的电子学会、宇航学会、航空学会、机械工程学会、仪器仪表学会等一级学会均设立了相应的可靠性工程分会。可靠性工程还在继续向更高水平、更广阔和更深入的内涵发展。例如,以寿命周期费用为约束的可靠性优化设计、具有更高可靠性的软件可靠性的研究、先进可靠性试验方法的研究、先进机内自测试技术的开发以及统一的管理机构与可靠性专用数据库的建立等。

1.2　机械可靠性设计的必要性

对于产品来说,可靠性问题和人身安全、经济效益密切相关。因此,研究产品的可靠性问题显得十分重要,非常迫切。在电子产品的可靠性不断提高以及机械设备越来越复杂的今天，机械可靠性的问题已经突出地摆到人们面前，人们对机械可靠性设计的认知也逐渐提高。

产品的可靠性是市场竞争的需要。产品竞争是经济发展的必然趋势，可靠性是产品竞争的焦点，只有可靠性高的产品和企业才能立足于市场。在20世纪60年代中期，小松工程机械产品滞销，企业濒临倒闭，为此，企业对销往国内外的四种大型推土机（共703台）进行全面的调查分析，通过调查分析，对大约30个部件和200个零件的寿命和可靠性进行改进提高，使这些种类的推土机的可靠性水平显著提高，使MTBF（mean time between failures，平均无故障工作时间）增长3倍，维修费用降低了2/3，最后小松推土机的出口贸易比例从20%增长到40%～55%的水平，不但在竞争中站稳了脚跟，而且带来了巨大的经济效益。

产品可靠性是安全性的需要。2007年8月，一架客机在日本冲绳那霸机场着陆后起火爆炸，调查证实，原因是飞机在起降时使用的机翼前缘襟翼的内部螺丝出现松动，刺穿了机翼内的油箱，燃料从破裂处经前缘襟翼缝隙大量流出，随后被引擎的高温引燃。一颗螺丝钉引爆一架大飞机，这个教训是非常惨痛的。

产品可靠性是提高企业生产效率的需求。提高产品的可靠性，可以减少停机的时间，这样，在投资、成本相近的情况下，可以发挥几倍的效益。美国通用电气公司经过分析认为，对于发电、冶金、矿山、运输等连续作业的设备，即使可靠性提高1%，成本提高10%也是合算的。

产品可靠性是系统性能优化、产品结构复杂化的需要。机械设备的庞大、复杂与密集度的提高，导致了设备的零件数目不断增加，这就要求零件本身具有更高的可靠性才能满足系统的可靠性目标值。

为了提高产品的系统可靠性，必须在生产的各个环节上做出努力，但最重要的是设计阶段。如果设计不合理，想通过事后的修理来达到所期望的可靠性几乎是不可能的。因此，从事机械研究和系统设计的科研人员，应熟悉和掌握机械可靠性设计。

1.3　机械可靠性设计的研究内容

可靠性工程是为了保证产品在设计、生产及使用过程中达到预定的可靠性指标，应该采取的技术及组织管理措施。这是一门介于技术和管理科学之间的边缘学科。可靠性作为一门工程学科，它有自己的体系、方法和技术。

机械设备和系统的可靠性设计主要包括以下内容：

（1）可靠性设计指标及其度量值。把长期积累的影响产品可靠性的知识和经验条理化、规范化，并结合失效模式分析确定适用于该机械产品的可靠性指标，供产品设计时使用，可靠性指标的高低取决于产品的重要性。要重视过去的经验、用户的要求及市场调查。

（2）产品的可靠性预计。可靠性预计是指在设计开始时，运用以往的可靠性数据资料对单元、系统的可靠性特征量进行分析，通过所获得的数据得出比较确切的可靠性指标，并加以验证。可靠性预计的重要作用之一是在设计过程中为了达到要求的可靠性指标指出该系统中应予特别注意的薄弱环节和改进方向。

(3)对系统可靠性指标进行合理的分配。将可靠性指标按一定的分配方法分配到各子系统，并与各子系统能达到的指标相比较，判定是否需要改进设计以提升可靠性指标；再把子系统改进好的可靠性指标按一定的分配方法进一步分配到各个零件单元。

(4)对关键零件和重要部件进行可靠性概率设计。根据经验数据、故障树分析或故障模式影响及危害性分析(failure mode, effects and criticality analysis，简记为FMECA)方法确定产品的可靠性关键件和重要件及其相应的失效模式。对影响产品可靠性的关键零件和重要部件的主要失效模式进行可靠性设计。

(5)产品可靠性设计中的可靠性试验。机械产品工作环境非常复杂，试验很难模拟真实的环境和应力。因此，必要时需进行现场可靠性试验，或收集使用现场的失效信息。复杂机械产品由于体积大、成本高等不能进行可靠性试验，可采用较低层次(部件、组件或零件)的可靠性试验，然后综合试验结果、应力分析结果和类似产品的可靠性数据及产品现场使用的情况，对其可靠性进行综合评价。

可靠性设计尽管是一种新的设计理论和方法，但仍然需要传统的设计经验，并且与其他设计方法和理论一起综合应用，例如有限元分析、断裂力学、疲劳统计学、试验应力分析等。

本课程是一门技术专业基础课，主要任务是使学生掌握可靠性设计指标、可靠性数学基础、机械强度可靠性设计、机械系统可靠性设计，机械可靠性优化设计、可靠性试验等一些有关可靠性设计的基本原理和方法。学习本课程为学习后继课程，从事相关领域的管理、工程技术服务、科学研究以及开拓新技术领域，打下坚实的基础。

习题

1-1　机械可靠性设计的主要内容是什么？

1-2　查阅相关资料，了解可靠性设计的研究现状与发展历程，思考机械可靠性设计的未来发展方向(趋势)；并结合可靠性研究的具体实例，说明开展机械可靠性设计研究的重要性，写一篇小论文。

第2章　可靠性的定义及评价指标

2.1　可靠性的定义

什么是可靠性

评价一种机械产品质量好坏，往往从技术性能、经济指标和可靠性三方面来考虑。可靠性是产品质量的部分内容，它是质量的一个局部，但它是质量的核心部分。

可靠性(reliability)是指产品在规定的条件下和规定的时间内完成规定功能的能力。该定义包含的五个要素是产品、规定条件、规定时间、规定功能和能力，在讨论产品的可靠性问题时，必须明确这五个要素。

(1)产品：即可靠性的研究对象，包括系统、机器、零部件等。它可以是一个零件，如机械零件的齿轮、轴、弹簧等；可以是由许多零件装配而成的机器，如机床、汽车、飞机、轮船、发动机等；也可以是由许多机器组成的机组和成套设备；甚至还可以把人的判断、操作等因素包括在内。因此，在研究可靠性时，必须明确其研究对象是什么。

(2)规定条件：一般是指产品使用条件、操作条件、维护条件和环境条件，如载荷、温度、压力、湿度、辐射、振动、冲击、噪声、磨损、腐蚀等。同一种机械产品在不同的外部环境条件下，其可靠性可能全然不同。例如，某些机械产品在恶劣的外部环境条件下，也许根本不能胜任工作，或者可靠性很低。可见，任何产品在使用说明书中必须对这些条件加以规定，否则无法判断产品是否达到了规定的可靠性指标，从而无法判断发生故障(失效)的责任是在用户一方还是在生产厂家一方。

(3)规定时间：即所研究对象的工作期限，机械产品可靠性与时间有关，可靠度随时间的增加而降低。这里的时间是广义的，根据产品的不同，定义中的时间也可以是周期、应力循环次数、转数或里程数等相当于时间的量，如汽车行驶里程(距离)、齿轮应力循环次数等。总之，产品只能在一定的时间区间内才能达到目标可靠度，研究产品的可靠性时一定要对“时间”有明确的规定。

(4)规定功能：即规定故障判据。在设计或制造任何一种产品时，都赋予它一定的功能。例如，机床的功能是进行机械加工。有些产品可能会有多种功能。研究产品可靠性首先要明确产品的具体功能是什么，怎样才算是完成要求的功能。产品丧失要求的功能称为失效，对可修复产品称为故障。为了正确判断产品是否失效，合理地确定失效判据是非常重要的。功能有主次之分，故障也有主次之分。次要的故障不影响主要功能，因而也不影响可靠性。例如,有一个齿轮齿面发生了某种程度的磨损,对于某些精密或重要的机械来说该齿轮就失效了,而对于某些机械来说,并不影响正常运转,就可以不算失效。

(5)能力:指可靠性水平的高低,是一个定性的描述。产品的失效或故障具有随机性,一个产品在某段时间的工作情况并不能很好地反映该种产品可靠性的高低,该种产品的可靠性应该是该种产品运转情况大量统计规律的结果。

根据产品故障后是否需要进行维修,可以分为广义可靠性和狭义可靠性。对于发生故障的产品一般有两种处置方式:废弃、修复故障。废弃的不可修复产品的可靠性为狭义可靠性。可修复产品的可靠性为广义可靠性。广义可靠性除考虑狭义可靠性外,还要考虑发生故障后修理的难易程度,即维修性。

对于很多产品,一旦发生故障或失效,总是修复后再使用。因此,对于这类产品,不发生故障、可靠性好固然重要,发生故障或失效后能迅速修复以维持良好而完善的状态也很重要。

产品的可靠性包含制造和使用两方面的因素,据此可以分为固有可靠性和使用可靠性。固有可靠性是指产品在设计、生产过程中已经确立了的可靠性。它是产品内在的可靠性,是生产方在模拟实际工作条件的标准环境下,对产品进行检测并给予保证的可靠性,它与产品的材料、设计与制造工艺及检验精度等有关。使用可靠性是在使用中的可靠性,与产品的使用条件密切相关,受到使用环境、操作水平、保养与维修等因素的影响。使用者的素质对使用可靠性影响很大。

2.2　可靠性的概率指标

可靠性的概率指标

为了评价产品的可靠性,需要制定一些评定产品可靠性的数值指标。可靠性数值指标就是可靠性的评价尺度,常用的有可靠度、失效概率、失效率、平均寿命、寿命方差和寿命标准差、可靠寿命、中位寿命及特征寿命、维修度等。有了统一的可靠性评价指标就可以在设计产品时用数学方法来计算和预测其可靠性,在产品生产出来后用试验测试的方法来考核和评定其可靠性。

2.2.1　可靠度与失效概率

可靠度是产品在规定的条件下和规定的时间内,完成规定功能的概率,通常以 R 表示。考虑到它是时间的函数,又可表示为 $R(t)$,称为可靠度函数,就概率分布而言,它又叫作可靠度分布函数,且是累积分布函数。它表示在规定的使用条件下和规定的时间内,无故障地发挥规定功能而工作的产品占全部工作产品(累积起来)的百分率。因此,可靠度的取值范围是

$$0 \leqslant R(t) \leqslant 1 \tag{2-1}$$

如果用随机变量 T 表示产品从开始工作到发生失效或故障的时间,则该产品在某一指定时刻 t 的可靠度为

$$R(t) = P(T > t) \quad (0 \leqslant t < \infty) \tag{2-2}$$

与可靠度相对应的是不可靠度,表示“产品在规定的条件下和规定的时间内不能完成规定功能的概率”,因此又称为失效概率,记为 F。失效概率 F 也是时间 t 的函数,故又称为失效概率函数或不可靠度函数,并记为 $F(t)$。它也是累积分布函数,故又称为累积失效概率。显然,它与可靠度呈互补关系,即

$$F(t) = P(T \leqslant t) = 1 - R(t) \tag{2-3}$$

由定义可知,可靠度与不可靠度都是对一定时间而言的,若所指时间不同,则同一产品的可靠度值也就不同。

对于不可修复产品,可靠度的观测值是指直到规定的时间区间终了为止,能完成规定功能的产品数 $n_s(t)$ 与该区间开始时投入工作的产品数 N 之比,即

$$\hat{R}(t) = \frac{n_s(t)}{N} \tag{2-4}$$

$$\hat{F}(t) = 1 - \hat{R}(t) = \frac{N - n_s(t)}{N} \tag{2-5}$$

上述失效概率的时间是从零算起的,实际使用中常需要知道工作过程中某一段执行任务时间的失效概率,即需要知道工作了 t 时间后再继续工作 Δt 时间的失效概率。

产品在 Δt 时间段的失效概率为

$$\Delta\hat{F}(t) = \frac{\Delta n(t)}{N} = \frac{n(t + \Delta t) - n(t)}{N} \tag{2-6}$$

产品开始工作($t=0$)时都是好的,故有 $n_s(t) = n_s(0) = N$,$\hat{R}(t) = \hat{R}(0) = 1$,$\hat{F}(t) = \hat{F}(0) = 0$。

随着工作时间的增加,产品的失效数不断增多,可靠度就相应地降低。当产品的工作时间 t 趋向于无穷大时,所有的产品不管其寿命多长,最后总是要失效的。因此,

$$n_s(t) = n_s(\infty) = 0, \hat{R}(t) = \hat{R}(\infty) = 0; \hat{F}(t) = \hat{F}(\infty) = 1$$

即可靠度函数 $R(t)$ 在$[0,\infty)$区间内为递减函数,而失效概率函数 $F(t)$ 为递增函数,如图 2-1(a)所示,$F(t)$ 与 $R(t)$ 的形状正好相反。

对失效概率函数 $F(t)$ 求导,则得失效概率密度函数 $f(t)$,即

$$f(t) = \frac{\mathrm{d}F(t)}{\mathrm{d}t} = -\frac{\mathrm{d}R(t)}{\mathrm{d}t} \tag{2-7}$$

根据式(2-6)也可得到失效概率密度函数 $f(t)$ 为

$$\hat{f}(t) = \frac{n(t + \Delta t) - n(t)}{N \cdot \Delta t} = \frac{\Delta n(t)}{N \cdot \Delta t} \tag{2-8}$$

在可靠度函数与失效概率函数如图 2-1(a)所示的情况下,失效概率密度函数则如图 2-1(b)所示。

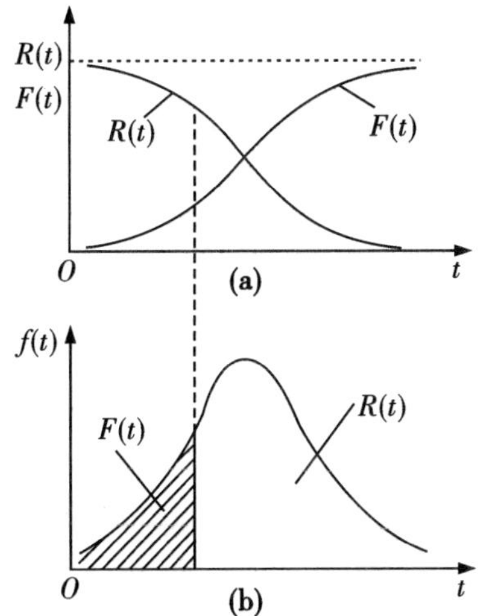

图 2-1　可靠度函数、失效概率函数与失效概率密度函数的关系曲线

由式(2-7)可得

$$F(t)=\int_0^t f(t)\mathrm{d}t \tag{2-9}$$

$$R(t)=1-F(t)=1-\int_0^t f(t)\mathrm{d}t=\int_t^\infty f(t)\mathrm{d}t \tag{2-10}$$

例 2-1　对 100 个相同的汽车零件进行疲劳试验。从开始到试验 400 h 内有 8 个失效。求该批零件工作到 400 h 的可靠度。

解：由题意得，$N=100$，$n_s(400)=100-8$

由 $\hat{R}(t)=\dfrac{n_s(t)}{N}$ 得

$$\hat{R}(t)=\frac{100-8}{100}=92\%$$

2.2.2　失效率

2.2.2.1　失效率的定义

失效率又称为故障率，其定义为"工作到某时刻 t 尚未失效(故障)的产品，在该时刻 t 以后的下一个单位时间内发生失效(故障)的概率"。一般记为 λ，它也是时间 t 的函数，故也记为 $\lambda(t)$，称为失效率函数。

按上述定义，则某一时刻的失效率为

$$\lambda(t)=\lim_{\Delta t\to 0}\frac{P(t\leqslant T\leqslant t+\Delta t\mid T>t)}{\Delta t} \tag{2-11}$$

它反映了 t 时刻产品失效的速率，也称为瞬时失效率。

失效率的预测值为"在某时刻 t 以后的下一个单位时间内失效的产品数与工作到该时刻尚未失效的产品数之比"。

设有 N 个产品，从 $t=0$ 开始工作，到时刻 t 时产品的失效数为 $n(t)$，而到时刻 $(t+\Delta t)$ 时产品的失效数为 $n(t+\Delta t)$，则该产品在时间区间 $[t,t+\Delta t)$ 内的平均失效率 $\hat{\lambda}(t)$ 为

$$\hat{\lambda}(t)=\frac{n(t+\Delta t)-n(t)}{[N-n(t)]\cdot\Delta t}=\frac{\Delta n(t)}{[N-n(t)]\cdot\Delta t} \tag{2-12}$$

式中，$\Delta n(t)$ ——在时间增量 Δt 内的产品失效数。

当产品数 $N\to\infty$，时间区间 $\Delta t\to 0$ 时，则 $\hat{\lambda}(t)\to\lambda(t)$。

平均失效率也可以用积分来表达，其表达式为

$$\bar{\lambda}(t)=\frac{1}{t_2-t_1}\int_{t_1}^{t_2}\lambda(t)\,\mathrm{d}t \tag{2-13}$$

失效率是产品可靠性常用的数量特征之一，失效率愈高，则可靠性愈低。

失效率的单位用单位时间的百分数表示。例如，$\%/10^3$ h，可记为 10^{-5}/h。常用零部件失效率的概略值如表 2-1 所示。

表 2-1　常用零部件失效率的概略值

零部件名称	失效率 $\lambda/(10^{-6}/\mathrm{h})$		
	最上限	平均	最下限
机床铸件（基础铸件）	0.70	0.175	0.015
一般轴承	1.0	0.50	0.02
球轴承（高速、重载）	3.53	1.80	0.075
球轴承（低速、低载）	1.72	0.875	0.035
轴套或轴承	1.0	0.50	0.02
滚子轴承	0.02	0.002	0.004
凸轮	1.10	0.40	0.001
离合器	0.93	0.60	0.06
电磁离合器	1.348	0.687	0.45
弹性联轴器	0.049	0.025	0.002 7
液压缸	0.12	0.008	0.001
气压缸	0.013	0.005	0.004
带传动	3.875	1.50	0.002
O 型密封圈	0.142	0.08	0.02
橡胶密封圈	0.03	0.02	0.011
压力表	7.80	4.0	0.135
齿轮	0.20	0.12	0.011 8

续表 2-1

零部件名称	失效率 $\lambda/(10^{-6}/h)$		
	最上限	平均	最下限
齿轮箱(运输用)	0.36	0.20	0.11
箱体	2.05	1.10	0.051
电动机	0.58	0.30	0.11
液压马达	7.15	4.30	1.45
转动密封	1.12	0.70	0.25
滑动密封	0.92	0.30	0.11
轴	0.62	0.35	0.15
弹簧	0.221	0.112 5	0.004

例 2-2　当 $t=0$ 时，有 $N=100$ 个产品开始工作。当 $t=100$ h 时已有 2 个产品失效，而在 100～105 h 内又失效 1 个；待到 $t=1\ 000$ h 时已有 51 个失效，而在 1 000～1 005 h 内失效 1 个。求 $t=100$ h，$t=1000$ h 的失效率和失效概率密度函数值。

解：已知 $N=100$，$\Delta t=5$ h，由式(2-8)、式(2-12)可得

$t=100$ h 时

$$\hat{\lambda}(100)=\frac{1}{(100-2)\times 5}=2.04\times 10^{-3}(\mathrm{h}^{-1}),\ \hat{f}(100)=\frac{1}{100\times 5}=2\times 10^{-3}(\mathrm{h}^{-1})$$

$t=1\ 000$ h 时

$$\hat{\lambda}(1\ 000)=\frac{1}{(100-51)\times 5}=4.08\times 10^{-3}(\mathrm{h}^{-1}),\ \hat{f}(1\ 000)=\frac{1}{100\times 5}=2\times 10^{-3}(\mathrm{h}^{-1})$$

失效率比失效概率密度更直观地反映了时间对产品失效可能性的影响。

2.2.2.2　失效率曲线

产品整个寿命的失效率情况可以用失效率曲线来表示。产品的可靠性取决于产品的失效率，而产品的失效率随工作时间的变化具有不同的特点，根据长期以来的理论研究和数据统计发现，由许多零部件构成的机器、设备或系统在不进行预防性维修时，或者对于不可修复的产品，其失效率曲线的典型形态如图 2-2 所示，由于它的形状像浴盆的剖面，所以又称为浴盆曲线。产品的失效率随时间的变化可以分为三个不同阶段或时期。

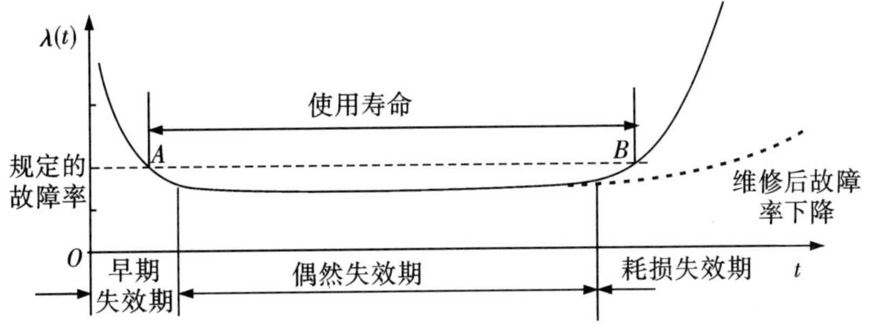

图 2-2　失效率曲线

1. 早期失效期

早期失效期出现在产品投入使用的初期,其特点是开始时失效率较高,但随着使用时间的增加,失效率将较快地下降,呈递减型(DFR 型,decreasing failure rate),如图 2-2 所示。这时期的失效或故障是由于设计上的疏忽、材料缺陷、工艺质量问题、检验差错而混进了不合格品、不适应外部环境等缺点及设备中寿命短的部分等因素引起的。这个时期的长短随设备或系统的规模和上述情况的不同而异。为了缩短这一阶段的时间,产品应在投入运行前进行试运转,以便及早发现、修正和排除缺陷;或通过试验进行筛选剔除不合格品;或进行规定的跑合和调整,以便改善其技术状况。

2. 偶然失效期

在早期失效期的后期,早期失效的产品暴露无遗,失效率就会大体趋于稳定状态并降至最低,且在相当一段时期内大致维持不变,呈恒定型(CFR 型,constant failure rate)。这时期故障的发生是偶然的或随机的,故称为偶然失效期。偶然失效期是设备或系统等产品的最佳状态时期,在规定的失效率下其持续时间称为使用寿命或有效寿命。人们总是希望延长这一时期,即希望在容许的费用内延长使用寿命。台架寿命试验、可靠性试验,一般都是在消除了早期故障之后针对偶然失效期而进行的。

3. 耗损失效期

耗损失效期出现在设备、系统等产品投入使用的后期,其特点是失效率随工作时间的增加而上升,呈递增型(IFR 型,increasing failure rate)。这是因为构成设备、系统的某些零件已过度磨损、疲劳、老化、寿命衰竭。若能预计耗损失效期到来的时间,并在这个时间稍前一点将要损坏的零件更换下来,就可以把本来将会上升的失效率拉下来,延长可维护的设备或系统的使用寿命。当然,是否值得采取这种措施需要权衡,因为有时把它报废则更为合算。

可靠性研究虽涉及上述三种失效类型或三种失效期,但着重研究的是偶然失效期,因为它发生在设备的正常使用期间。

这里要特别指出,浴盆曲线的观点反映的是不可修复且较为复杂的设备或系统在投入使用后失效率的变化情况。在一般情况下,凡是由于单一的失效机制而引起失效的零部件,应归于 DFR 型。而固有寿命集中的多属于 IFR 型。只有在稍复杂的设备或系统中,由于零件繁多且它们的设计、使用材料、制造工艺、工作(应力)条件、使用方法等不同,失效因素各异,才形成包含上述三种失效类型的浴盆曲线。

还应当注意,只有在产品寿命服从指数分布时,才有 $\lambda(t)=$ 常数 $=\lambda=1/$平均寿命,这时使用失效率这一指标才有意义。大多数电子、电气产品的寿命可以认为服从指数分布。然而大多数机械产品的寿命并不服从指数分布,其失效率并不呈现为典型的浴盆曲线,而是随着时间的增加而增大。在这种情况下,$\lambda(t)$ 是时间的函数,难以用失效率来预测产品的可靠度。

2.3　可靠性的寿命指标

可靠性的寿命指标

2.3.1　平均寿命与寿命方差

2.3.1.1　平均寿命

平均寿命是一个标志产品平均能工作多长时间的量，反映了产品寿命分布的中心位置，不少产品常用平均寿命作为可靠性指标。

平均寿命对于不可修复的产品和可修复的产品，含义稍有区别。不可修复的产品是那些失效后无法修复或不修复，仅进行更换的产品，如轴承等；可修复的产品是那些发生故障后经修理或更换零件即恢复功能的产品。对于不可修复的产品，平均寿命是指一个（或多个产品）从开始工作到发生失效的平均时间，用 MTTF（mean time to failure）表示：

$$\text{MTTF}=\frac{1}{N}\sum_{i=1}^{N}t_i \tag{2-14}$$

式中，N——测试的产品总数；

t_i——第 i 个产品失效前的工作时间。

对于可修复产品，平均寿命为相邻两次故障间工作时间的平均值，用 MTBF（mean time between failure）表示，是指一个（或多个产品）在它的使用寿命期内的某个观察期间累积工作时间与故障次数之比，也就是边修理边使用的产品在相邻故障间隔的平均时间，故 MTBF 又称为平均无故障工作时间，或平均故障间隔。若只考虑首次故障，则指的是产品从开始使用到第一次发生故障的平均时间，用 MTTFF（mean time to first failure）表示。对可修复产品，人们不仅关心 MTBF，有时则更关心 MTTFF。

$$\text{MTBF}=\frac{1}{\sum_{i=1}^{N}n_i}\sum_{i=1}^{N}\sum_{j=1}^{n_i}t_{ij} \tag{2-15}$$

式中，N——测试的产品总数；

n_i——第 i 个产品的故障数；

t_{ij}——第 i 个产品的第 j-1 次故障到第 j 次故障的工作时间。

MTTF 与 MTBF 的理论意义实际上是一样的，故通称为平均寿命。由于产品投入运行后出现失效的时间（或者说寿命 T）是个随机变量，具有确定的统计分布规律，因此，平均寿命实际上是这个随机变量 T 的数学期望值，用 $E(T)$ 表示，或者简单记作 θ。

对于小样本，不分组，平均寿命 θ 为

$$\theta=\frac{1}{N}\sum_{i=1}^{N}t_i \tag{2-16}$$

对于大样本，将全部寿命数据按一定时间间隔分组，取每组寿命数据的中值 t_i 作为该组的寿命，则平均寿命 θ 为

$$\theta=\frac{1}{N}\sum_{i=1}^{n}(t_i\cdot\Delta n_i) \tag{2-17}$$

式中，Δn_i——第 i 组寿命数据的个数。

若已知随机变量 T 的概率密度函数 $f(t)$，则

$$\theta = E(T) = \int_0^{\infty} tf(t)\,\mathrm{d}t = \int_0^{\infty} t\left[\frac{\mathrm{d}F(t)}{\mathrm{d}t}\right]\mathrm{d}t = \int_0^{\infty} R(t)\,\mathrm{d}t \tag{2-18}$$

当 $\lambda(t)=\lambda=$常数时，

$$\theta = \int_0^{+\infty} R(t)\,\mathrm{d}t = \int_0^{+\infty} \mathrm{e}^{-\lambda t}\mathrm{d}t = \frac{1}{\lambda} \tag{2-19}$$

2.3.1.2 寿命方差

寿命方差是反映了各产品寿命与中心位置寿命的偏离程度的指标量。

当产品的寿命数据 t_i 为离散型变量时，寿命方差为

$$D(t) = [\sigma(t)]^2 = \frac{1}{N}\sum_{i=1}^{N}(t_i - \theta)^2 \tag{2-20}$$

式中，N——测试的产品总数；

t_i——第 i 个产品的正常工作时间。

当产品的寿命数据 t 为连续型变量时，寿命方差为

$$D(t) = [\sigma(t)]^2 = \int_0^{+\infty}(t-\theta)^2 f(t)\,\mathrm{d}t \tag{2-21}$$

2.3.2 可靠寿命、中位寿命和特征寿命

可靠度是工作寿命 t 的函数，又可称为可靠度函数 $R(t)$。因此，当 $R(t)$ 已知时，就可以求得任意时间 t 的可靠度。反之，若确定了可靠度，也可以求出相应的工作寿命（时间）。可靠寿命是指定的可靠度所对应的时间，一般记为 $t(R)$。

一般可靠度随着工作时间 t 的增大而下降。给定不同的 R，则有不同的 $t(R)$。

可靠度 $R=0.5$ 的可靠寿命，称为中位寿命，记为 $t_{0.5}$。当产品工作到中位寿命 $t_{0.5}$ 时，产品中将有半数失效，即可靠度与累积失效概率均等于 0.5。

可靠度 $R=\mathrm{e}^{-1}$ 的可靠寿命称为特征寿命，记为 $t_{\mathrm{e}^{-1}}$。

可靠寿命、中位寿命与特征寿命如图 2-3 所示。

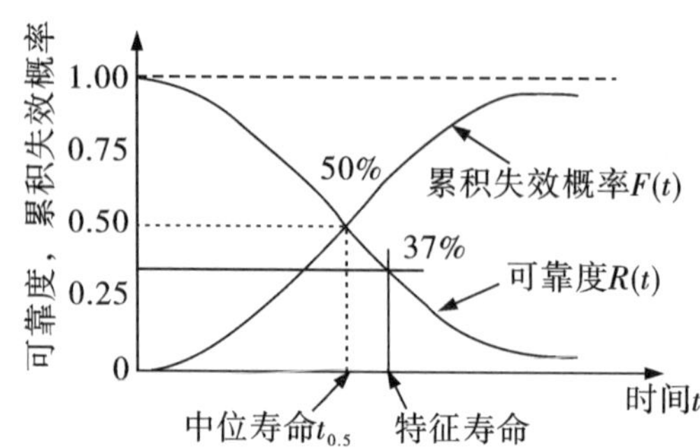

图 2-3 可靠度 $R(t)$、可靠寿命 $t(R)$、中位寿命 $t_{0.5}$ 和特征寿命 $t_{\mathrm{e}^{-1}}$ 的关系

例 2-3 已知某产品的失效率为常数，$\lambda(t)=\lambda=0.25\times10^{-4}\ \mathrm{h}^{-1}$，可靠度函数

$R(t)=e^{-\lambda t}$，试求可靠度 $R=99\%$ 时的可靠寿命 $t_{0.99}$、中位寿命 $t_{0.5}$ 和特征寿命 $t_{e^{-1}}$。

解：由于 $R(t)=e^{-\lambda t}$，则 $R(t_R)=e^{-\lambda t_R}$

两边取对数，即 $\ln R(t_R)=-\lambda t_R$，则

可靠寿命 $t_R=-\dfrac{\ln R(t_R)}{\lambda}=-\dfrac{\ln 0.99}{0.25\times10^{-4}}=402\ (\text{h})$

中位寿命 $t_{0.5}=-\dfrac{\ln R(t_{0.5})}{\lambda}=-\dfrac{\ln 0.5}{0.25\times10^{-4}}=27\ 725.6\ (\text{h})$

特征寿命 $t_{e^{-1}}=-\dfrac{\ln R(t_{e^{-1}})}{\lambda}=-\dfrac{\ln (e^{-1})}{0.25\times10^{-4}}=40\ 000\ (\text{h})$

2.4　维修性及其评价指标

对于可修复产品，为了保持或恢复产品能完成功能的能力而采取的技术管理措施称为维修。维修性的定义：在规定条件下使用的产品，在规定的时间内，按规定的程序和方法进行维修时，保持或恢复到完成规定功能的能力。维修性的主要数量指标如下。

2.4.1　维修度

产品的维修性可用其维修度来衡量。维修度的定义就是“对可能维修的产品在发生故障或失效后在规定的条件下和规定的时间$(0,\tau)$内完成修复的概率”，记为 $M(\tau)$。即维修度是用概率表示产品易于维修的性能的，或者说维修度是用概率表征产品的维修难易程度的。完成维修的概率是与时间俱增的，是对时间累积的概率。因此，维修度也是时间（维修时间 τ）的函数，故又称为维修度函数 $M(\tau)$，它表示 $\tau=0$ 时，处于失效或完全故障状态的全部产品在 τ 时刻前经维修后有百分之多少恢复到正常功能的累积概率。

$$M(\tau)=P(\tau\leqslant t)=\int_{-\infty}^{t}m(\tau)\,\mathrm{d}\tau \tag{2-22}$$

式中，$m(\tau)$——维修时间的概率密度函数。

$$m(\tau)=\frac{\mathrm{d}M(\tau)}{\mathrm{d}\tau} \tag{2-23}$$

产品在任意维修时刻 t 时的维修度估计值为

$$\hat{M}(\tau)=\frac{n(\tau)}{N} \tag{2-24}$$

式中，$n(\tau)$——τ 时刻已经维修好的产品数；

N——投入维修的产品数。

2.4.2　修复率

修复率是指维修时间已达到某个时刻但尚未修复的产品，在该时刻后的单位时间内完成修理的概率，也是时间的函数，即

$$\mu(\tau)=\frac{\mathrm{d}M(\tau)}{\mathrm{d}\tau}\cdot\frac{1}{1-M(\tau)}=\frac{m(\tau)}{1-M(\tau)} \tag{2-25}$$

修复率的估计值为

$$\hat{\mu}(\tau)=\frac{n(\tau+\Delta\tau)-n(\tau)}{N(\tau)\times\Delta\tau} \tag{2-26}$$

式中，$n(\tau+\Delta\tau)$——$(\tau+\Delta\tau)$ 时刻修复好的产品数；

$N(\tau)$——τ 时刻还没有修复好的产品数。

2.4.3 平均修理时间

平均修理时间 MTTR(mean time to repair)是指可修复的产品的平均修理时间，即修理时间的数学期望。

$$\mathrm{MTTR}=\int_0^{\infty}\tau m(\tau)\,\mathrm{d}\tau \tag{2-27}$$

如果维修时间 τ 的概率密度函数服从指数分布，则

$$\mu=\frac{1}{\mathrm{MTTR}} \tag{2-28}$$

2.5 有效性及其评价指标

有效性及其评价指标

有效性是指在规定条件下使用的产品，在规定维修条件下，在规定维修时间内，在某一时刻具有或维持其规定功能处于正常的运行状态的能力。

2.5.1 有效度

有效度或称可利用度，是指“可能维修的产品在规定的条件下使用时，在某时刻 t 具有或维持其功能的概率”，这里已包括了维修的效用在内。换句话说，系统、机器、设备或部件等产品，包括维修的效用在内，在给定的使用条件下，在规定的某时间，保持正常使用状态或功能的概率，就是该产品的有效度。

对于可能维修的产品，当发生故障时，只要在允许的时间内修复后又能正常工作，则其有效度与单一可靠度相比，是增加了正常工作的概率。对于不可能维修的产品，有效度就仅取决于且等于可靠度了。

有效度是时间的函数，故又可称为有效函数，记为 $A(t)$。

2.5.2 有效度的分类

有效度主要可以分为以下三种类型：

1. 瞬时有效度

瞬时有效度是指“在某一特定瞬时，可能维修的产品保持正常使用状态或功能的概率”，又称瞬时利用率，记作 $A(t)$。它只反映 t 时刻时产品的有效度，而与 t 时刻以前是否失效无关。

2. 平均有效度

平均有效度指某一时间间隔上 $A(t)$ 的平均值。

$$\bar{A}(t)=A(t_1,t_2)=\frac{1}{t_2-t_1}\int_{t_1}^{t_2}A(t)\,\mathrm{d}t \tag{2-29}$$

3. 稳态有效度

稳态有效度或称为时间有效度,它是时间趋向无穷大(∞)时的有效度 $A(t)$,即稳态有效度可表达为极限形式,有

$$A=\lim_{t\to\infty}A(t) \tag{2-30}$$

由于人们最关心的是产品长时间使用的有效度,因此稳态有效度是被经常使用的。

2.6　可靠性评价指标的确定

不同的产品其可靠性评价指标是不同的,具体可以根据产品的特性、用户需求及市场调查确定。

不能或难以维修产品,例如卫星、导弹和海底电缆等,不言而喻,维修性方面的指标是不需要考虑的,关键是系统在规定工作期间的可靠度指标。平均工作时间或平均寿命也不宜用作此类系统的可靠性指标,除非有附加说明,因为具有相同平均工作时间指标的系统,其实际可靠度可能差异很大。

视间断使用或连续运行的不同,可维修系统对可靠性和维修性指标的考虑也有较大差别。如测量雷达、炮瞄雷达等间断使用系统,可靠度或平均无故障工作时间应作为主要可靠性指标,而有些类型的测量仪表,虽然也是间断使用设备,但人们更关心的则是它们的利用率。对诸如电视、通信、卫星通信地面站和港口管制雷达等连续运行系统,有效度应是它们的主要指标。

指标高低的选择视产品的重要性而定。指标低了不能满足使用要求,乃至完全失去使用价值,甚至还会造成严重后果。军事装备的可靠性太低,不仅会丧失战机,还将处于被动挨打状态;民用设备,例如钢铁和化学工业自动控制系统的可靠性过低,将会发生冻结和爆炸事故。因此,从后果判断,后果严重的可靠性指标应该高些,后果不严重的指标可以低些。另外,可靠性指标定得过高,从使用角度来说虽然是有利的,但会造成额外经济损失,还会延长工程周期,因此也是没有必要的。

习题

2-1　机械可靠性的定义是什么?其研究内容有哪些?

2-2　将某种规格的 50 个轴承投入恒定载荷下运行,其失效时的运行时间及失效数如表 2-2 所示,求该规格轴承工作到 100 h 和 400 h 时的可靠度 $R(100)$、$R(400)$。

表 2-2 习题 2-2 数据

运行时间/h	10	25	50	100	150	250	350	400	500	600	700
失效数/个	4	2	3	7	5	3	2	2	0	0	0

2-3 某批零件工作到 50 h 时有 100 个在工作，工作到 51 h 时失效了 1 个，在第 52 h内失效了 3 个。试求这批零件工作满 50 h、51 h 时的失效率。

2-4 已知某产品的失效率为常数，$\lambda(t)=\lambda=0.3\times10^{-4}/\text{h}$，可靠度函数 $R(t)=\mathrm{e}^{-\lambda t}$。试求可靠度 $R=0.999$ 的相应可靠寿命 $t_{0.999}$、中位寿命 $t_{0.5}$ 和特征寿命 $t_{\mathrm{e}^{-1}}$。

第3章 可靠性数学基础

3.1 随机变量与概率

3.1.1 随机变量

为了更好地揭示随机现象的规律性并利用数学工具描述其规律,引入了随机变量的概念。随机变量就是表示随机实验结果(随机事件)的一个变量。随机变量取什么值是不能在实验前知道的,它取决于实验结果。

对某一机械零件的失效时间(寿命)来讲,由于影响零件寿命的因素非常复杂,故零件的失效时间 T 是一个随机变量。也就是说,对于同种零件,在相同的环境条件下运行,其寿命是不会相同的。例如,在 1 000 个轴承中随机地抽出 60 个轴承进行寿命实验,每 10 个轴承为一组,其实验结果如表 3-1 所示。

表 3-1 轴承寿命分组实验记录

组序	1	2	3	4	5	6
试验样本数	10	10	10	10	10	10
平均寿命(10^6 r)	2.9	8.1	0.7	0.9	10.0	4.5

表 3-1 说明,虽然是同种轴承,实验条件相同,但结果相差很大。

3.1.2 概率

既然零件的寿命是一个随机变量,其取值由实验结果而定,那么有没有一定的规律可以遵循呢?从大量的重复实验观察可知,随机现象的实验结果(随机事件)具有一定的统计规律性,可以用频率、概率去描述。机械零件的疲劳、磨损等就是典型的随机现象。

概率是衡量随机事件发生的可能性大小的数量指标。统计概率就是在相同的条件下进行 N 次重复实验,其中事件 A 发生了 n 次,则事件 A 发生的频率为

$$F_n(A)=\frac{n}{N} \tag{3-1}$$

如果当 n 增大时,事件 A 出现的频率 $F_n(A)$ 围绕着某一个常数摆动,而且,随着 n 不

断趋于无穷大，$F_n(A)$也不断趋于这一常数，这一常数就是事件的概率，记为 $P(A)$。

$$P(A)=\lim_{n\to\infty}F_n(A)=\lim_{n\to\infty}\frac{n}{N} \tag{3-2}$$

3.1.3 概率运算

概率运算

3.1.3.1 随机事件的关系

1. 独立

A、B 为试验 E 的两个事件，A 事件的发生不影响 B 事件发生的概率；反之，B 事件的发生也不会影响 A 事件的发生概率。如此称 A、B 事件相互独立。

2. 互斥

A、B 事件不能同时发生（互不相容），称 A 与 B 为互斥事件。

3. 对立

试验中 A 事件与 B 事件必然有一个发生，且仅有一个发生，称 A、B 为对立事件。（两者必居其一）

3.1.3.2 概率运算

1. 乘法定理

（1）当事件 A 与事件 B 相互独立时，A 与 B 同时发生的概率等于两个事件各自发生的概率的乘积，记为

$$P(A\cap B)=P(AB)=P(A)P(B) \tag{3-3}$$

（2）当事件 A 与事件 B 彼此相关时，A 与 B 同时发生的概率为

$$P(A\cap B)=P(A)P(B\mid A)=P(B)P(A\mid B) \tag{3-4}$$

2. 加法定理

（1）当事件 A 与事件 B 互斥时，A 与 B 的和事件的概率为

$$P(A+B)=P(A\cup B)=P(A)+P(B) \tag{3-5}$$

（2）当事件 A 与 B 不是互斥事件时，A 与 B 的和事件的概率为

$$P(A+B)=P(A)+P(B)-P(A\cap B) \tag{3-6}$$

3. 条件概率

在事件 A 发生的条件下，事件 B 发生的概率为

$$P(B\mid A)=\frac{P(A\cap B)}{P(A)} \tag{3-7}$$

4. 全概率公式

如果事件组 $B_1,B_2,\cdots,B_n$ 中各事件直接互不相容，且其全部事件的和为必然事件，则称该事件组为完备事件组，设 $P(B_i)>0,i=1,2,\cdots,n$，则

$$P(A)=\sum_{i=1}^{n}P(B_i)P(A\mid B_i) \tag{3-8}$$

在实际应用中，如果能分析一个事件的发生是由几个原因之一引起的，或者说该事件的发生受到几种因素的影响，并且这几种原因或因素形成了一个完备组，那么可以考虑使用全概率公式。只要知道了各种原因 B_i 发生条件下事件 A 发生的概率，该事件 A 的

概率就可通过全概率公式求得。

例 3-1　某厂甲、乙、丙三个车间生产同一种规格产品，各车间产量分别占全厂总产量的 25%、35%、40%，根据过去对该厂各车间的产品质量检验经验得知，各车间的合格率分别为 95%、96%、98%，现将该厂所有产品放在一起，从中任取一件，求恰好取到合格品的概率是多少？

解： 该产品为合格品定义为事件 A，该产品为甲、乙、丙车间生产分别定义为事件 B_1、B_2、B_3，则

$$P(A)=\sum_{i=1}^{3}P(B_i)P(A\mid B_i)=25\%\times95\%+35\%\times96\%+40\%\times98\%=0.965\,5$$

5. 贝叶斯公式

如果已知某产品有 n 种故障模式 $B_1,B_2,\cdots,B_n$，知道故障模式发生的概率 $P(B_i)$，现在该产品发生了故障，那么由故障模式 B_i 引起的概率是多少？在这 n 种故障模式中，最大可能的是哪种故障模式引起的？这类问题可以归纳为在随机实验中事件 A 已经发生，已知各种原因的概率，在这个条件下（事件 A 已发生），各种原因 B_i 发生的概率是多少？

设事件组 $B_1,B_2,\cdots,B_n$ 中各事件直接互不相容，且其全部事件的和为必然事件，设 $P(B_i)>0,i=1,2,\cdots,n,A$ 为任一事件，且 $P(A)>0$，则

$$P(B_i\mid A)=\frac{P(B_i)P(A\mid B_i)}{\sum_{i=1}^{n}P(B_i)P(A\mid B_i)}\quad(i=1,2,\cdots,n)\tag{3-9}$$

在可靠性工程中，$P(B_i)$ 可由过去的统计数据确定或由经验丰富的专家给出，利用当前已发生事件 A 的概率，可由贝叶斯公式得到后验概率 $P(B_i\mid A)$，它反映了产品失效之后各种故障原因发生概率的大小。

例 3-2　某厂甲、乙、丙三个车间生产同一种规格产品，各车间产量分别占全厂总产量的 25%、35%、40%，根据过去对该厂各车间的产品质量检验经验得知，各车间的合格率分别为 95%、96%、98%，现将该厂所有产品放在一起，从中任取一件，求取到的合格品是甲车间生产的概率是多少？

解： 该产品为合格品定义为事件 A，该产品为甲、乙、丙车间生产分别定义为事件 B_1、B_2、B_3，则

$$P(B_1\mid A)=\frac{P(B_1)P(A\mid B_1)}{P(B_1)P(A\mid B_1)+P(B_2)P(A\mid B_2)+P(B_3)P(A\mid B_3)}$$

$$=\frac{25\%\times95\%}{0.965\,5}=24.6\%$$

3.2　随机变量分布函数及其数字特征

随机变量的分布函数及其数字特征

3.2.1　随机变量分布函数

为了研究随机变量取值的变化规律，需要引进分布函数。

定义：设 T 是一个随机变量，t 是任意实数，T 取值小于等于 t 的概率为 T 的分布函数，即 $F(t)=P(T\leqslant t)$。

如果将 T 看作零件的随机寿命，则分布函数 $F(t)$ 的值就表示随机寿命 T 落在区间 $[-\infty,t]$ 的概率。

对于任意实数 $t_1,t_2(t_2>t_1)$，都有

$$P(t_1\leqslant t\leqslant t_2)=P(T\leqslant t_2)-P(T\leqslant t_1)=F(t_2)-F(t_1) \tag{3-10}$$

随机变量可以分为离散型随机变量和连续型随机变量两类。

3.2.1.1 离散型随机变量

一个随机变量如果只能取有限个离散的值，则称为离散型随机变量，如机器的故障数、产品的合格数、废品数等。

如果随机变量为 T，其可能取值为 $t_1,t_2,\cdots,t_n$，相应的概率为 $p_1,p_2,\cdots,p_n$。则其概率分布为

$$F(t)=P(T\leqslant t)=\sum_{t_i\leqslant t}P(T=t_i) \tag{3-11}$$

图 3-1 所示为离散型随机变量的概率分布与累积概率分布 $F(t)$ 之间的关系。

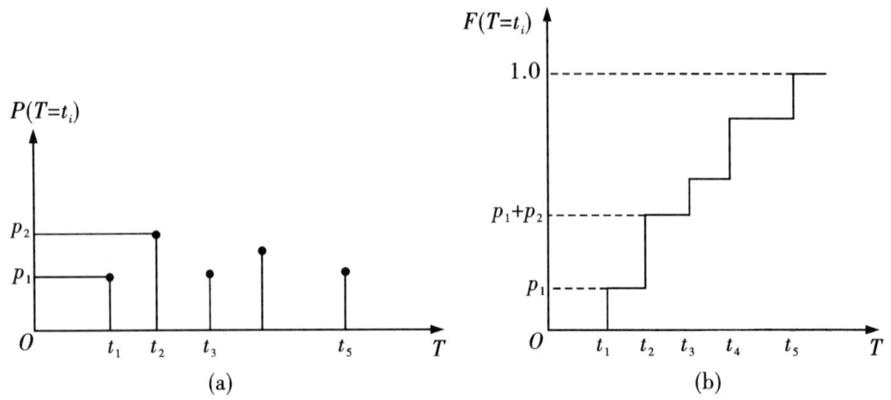

图 3-1 离散型随机变量的概率分布与累积概率分布

3.2.1.2 连续型随机变量

一个随机变量如果可以在某一给定的范围内取任意实数值，则称为连续型随机变量，如零件承受的应力、材料的强度等。

如果随机变量为 T，t 是一个任意实数，其概率密度函数 $f(t)$ 与其分布函数 $F(t)$ 之间的关系为

$$F(t)=P(T\leqslant t)=\int_{-\infty}^{t}f(t)\,\mathrm{d}t \tag{3-12}$$

$$f(t)=\lim_{\Delta t\to 0}\frac{P(t\leqslant T\leqslant t+\Delta t)}{\Delta t}=\lim_{\Delta t\to 0}\frac{F(t+\Delta t)-F(t)}{\Delta t}=F'(t) \tag{3-13}$$

$f(t)$ 与 $F(t)$ 的几何意义及相互关系如图 3-2 所示。

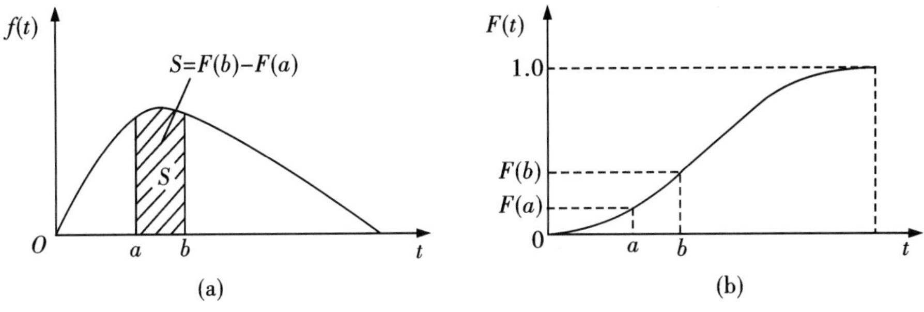

图 3-2　连续型随机变量的概率密度函数与累积分布函数

随机变量取值在$(-\infty, t_0)$的概率等于位于直线$t=t_0$左边概率密度$f(t)$与t轴所围成的曲边梯形的面积。

累积分布函数$F(t)$的性质：

(1)$F(t)$是非递减函数，$F(t_1) \leqslant F(t_2)(t_1 \leqslant t_2)$；

(2)$0 \leqslant F(t) \leqslant 1$，当$T$属于$(-\infty, +\infty)$时，$F(-\infty)=0$($T$在取值域以外的概率)，$F(+\infty)=1$($T$在全部取值域内的概率)。

概率密度函数$f(t)$的性质：

(1)$f(t) \geqslant 0$——$F(t)$为非递减函数；

(2) $\int_{-\infty}^{+\infty} f(t)\mathrm{d}t = 1$，即$P(-\infty < T < +\infty) = 1$；

(3) $F(t) = P(T \leqslant t) = \int_{-\infty}^{t} f(t)\mathrm{d}t$；

(4) $P(T > t) = 1 - F(t) = \int_{t}^{+\infty} f(t)\mathrm{d}t$；

(5) $P(t_1 \leqslant T \leqslant t_2) = F(t_2) - F(t_1) = \int_{t_1}^{t_2} f(t)\mathrm{d}t$。

3.2.2　随机变量的数字特征

要了解随机变量的性质，必须想办法得到它的分布函数，但在实际问题中，随机变量的分布往往是无法精确得到的，而且在很多问题中也是不必要的，只需要得到它的某些数字特征就可以了。例如，研究某一批机械产品的可靠性水平时，并不是要考察每个产品的寿命，而是更关心它们的平均寿命及其偏差程度。这都与随机变量的数字特征有关。由此可见，随机变量的数字特征值在应用上更具有实际意义。

3.2.2.1　中心位置代表值

中心位置代表值是指接近某一组数据的中心的值，常用的有：

1. 算术平均值

若数组中的n个数的数值为$x_1, x_2, \cdots, x_n$，则它们的算术平均值为

$$\bar{x} = \frac{x_1 + x_2 + \cdots + x_n}{n} = \frac{1}{n}\sum_{i=1}^{n} x_i \tag{3-14}$$

2. 中位数

在一组离散型数值中，按大小顺序进行排列后，位于中间的数就是中位数。

对于连续型随机变量，满足 $\int_{-\infty}^{x} f(x)\,\mathrm{d}x = 0.5$ 的 x 值称为该母体的中位数，这个中位数是分割母体两等分的点，记作 $x_{0.5}$。

3. 众数

在一组离散型数值中出现次数最多的数值。众数可以有多个数值。

对于连续型随机变量，众数是使其概率密度函数 $f(x)$ 达到最大时随机变量 X 的值，用 $x_{\max}$ 表示，如果概率密度函数可微分，则有 $\frac{\mathrm{d}f(x)}{\mathrm{d}x}=0$，它是密度函数曲线峰值的位置，如图 3-3 所示。

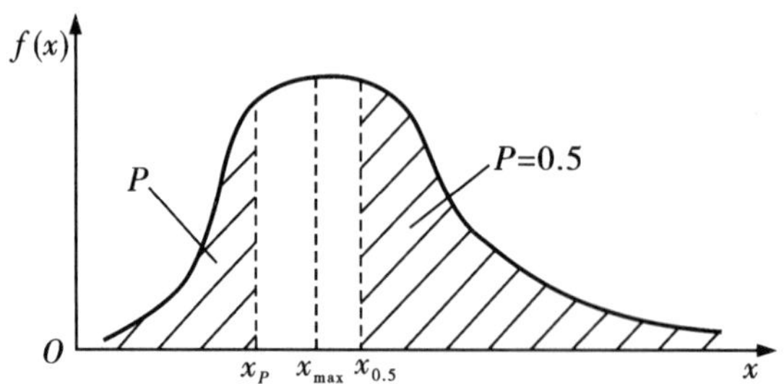

图 3-3　众数 $x_{\max}$、中位寿命 $x_{0.5}$、分位数 x_P 之间的关系

4. 数学期望值

数学期望来自加权平均的概念，是一项很重要的数字特征。

如果 T 为一离散型随机变量，其可能取值 $t_1, t_2, \cdots, t_n$ 相应的概率为 $p(t_1), p(t_2), \cdots, p(t_n)$，且级数 $\sum_{i=1}^{\infty} t_i p(t_i)$ 绝对收敛，则它的数学期望值为

$$E(T) = \sum_{i=1}^{\infty} t_i p(t_i) \tag{3-15}$$

如果 T 为一连续型随机变量，其概率密度函数为 $f(t)$，且积分 $\int_{0}^{+\infty} t f(t)\,\mathrm{d}t$ 绝对收敛，则该积分就是随机变量 T 的数学期望，记为

$$E(T) = \int_{0}^{+\infty} t f(t)\,\mathrm{d}t \tag{3-16}$$

显然，随机变量的数学期望时对随机变量的取值，按其取值的概率（或概率密度）进行加权求和（或求积分）。

3.2.2.2　分散度代表值

分散度是指随机变量取值相对集中趋势的分散程度。常用的分散度代表值有：

1. 方差

若 T 为一离散型随机变量，其方差为

$$D(T)=\sum_{i=1}^{\infty}[t_i-E(T)]^2p(t_i) \tag{3-17}$$

若 T 为一连续型随机变量,其方差为

$$D(T)=\int_0^{+\infty}[t-E(T)]^2f(t)\mathrm{d}t \tag{3-18}$$

2. 标准差

对于随机变量 T,其方差的算术平方根称为其标准差,记为

$$\sigma_T=\sqrt{D(T)} \tag{3-19}$$

3. 变异系数

对于随机变量 T,其标准差与期望值的比称为其变异系数,记为

$$C_T=\frac{\sigma_T}{\mu_T} \tag{3-20}$$

3.2.2.3 分位数

有时预先给定一个概率值 $P(>0)$,那么,要求出相应于概率值 P 的 x 值是多少,即求满足方程 $P(X\leqslant x)=\int_{-\infty}^{x}f(x)\mathrm{d}x$ 的 x 值,记为 x_P,称为下侧分位数,P 表示分布在左端的面积,如图 3-3 所示。当 $P=0.5$ 时,x 即为中位数。

也可以用右侧的面积表示,即满足方程 $P(X\geqslant x)=\int_{x}^{+\infty}f(x)\mathrm{d}x$ 的 x 值,记为 x_q,称为上侧分位数。

3.2.2.4 置信度

在可靠性工作中以及在质量控制、试验及其他有关产品和工艺评定工作中,常常是从母体中抽取子样进行测试、研究,并根据测试结果(数据)来估计母体的特性。但是,所抽出来的子样可能代表不了母体,它们之间总会有差异,而且当抽出来的子样数目(比例)较少时,这种差异会更加明显。那么,子样与母体的差异究竟有多大呢? 或者说根据子样测试得出的结论在多大程度上是可信的呢? 这就是置信度(confidence)所要表达的内容。

置信度和可靠度是两个完全不同的概念。置信度反映的是用子样的试验结果去估计或者推断母体性质的可信程度,是子样的试验结果在母体某个概率分布参数(如均值或标准差)的某区间内出现的概率。

比如,某同学期末考试后估计自己的分数在 90 分左右,这个左右其实就是一个区间,我们把这个估算的区间的准确度(可信度)称为置信度。如果有 95% 的把握估计所得分数是 85~95 分,这里的置信区间就是[85,95],置信度就是 95%。

一般置信度和置信区间是同向的,即置信度和置信区间一般具有相同趋势。当置信度很高时,置信区间也会很大;当置信区间很大时,置信度也会很高。比如,某同学有 100% 的把握估计自己的分数是 50~100 分,这里的置信区间是[50,100]。

3.3 可靠性工程中常用的概率分布

可靠性工程中常用的概率分布可以分为离散型随机变量分布和连续型随机变量分布两种。离散型随机变量分布主要有二项分布、泊松分布，连续型随机变量分布主要有指数分布、正态分布、对数正态分布、威布尔分布等。

3.3.1 离散型随机变量分布

二项分布和泊松分布

3.3.1.1 伯努利试验与二项分布

伯努利试验是将试验 E 重复 n 次，并且各次试验相互独立，即每次试验结果出现的概率都与其他各次试验结果无关。

假设试验 E 只有两种可能的结果，如失效与正常，不合格与合格等。这两种结果用 A 和 $\bar{A}$ 表示，且记 $P(A)=p,P(\bar{A})=1-p=q$，其中 $0<p<1$，则事件 A 在 n 次重复独立试验中恰好发生 k 次的概率为

$$P(X=k)=C_n^k p^k q^{n-k}\quad(k=0,1,2,\cdots,n)\tag{3-21}$$

则称随机变量 X 服从参数为 n、p 的二项分布，记为 $X\sim B(n,p)$。

二项分布的累积分布函数为

$$P(k\leqslant r)=\sum_{k=0}^{r}C_n^k p^k q^{n-k}\tag{3-22}$$

二项分布的数学期望值与方差为

$$\begin{cases}E(X)=np\\D(X)=npq\end{cases}\tag{3-23}$$

例 3-3 在一台设备里有 4 台油泵，已知每台失效概率为 0.1。求：

(1) 如果 4 台油泵全部正常工作，其概率是多少？

(2) 失效油泵不超过 2 台的概率是多少？

解： 设 X 为工作失效的油泵数，X 服从二项分布。

(1) 由 $P(X=k)=C_n^k p^k q^{n-k}(k=0,1,2,\cdots,n)$ 得

$P(X=0)=C_4^0 p^0 q^{4-0}=0.1^0\times(1-0.1)^4=0.656\ 1$

如果 4 台油泵全部正常工作，其概率是 0.656 1。

(2) 由 $P(k\leqslant r)=\sum\limits_{k=0}^{r}C_n^k p^k q^{n-k}$ 得

$$\begin{aligned}P(k\leqslant 2)&=\sum_{k=0}^{2}C_4^k p^k q^{4-k}\\&=C_4^0\times0.1^0\times0.9^4+C_4^1\times0.1^1\times0.9^3+C_4^2\times0.1^2\times0.9^2\\&=0.996\ 3\end{aligned}$$

失效油泵不超过 2 台的概率是 0.996 3。

3.3.1.2　泊松分布

泊松分布描述的是在给定时间内发生的平均次数为常数时事件发生次数的概率分布,例如一部仪器上各种类型的缺陷数、一段时间内设备发生的故障次数等。这些事件的共同特点是,知道发生的次数或个数,但是不知道不发生的次数或个数。而对于二项分布,不但知道事件发生的次数,而且知道不发生的次数。

若随机变量 X 的概率函数为

$$P(X = k) = \frac{\lambda^k}{k!}e^{-\lambda} \tag{3-24}$$

式中,$\lambda>0$,则称 X 服从参数为 λ 的泊松分布。

当试验次数 n 很大而每次试验事件发生的概率 p 很小时,泊松分布是二项分布很好的近似。一般当 $n \geqslant 20, p \leqslant 0.05$ 时,两者的近似性就很好。

泊松分布的期望值和方差为

$$\begin{cases} E(X) = np = \lambda \\ D(X) = np = \lambda \end{cases} \tag{3-25}$$

泊松分布的累积分布函数为

$$P(k \leqslant r) = \sum_{k=0}^{r} \frac{\lambda^k}{k!}e^{-\lambda} \tag{3-26}$$

例 3-4　某汽车装有一个失效概率为 $p = 0.1 \times 10^{-4}$/km 的零件,今有 2 个零件的备件,若想让这台汽车行驶 50 000 km,问其成功的概率是多少?

解:因为 $p = 0.1 \times 10^{-4}$/km 很小,而 n=50 000 km 很大,所以可采用泊松分布,则

$\lambda = np = 0.1 \times 10^{-4} \times 50\,000 = 0.5$

由 $P(k \leqslant r) = \sum_{k=0}^{r} \frac{\lambda^k}{k!}e^{-\lambda}(k = 0,1,2)$ 得

$$P(k \leqslant 2) = \sum_{k=0}^{2} \frac{\lambda^k}{k!}e^{-\lambda} = e^{-\lambda}\left(1 + \frac{\lambda}{1!} + \frac{\lambda^2}{2!}\right) = e^{-0.5}\left(1 + 0.5 + \frac{0.5^2}{2}\right) = 0.985\,6$$

成功行驶 50 000 km 的概率是 0.985 6。

指数分布

3.3.2　连续型随机变量分布

3.3.2.1　指数分布

在可靠性工程中,指数分布是最基本、最常用的分布,适用于失效率为常数的情况,常用来描述复杂系统和整机的失效规律。但单个机械零件的失效属于按耗损规律的失效问题,不适合用指数分布。

若随机变量 T 的概率密度函数为

$$f(t) = \begin{cases} \lambda e^{-\lambda t} & (t > 0) \\ 0 & (t \leqslant 0) \end{cases} \tag{3-27}$$

式中,$\lambda > 0$ 为常数,则称 T 服从参数为 λ 的指数分布。

指数分布的分布函数为

$$F(t) = P(T \leqslant t) = \int_0^t f(t)\,\mathrm{d}t = \int_0^t \lambda \mathrm{e}^{-\lambda t}\mathrm{d}t = 1 - \mathrm{e}^{-\lambda t} \quad (t > 0, \lambda > 0) \tag{3-28}$$

指数分布的密度函数和分布函数曲线如图 3–4 所示。

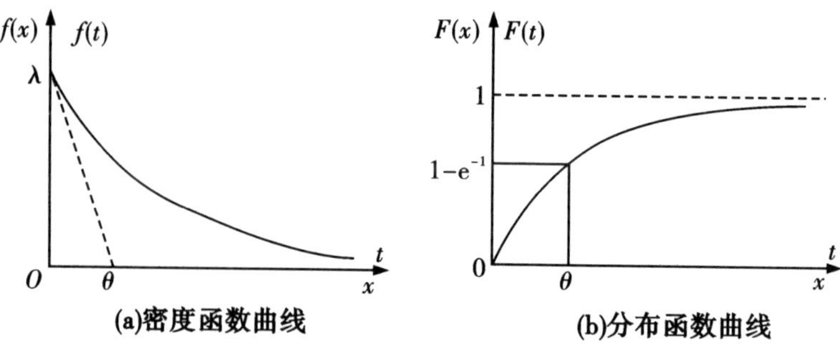

图 3–4 指数分布的密度函数和分布函数曲线

指数分布的数字特征为

$$\begin{cases} E(T) = \dfrac{1}{\lambda} \\ D(T) = \dfrac{1}{\lambda^2} \end{cases} \tag{3-29}$$

当可靠度为指数分布时，其可靠度函数为

$$R(t) = 1 - F(t) = \mathrm{e}^{-\lambda t} \tag{3-30}$$

平均寿命为

$$\theta = \int_0^\infty R(t)\,\mathrm{d}t = \int_0^\infty \mathrm{e}^{-\lambda t}\mathrm{d}t = \frac{1}{\lambda} \tag{3-31}$$

3.3.2.2 正态分布

正态分布又称为高斯分布，它是一切随机现象的概率分布中最常见和应用最广泛的一种分布，可用来描述许多自然现象和各种物理性能。例如，机械制造中的测量误差、加工误差，材料的强度，零件的应力等都可看作或近似看作正态分布。

若随机变量 T 的概率密度函数为

$$f(t) = \frac{1}{\sigma\sqrt{2\pi}}\exp\left[-\frac{1}{2}\left(\frac{t-\mu}{\sigma}\right)^2\right] \quad (-\infty < t < +\infty) \tag{3-32}$$

式中，μ 为母体均值，$\sigma>0$ 为母体标准差，则随机变量 T 服从正态分布，记为 $T \sim N(\mu,\sigma^2)$。

图 3–5 给出了正态分布的概率函数密度曲线，它有以下的重要性质：

(1) 曲线 $f(t)$ 关于 $t=\mu$ 为对称分布。

(2) 当 $t=\mu$ 时，$f(t)$ 有最大值 $\dfrac{1}{\sigma\sqrt{2\pi}}$。

(3) 当 $t\to\pm\infty$ 时，$f(t)\to 0$。

(4) 曲线 $f(t)$ 在 $t=\mu\pm\sigma$ 处有拐点。

(5) 曲线 $f(t)$ 是以 t 轴为渐进线，且 $f(t)$ 应满足 $\int_{-\infty}^{+\infty} f(t)\mathrm{d}t = 1$。

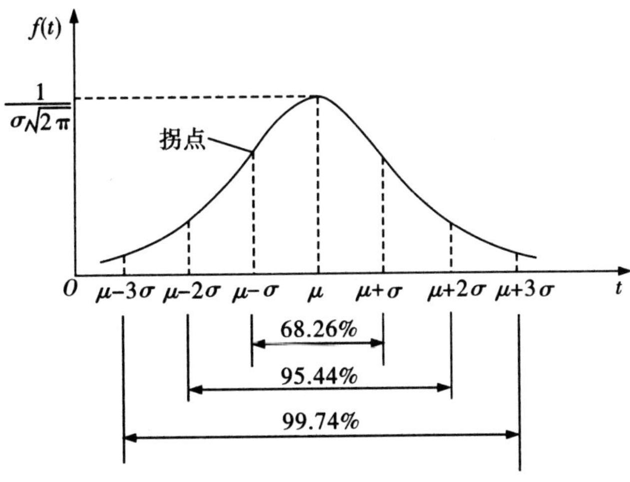

图 3-5　正态分布的概率密度函数曲线

(6) 当给定 σ 值而改变 μ 值时，曲线 $f(t)$ 仅沿着 t 轴平移，但图形不变，如图 3-6 所示。

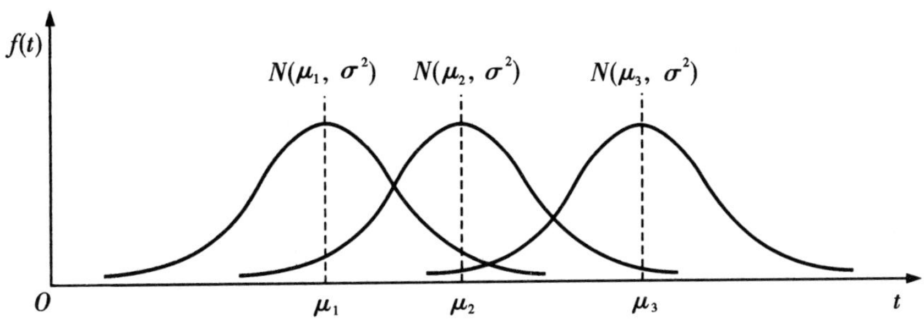

图 3-6　σ 值相同、μ 值不同时的正态分布曲线变化

(7) 当给定 μ 值而改变 σ 值时，$f(t)$ 图形对称轴不变，但图形本身改变。由于标准差 σ 的变动引起 $f(t)$ 的最大值 $\dfrac{1}{\sigma\sqrt{2\pi}}$ 和拐点位置 $(\mu \pm \sigma)$ 的改变以及性质 $\int_{-\infty}^{+\infty} f(t)\mathrm{d}t = 1$，使 σ 越小图形就越高而瘦，σ 越大图形就越矮而胖，即整个分布的位置不变，只改变其分散程度，如图 3-7 所示。

正态分布的分布函数为

$$F(t) = P(T \leqslant t) = \int_{-\infty}^{t} f(t)\mathrm{d}t = \int_{-\infty}^{t} \frac{1}{\sigma\sqrt{2\pi}}\exp\left[-\frac{1}{2}\left(\frac{t-\mu}{\sigma}\right)^2\right]\mathrm{d}t \tag{3-33}$$

当可靠度服从正态分布时，$F(t)$ 即为失效概率函数，可靠度函数为

$$R(t) = P(T \geqslant t) = 1 - F(t) = 1 - \int_{-\infty}^{t} f(t)\mathrm{d}t = \int_{t}^{+\infty} \frac{1}{\sigma\sqrt{2\pi}}\exp\left[-\frac{1}{2}\left(\frac{t-\mu}{\sigma}\right)^2\right]\mathrm{d}t \tag{3-34}$$

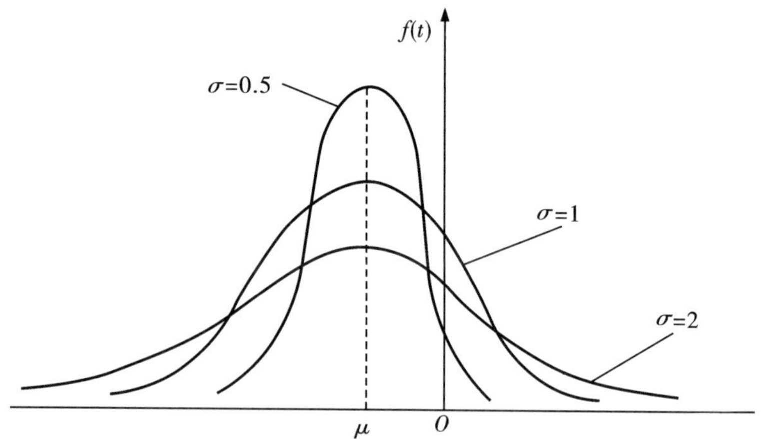

图 3-7　μ 值相同、σ 值不同时正态分布曲线变化

当正态分布中的参数 $\mu = 0, \sigma = 1$ 时，则随机变量 T 服从标准正态分布，记为 $T \sim N(0,1)$，如图 3-8 所示。其概率密度函数和分布函数为

$$\varphi(t) = \frac{1}{\sqrt{2\pi}}\exp\left(-\frac{t^2}{2}\right) \quad (-\infty < t < +\infty) \tag{3-35}$$

$$\Phi(t) = \int_{-\infty}^{t}\varphi(t)\,\mathrm{d}t = \frac{1}{\sqrt{2\pi}}\int_{-\infty}^{t}\exp\left(-\frac{t^2}{2}\right)\mathrm{d}t \quad (-\infty < t < +\infty) \tag{3-36}$$

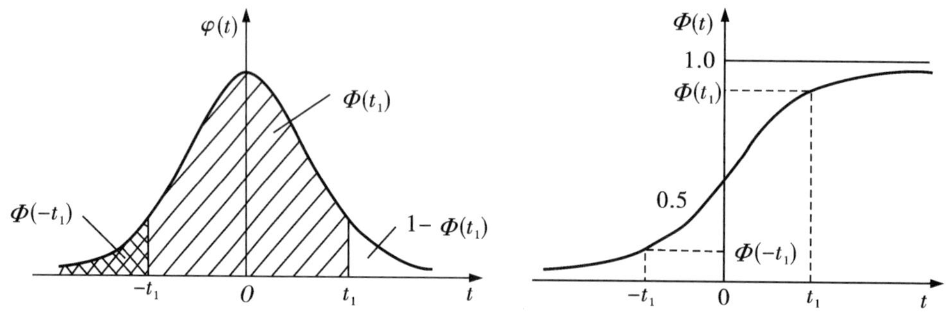

图 3-8　标准正态分布函数

由图 3-8 可得

$$\begin{cases} \Phi(+\infty) = 1 \\ \Phi(-\infty) = 0 \\ \Phi(-t) = 1 - \Phi(t) \end{cases} \tag{3-37}$$

为了使正态分布曲线标准化、规一化，便于计算和研究，在可靠性工程的应用当中通常把非标准正态分布 $T \sim N(\mu, \sigma^2)$ 转化为标准正态分布 $Z \sim N(0,1)$。

引入新的变量 $z = \dfrac{t-\mu}{\sigma}$，则 $\mathrm{d}t = \sigma\mathrm{d}z$，代入式(3-32)即得标准正态分布的概率密度函数为

$$\varphi(z)=\frac{1}{\sigma\sqrt{2\pi}}e^{-\frac{z^2}{2}} \tag{3-38}$$

代入式(3-33)得概率分布函数为

$$F(t)=P(Z\leqslant z)=\Phi(z)=\frac{1}{\sigma\sqrt{2\pi}}\int_{-\infty}^{z}\exp\left(-\frac{z^2}{2}\right)\cdot\sigma dz=\frac{1}{\sqrt{2\pi}}\int_{-\infty}^{z}\exp\left(-\frac{z^2}{2}\right)dz \tag{3-39}$$

变换后的随机变量 Z 服从标准正态分布。于是,若 $T\sim N(\mu,\sigma^2)$,则

$$F(t)=P(T\leqslant t)=P(Z\leqslant z)=P\left(\frac{T-\mu}{\sigma}\leqslant\frac{t-\mu}{\sigma}\right)=\Phi\left(\frac{t-\mu}{\sigma}\right)=\Phi(z) \tag{3-40}$$

随机变量 T 位于区间$[t_1,t_2]$的概率为

$$F(t)=P(t_1\leqslant T\leqslant t_2)=P\left(\frac{t_1-\mu}{\sigma}\leqslant\frac{T-\mu}{\sigma}\leqslant\frac{t_2-\mu}{\sigma}\right)=\Phi\left(\frac{t_2-\mu}{\sigma}\right)-\Phi\left(\frac{t_1-\mu}{\sigma}\right) \tag{3-41}$$

例3-5　已知 $X\sim N(\mu,\sigma^2)$,求:

$P(\mu-\sigma\leqslant X\leqslant\mu+\sigma)$,$P(\mu-2\sigma\leqslant X\leqslant\mu+2\sigma)$,$P(\mu-3\sigma\leqslant X\leqslant\mu+3\sigma)$ 的值。

解:
$$\begin{aligned}P(\mu-\sigma\leqslant X\leqslant\mu+\sigma)&=\Phi\left(\frac{\mu+\sigma-\mu}{\sigma}\right)-\Phi\left(\frac{\mu-\sigma-\mu}{\sigma}\right)\\&=\Phi(1)-\Phi(-1)=0.841\ 3-0.158\ 7=0.682\ 6\end{aligned}$$

$$\begin{aligned}P(\mu-2\sigma\leqslant X\leqslant\mu+2\sigma)&=\Phi\left(\frac{\mu+2\sigma-\mu}{\sigma}\right)-\Phi\left(\frac{\mu-2\sigma-\mu}{\sigma}\right)\\&=\Phi(2)-\Phi(-2)=0.977\ 250-0.022\ 750=0.954\ 5\end{aligned}$$

$$\begin{aligned}P(\mu-3\sigma\leqslant X\leqslant\mu+3\sigma)&=\Phi\left(\frac{\mu+3\sigma-\mu}{\sigma}\right)-\Phi\left(\frac{\mu-3\sigma-\mu}{\sigma}\right)\\&=\Phi(3)-\Phi(-3)=0.998\ 650-0.001\ 350=0.997\ 3\end{aligned}$$

由上述计算结果可知,服从正态分布 $N(\mu,\sigma^2)$ 的随机变量只有约0.26%的可能落在 $(\mu-3\sigma,\mu+3\sigma)$ 区间外,通常把正态分布的这种概率法则称为"3σ"原则或"3倍标准差原则"。

例3-6　已知某轴精加工后,其直径的尺寸变动可用正态分布描述,且其均值 $\mu=14.90$ mm,标准差 $\sigma=0.05$ mm。按图纸规定,轴径尺寸是14.90 mm±0.1 mm(14.80～15.00 mm)的产品均为合格,求合格品的百分数。

解: 按图纸规定,合格品的百分数应是 $P(14.8\leqslant X\leqslant15.00)$

$$\begin{aligned}P(14.80\leqslant X\leqslant15.00)&=\Phi\left(\frac{15.00-\mu}{\sigma}\right)-\Phi\left(\frac{14.80-\mu}{\sigma}\right)\\&=\Phi\left(\frac{15.00-14.90}{0.05}\right)-\Phi\left(\frac{14.8-14.90}{0.05}\right)\\&=\Phi(2)-\Phi(-2)\\&=0.977\ 250-0.022\ 750\\&=0.954\ 5\end{aligned}$$

合格品的百分数为95.45%。

例 3-7 有 100 个某种材料的试件进行抗拉强度试验，今测得试件材料的强度均值 $\mu=600$ MPa，标准差 $\sigma=50$ MPa。求：

(1)试件强度为 600 MPa 时的可靠度、失效概率和失效试件数；

(2)试件强度在 450～550 MPa 时的失效概率和失效试件数；

(3)失效概率是 0.05 时试件的强度值。

解：假设 X 为试件强度随机变量，x 为试件强度，则失效概率为

(1) $F(x=600)=P(X\leqslant 600)=\Phi\left(\dfrac{x-\mu}{\sigma}\right)=\Phi\left(\dfrac{600-600}{50}\right)=\Phi(0)=0.5$

可靠度 $R(x=600)=1-F=1-0.5=0.5$

失效试件数 $n=N\cdot F=100\times 0.5=50$(个)

(2) $x_1=450$ MPa，$x_2=550$ MPa，失效概率为

$$
\begin{aligned}
F(x)&=P(x_1\leqslant X\leqslant x_2)=P\left(\frac{x_2-\mu}{\sigma}\leqslant\frac{X-\mu}{\sigma}\leqslant\frac{x_1-\mu}{\sigma}\right)\\
&=\Phi\left(\frac{550-600}{50}\right)-\Phi\left(\frac{450-600}{50}\right)\\
&=\Phi(-1)-\Phi(-3)=1-\Phi(1)-1+\Phi(3)\\
&=0.998\ 650-0.841\ 3=0.157\ 35
\end{aligned}
$$

失效试件数 $n=N\cdot F=100\times 0.157\ 35\approx 16$(个)

(3) $F(x)=\Phi\left(\dfrac{x-600}{50}\right)=0.05$，查正态分布表得 $z=-1.64$，则 $\dfrac{x-600}{50}=-1.64$，因此 $x=518$ MPa。

故失效概率为 0.05 时，试件的强度值为 518 MPa。

3.3.2.3 对数正态分布

对数正态分布

对数正态分布就是随机变量的对数服从正态分布的分布。正态分布是对称型分布，但有许多分布对于均值来讲是不对称的，对数正态分布就是其中之一。对数正态分布多用来描述寿命或耐久性过程，因而在可靠性评估中经常用到。

对数正态分布可用自然对数，也可以用常用对数，我们主要用自然对数来分析。

如果随机变量 X 的自然对数 $Y=\ln X$ 服从正态分布，则称 X 服从对数正态分布。其概率密度函数为

$$
f(x)=\frac{1}{x\sigma\sqrt{2\pi}}\exp\left[-\frac{1}{2}\left(\frac{\ln x-\mu}{\sigma}\right)^2\right]\quad(x>0) \tag{3-42}
$$

分布函数为

$$
F(x)=\int_0^x\frac{1}{x\sigma\sqrt{2\pi}}\exp\left[-\frac{1}{2}\left(\frac{\ln x-\mu}{\sigma}\right)^2\right]\mathrm{d}x\quad(x>0) \tag{3-43}
$$

式中，$\mu=E(\ln X)$ 称为对数均值，$\sigma^2=D(\ln X)$ 称为对数方差。

由于随机变量的取值 x 总是大于零，以及概率密度函数向右倾斜不对称，如图 3-9 所示。因此，对数正态分布是描述不对称随机变量的一种常用的分布。材料的疲劳强度

和寿命、系统的修复时间等都可以用对数正态分布拟合。

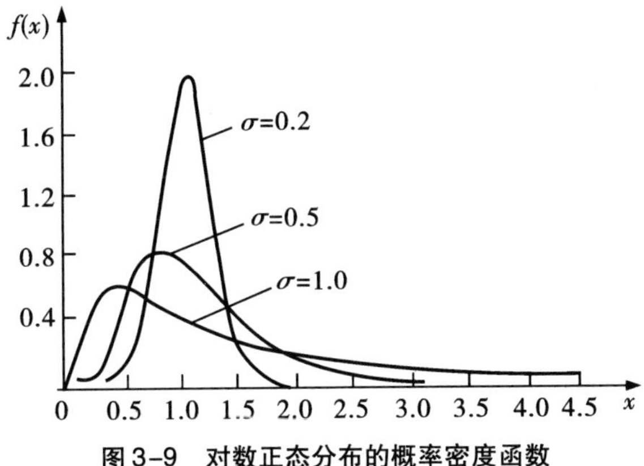

图 3-9　对数正态分布的概率密度函数

为了使对数正态分布转换为标准正态分布，令 $z=\dfrac{\ln x-\mu}{\sigma}$，则有 $\mathrm{d}z=\dfrac{1}{\sigma x}\mathrm{d}x$，代入式(3-43)得

$$F(x)=\Phi(z)=\Phi\left(\frac{\ln x-\mu}{\sigma}\right)=\int_{-\infty}^{z}\frac{1}{\sqrt{2\pi}}\exp\left(-\frac{1}{2}z^{2}\right)\mathrm{d}z \tag{3-44}$$

可靠度函数为

$$R(t)=1-\Phi(z)=1-\Phi\left(\frac{\ln x-\mu}{\sigma}\right) \tag{3-45}$$

式(3-42)、式(3-43)中的 μ 和 σ 不是随机变量 X 的概率密度函数的位置参数和尺度参数，也不是其均值和标准差，随机变量 X 的均值和标准差为

$$\begin{cases}\mu_X=\exp(\mu+\dfrac{1}{2}\sigma^{2})\\ \sigma_X=\mu_X\sqrt{\exp(\sigma^{2})-1}\end{cases} \tag{3-46}$$

$$\begin{cases}\mu=\mu_{\ln X}=\ln\mu_X-\dfrac{1}{2}\sigma_{\ln X}^{2}\\ \sigma^{2}=\sigma_{\ln X}^{2}=\ln\left[\left(\dfrac{\sigma_X}{\mu_X}\right)^{2}+1\right]\end{cases} \tag{3-47}$$

机械零件的疲劳强度和寿命多用对数正态分布来拟合。

例 3-8　已知某零件的寿命服从对数正态分布，随机抽取 5 个零件进行试验，测得其寿命分布为 93 h、79 h、83 h、87 h、92 h。试计算：

(1) 寿命随机变量 T 的均值与标准差；

(2) 零件工作到 80 h 的失效概率；

(3) 可靠度为 0.95 时的可靠寿命。

解：(1) 样本均值与标准差：

估计对数正态分布参数 μ 和 σ，由样本对数均值与对数标准差估计

$$\mu = \hat{\mu} = \frac{1}{5}\sum_{i=1}^{5}\ln t_i = \frac{1}{5}(\ln 93 + \ln 79 + \ln 83 + \ln 87 + \ln 92) = 4.462\ (\text{h})$$

$$\sigma = \hat{\sigma} = \sqrt{\frac{1}{5-1}\sum_{i=1}^{5}(\ln t_i - \hat{\mu})^2} = 0.068\ (\text{h})$$

寿命随机变量 T 的均值与标准差

$$\mu_T = \exp\left(\hat{\mu} + \frac{1}{2}\hat{\sigma}^2\right) = \exp\left(4.462 + \frac{1}{2}\times 0.068^2\right) = 86.86\ (\text{h})$$

$$\sigma_T = \mu_T\sqrt{\exp(\hat{\sigma}^2) - 1} = 86.86 \times \sqrt{\exp(0.068^2) - 1} = 5.91\ (\text{h})$$

(2)工作 80 h 的失效概率为

$$R(80) = 1 - \Phi\left(\frac{\ln 80 - 4.462}{0.068}\right) = 1 - \Phi(-1.176) = 1 - 0.121 = 0.879$$

$$F(80) = 1 - R(80) = 1 - 0.879 = 0.121$$

(3)当可靠度为 0.95 时有

$$F(t) = 1 - R(t) = 1 - 0.95 = 0.05$$

查正态分布表得 $z=-1.64$,则

$$F(t) = \Phi\left(\frac{\ln t_R - \mu}{\sigma}\right) = \Phi\left(\frac{\ln t_R - 4.462}{0.068}\right) = 0.05$$

$$\frac{\ln t_R - 4.462}{0.068} = -1.64$$

$$t_R = \exp[0.068 \times (-1.64) + 4.462] = 77.5\ (\text{h})$$

3.3.2.4 威布尔分布

威布尔分布

威布尔分布是瑞典科学家 W. Weibull 在分析材料强度及链条强度时推导出来的一种分布函数。由于威布尔分布对于各种类型的试验数据拟合能力强,而且在各个领域中有许多现象近似地符合威布尔分布,因此,威布尔分布是可靠性工程中广泛使用的连续型分布。如果说指数分布常用来描述系统的寿命,那么威布尔分布则常用来描述零件的寿命。

零件的寿命或疲劳强度总有一个极限值,例如,材料有个疲劳极限值,而带裂纹的材料有个疲劳门槛值,低于这些极限值,则材料的失效概率可以看作为零。因此,从物理模型出发描述寿命的分布,不应是正态的而应是“偏态”的,威布尔分布正适应这一情况。

威布尔分布还可以从“最弱环模型”导出。“最弱环模型”认为,系统、设备等产品的故障,起源于其构成元件中的最弱元件的故障,这相当于构成链条的各环节中最弱环的疲劳寿命决定了整个链条的寿命。如果链条中有一个环断开即视为整个链条的故障,那么这种物理模型又是典型的串联可靠度模型。这种模型的失效概率(如链的失效概率或单个环被拉断的概率)便需用威布尔分布来分析。实践证明,凡是由于某一局部疲劳失效或故障便引起全局机能失效的元件、器件、设备或系统等的寿命,都是服从威布尔分布的,特别是金属材料的疲劳寿命,如零件的疲劳失效、轴承失效等寿命分布。

若随机变量 T 服从威布尔分布,简记为 $T \sim W(m,\eta,\gamma)$,其概率密度函数为

$$f(t)=\frac{m}{\eta}\left(\frac{t-\gamma}{\eta}\right)^{m-1}\exp\left[-\left(\frac{t-\gamma}{\eta}\right)^{m}\right]\quad(\gamma\leqslant t,m>0,\eta>0)\tag{3-48}$$

式中，m——形状参数；

η——尺度参数；

γ——位置参数。

威布尔分布的分布函数为

$$\begin{aligned}F(t)=P(T\leqslant t)&=\int_{\gamma}^{t}f(t)\,\mathrm{d}t=\int_{\gamma}^{t}\frac{m}{\eta}\left(\frac{t-\gamma}{\eta}\right)^{m-1}\exp\left[-\left(\frac{t-\gamma}{\eta}\right)^{m}\right]\mathrm{d}t\\&=1-\exp\left[-\left(\frac{t-\gamma}{\eta}\right)^{m}\right]\end{aligned}\tag{3-49}$$

威布尔分布的可靠度函数为

$$R(t)=1-F(t)=\exp\left[-\left(\frac{t-\gamma}{\eta}\right)^{m}\right]\quad(t\geqslant\gamma)\tag{3-50}$$

威布尔分布的失效率函数为

$$\lambda(t)=\frac{m}{\eta}\left(\frac{t-\gamma}{\eta}\right)^{m-1}\tag{3-51}$$

下面对威布尔分布参数进行详细讨论。

(1)形状参数 m 的不同决定了威布尔概率密度曲线的形状，是三个参数中最重要的一个参数。图3-10、图3-11给出了形状参数 m 对概率密度函数 $f(t)$ 和失效率 $\lambda(t)$ 的影响，随着 m 的不同，威布尔分布是一簇不同形状的分布曲线，大致可以分为三种类型。当 $m<1$ 时，$f(t)$ 曲线以横轴为渐近线，$\lambda(t)$ 随时间增长而减小，描述了产品早期失效期；当 $m=1$ 时，$f(t)$ 曲线就是单参数的指数分布密度曲线，失效率为常数，描述了产品偶然失效期；当 $m>1$ 时，$f(t)$ 曲线都呈单峰曲线，随着 m 的增大，$f(t)$ 曲线变得更为对称，当 $m=3\sim4$ 时，$f(t)$ 曲线近似为正态分布，失效率 $\lambda(t)$ 随时间的增长而增大，反映了产品耗损失效期，与零件疲劳损伤累积失效过程吻合。

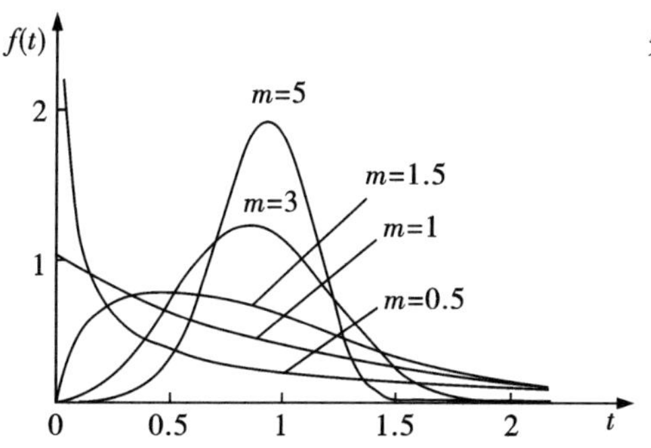

图3-10　$\eta=1,\gamma=0,m$ 取不同值时威布尔分布概率密度曲线

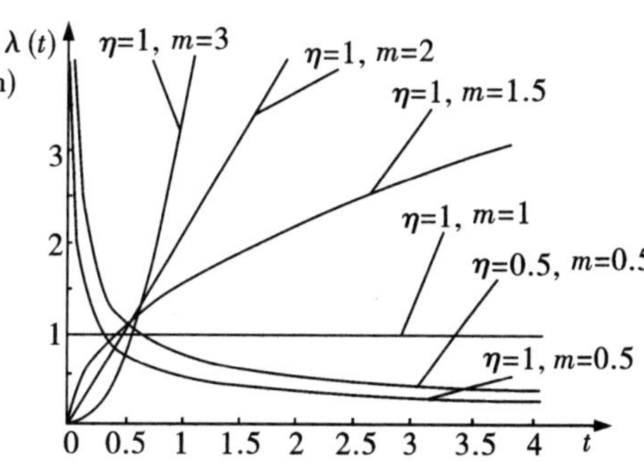

图3-11　$\eta=1,\gamma=0,m$ 取不同值时威布尔分布失效率曲线

(2)位置参数 γ 不同时，曲线的形状完全相同，曲线的位置有所变化，即曲线进行了平移，如图3-12所示。当 $\gamma>0$ 时，曲线由 $\gamma=0$ 的位置向右平移，移动的距离为 γ。当随机变量为产品寿命时，表示产品在 $t=\gamma$ 前的失效概率为0，可靠度为100%，因此 γ 称为

最小安全寿命，也称为最小保证寿命。当 $\gamma<0$ 时，曲线由 $\gamma=0$ 的位置向左平移，移动的距离为 $|\gamma|$。若随机变量为产品寿命，表示产品在开始工作时就已经失效了。

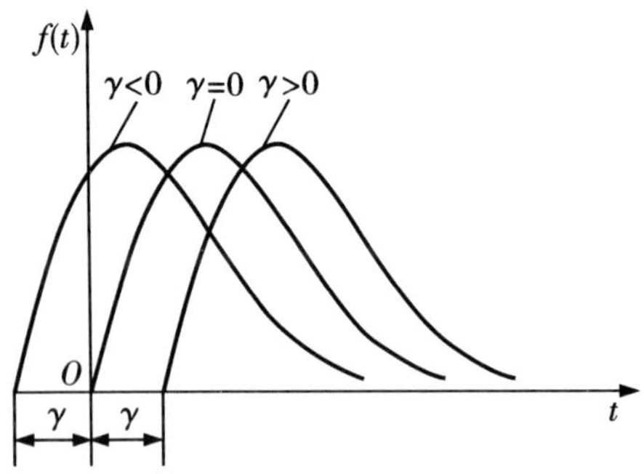

图 3-12　$\eta=1, m=2, \gamma$ 取不同值时威布尔分布概率密度曲线

（3）尺度参数 η 取不同值时，概率密度曲线只是在横坐标轴上有所压缩或伸长，如图 3-13 所示。随着 η 的增大，曲线高度变小而宽度变大，最大值减小。当 $\gamma=0, t=\eta$ 时，由式（3-49）可得 $R(t)=e^{-1}$，因此，尺度参数 η 也是 $\gamma=0$ 时威布尔分布的特征寿命。

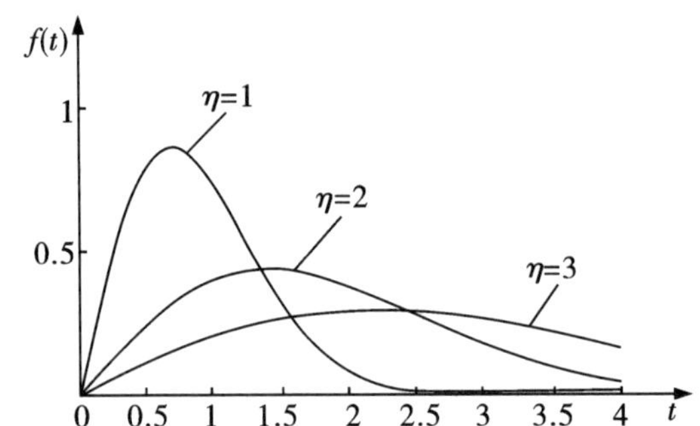

图 3-13　$m=2, \gamma=0, \eta$ 取不同值时威布尔分布概率密度曲线

习题

3-1　100 个零件中有 80 个是由第一台机床加工的，其合格品为 95%，另外 20 个是由第二台机床加工的，其合格品为 90%。今从这 100 个零件中任取 1 件，问这一零件正好是由第一台机床加工出来的合格品的概率是多少？

3-2　今有一批零件，其中一半是由一厂生产，另一半由二、三厂平均承担。已知一、二、三厂生产的正品的概率为 95%、99%、90%。现在从它们生产的这批零件中任取一个，拿到正品的概率是多少？

3-3　汽车装配线传送链机构由电动机、减速器、工作机三部分串联组成。已知它们的可靠度依次为 0.98、0.99、0.96，当系统发生故障时，这三部分发生故障的概率是多少？

3-4　某系统的平均无故障工作时间 $\theta=1\ 000$ h，在该系统 1 500 h 的工作期内需要有备件更换。现有 3 个备件供使用，问系统能够达到的可靠度是多少？

3-5　对 100 台汽车变速器做寿命试验，在完成 1 000 h 试验时，失效的变速器有 5 台。若已知其失效率为常数，试求其特征寿命、中位寿命及任一变速器在任一小时的失效概率。

3-6　有一批轴，其名义直径 $d=25.4$ mm，按照规定其直径不超过 26 mm 时为合格品，根据经验轴的直径尺寸服从正态分布，其均值 $\mu=25.4$ mm，标准差 $\sigma=0.03$ mm。试计算：

（1）这批轴的废品率是多少？

（2）若要保证有 0.98 的合格率，其轴径的合格尺寸应为多少？

3-7　某一控制机构中的弹簧在稳定变应力作用下的疲劳寿命服从对数正态分布。$Y=\ln t \sim N(\mu_Y,\sigma_Y^2)$，$\mu_Y=\ln(1.38\times10^6)=14.1376$，$\sigma_Y=\ln 1.269=0.2382$。在工作条件下该弹簧经受 10^6 应力循环次数之后立即更换。更换之前的失效概率是多少？如果保证可靠度为 0.99，则应该在多少次循环次数前更换？

3-8　某设备的正常运行时间 t（平均无故障工作时间）服从对数正态分布，其均值 $\mu_t=200$ 天，标准差 $\sigma_t=40$ 天。若要求在任何时间内一台设备能处于运行状态的概率至少为 90%，试问：

（1）每台设备应计划在多长时间内维修一次？

（2）如果某一设备在计划维修时间内仍然处于良好运行状态，那么在不经维修的情况下，该设备能再运行一个月的概率是多少？

3-9　某零件的疲劳强度服从威布尔分布，且形状参数 $m=2.65$，尺度参数 η 即所承受对称循环最大应力 $\sigma_{-1e}=531$ MPa，位置参数 γ 即最小应力 $\sigma_{min}=344.5$ MPa。若工作时承受对称循环应力 $\sigma_{-1}=379$ MPa，试计算：

（1）该零件的可靠度是多少？

（2）若要求 $R=0.999$，则其工作应力 σ'_{-1} 应该为多少？

第 4 章 *机械可靠性设计理论*

目前比较流行的机械零件设计的分类方法是把过去长期采用的设计方法称为常规(或传统的)设计方法,近几十年发展起来的设计方法称为现代设计方法。机械现代设计方法发展很快,常见的有计算机辅助设计、优化设计、可靠性设计、并行设计、虚拟产品设计等。在传统设计方法中,为了保证所设计产品安全可靠,一般情况下在设计中引入一个大于 1 的安全系数,以此来保证机械产品不会发生故障,因此传统设计方法一般也称为安全系数法。

可靠性问题是一种综合性的系统工程问题。机械产品的可靠性和其他产品的可靠性一样,都与其设计、制造、运输、储存、使用和维修等各个环节密不可分。其中,设计环节是保证产品可靠性的一个最重要环节,它是决定产品可靠性高低的基础。机械产品的可靠性取决于零部件的结构形式与尺寸,选用的材料及热处理、制造工艺,润滑条件、维修的方便性以及各种安全保护措施等,而这些都是由设计环节决定的。设计决定了产品的固有可靠度。因此,要提高机械产品的可靠性,对产品进行可靠性设计是极其重要的。

4.1 机械可靠性设计与安全系数法的不同

机械可靠性设计与安全系数法的不同

4.1.1 安全系数法

安全系数法的基本思想是机械结构的计算应力小于该结构材料的许用应力,即

$$S_{计算} \leqslant S_{许用}$$

许用应力的计算方法为

$$S_{许用} = \frac{S_{极限}}{n}$$

式中,n——安全系数;

$S_{极限}$——极限应力。

$S_{极限}$可以从手册查取,选取的一般原则是:计算塑性材料静强度时为屈服极限,计算脆性材料静强度时为强度极限,计算疲劳强度时为疲劳极限。

在具体零部件设计时,安全系数究竟取多大,在很大程度上是由设计者的经验决定的。由于不同设计者经验的差异,有的设计结果可能偏于保守,有的可能偏于危险。一些没有经验可参照的新零件设计，更是难以确定所设计产品的安全系数取多大。保守设计会导致产品结构尺寸过大、重量过重、费用增加，而危险设计则可能使产品故障频繁甚至出现严重的事故。安全系数法实际上并不能确定所设计的产品究竟在多大程度上是安全的，也不能确定所设计的产品在使用中发生故障的概率究竟有多大。

安全系数法是把设计变量当作确定性变量来看待，但是对于机械产品来说，许多设计变量（例如工作载荷、极限应力、零件的尺寸等）都是随机变量，包括各种环境因素，如温度、湿度等也是随机变量。因此，在实际工程中，应力是一个随机变量，具有一定的分布规律。同样，由于材料的力学性能、工艺环节的波动和加工精度的影响，强度也是一个具有一定分布规律的随机变量。应力、强度分布状况如图 4-1 所示。

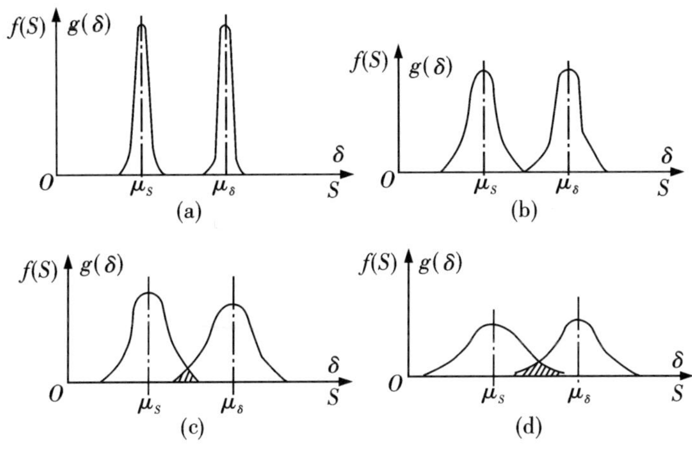

图 4-1　应力、强度分布状况

由于零件强度和应力都是随机变量，应力和强度两概率密度函数曲线在一定的条件下可能相交，这个相交的区域就是产品或零件可能出现故障的区域。

由图 4-1 可知，安全系数相同的零件，可靠度不一定相同。零件可靠度的大小不仅取决于所选择的应力均值 μ_S 和强度均值 μ_δ 的大小，还取决于它们的离散程度 σ_S 和 σ_δ 。安全系数法中的安全系数 n 只有当材料强度和零件工作应力的离散性比较小时才有意义。

另外，即使在零件强度大大高于其工作应力的情况下，在工作初期在正常的工作条件下，强度总是大于应力，零件也是不会发生故障的。但该零件在动载荷、腐蚀、磨损、疲劳载荷的长期作用下，强度将会逐渐衰减，从而导致应力超过强度而产生不可靠问题，如图 4-2 所示。

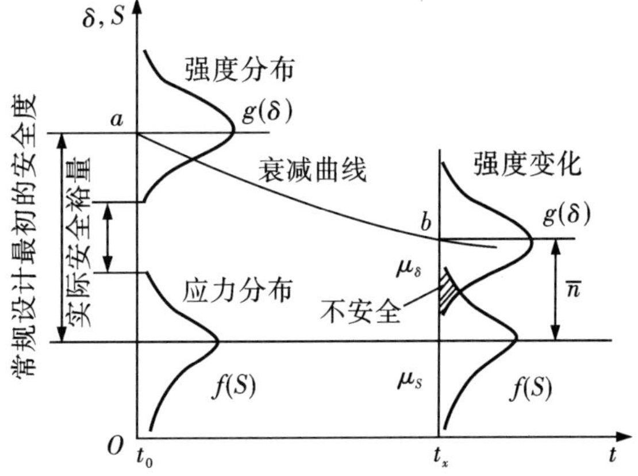

图 4-2　强度衰减引起应力、强度关系变化

由此可知，即使在安全系数大于 1

的情况下仍然会存在一定的不可靠度。因此,按传统机械设计方法只进行安全系数的计算是不够的,还需要进行可靠度的计算。

4.1.2 机械可靠性设计

在机械产品的设计过程中,认为零件的应力、强度以及与其相关的其他设计参数(如载荷、几何尺寸和材料性等)都是多值的随机变量,采用概率与统计的方法来分析和处理相关的设计变量,并采取相应的方法进行产品设计称为机械可靠性设计。与安全系数法相比,机械可靠性设计有以下不同点:

1. 设计变量处理方法不同

机械可靠性设计中的相关变量,都处理为服从一定概率分布的随机变量。这些变量间的关系通过概率函数进行描述和运算。

2. 设计变量运算方法不同

在机械可靠性设计中,设计变量用概率函数及分布参数(如随机变量的均值和标准差)来表征。例如有一受拉力作用的拉杆,其横截面上的拉应力为

$$S(\mu_S,\sigma_S)=\frac{F(\mu_F,\sigma_F)}{A(\mu_A,\sigma_A)} \tag{4-1}$$

式中,μ_S——应力 S 的均值;

σ_S——应力 S 的标准差;

μ_F——拉力 F 的均值;

σ_F——拉力 F 的标准差;

μ_A——拉杆横截面积的均值;

σ_A——拉杆横截面积的标准差。

该式采用函数分布参数的确定方法计算。

3. 设计准则不同

在可靠性设计中,由于应力 S 和强度 δ 都是服从一定分布的随机变量,其设计准则为

$$R(t)=P(\delta > S) \geqslant [R] \tag{4-2}$$

式中,$R(t)$表示零件在工作中的计算可靠度,显然,它是零件工作时间 t 的函数;$[R]$表示零件的许用可靠度。

机械可靠性设计以应力和强度为随机变量,应用概率和统计的方法进行分析、求解,不仅能定量地回答所设计产品的可靠度和失效概率,比较全面地提供产品的设计信息,提高产品质量,减小零件尺寸,节约材料,降低成本;而且能从产品的全寿命周期出发,在设计中赋予机械零件足够的可靠性。

4.2　应力-强度干涉模型与可靠度计算

4.2.1　应力-强度干涉模型

由前面介绍我们知道,应力和强度都不是一个确定的值,而是由若干随机变量组成的随机函数,即

$$\begin{cases} S = f(S_1, S_2, \cdots, S_m) \\ \delta = g(\delta_1, \delta_2, \cdots, \delta_n) \end{cases} \tag{4-3}$$

S_i为影响应力的随机变量,如载荷、几何尺寸、工作温度等;δ_j为影响强度的随机变量,如零件材料的性能、表面质量等。

机械设计中,应力 S 和强度 δ 具有相同的量纲,因此它们的概率密度曲线可以表示在同一坐标系上,在一定条件下可能相交,如图 4-3 中的阴影部分,称为干涉区,因此应力与强度的模型又称为应力-强度干涉模型。该模型中的应力、强度均是一个广义的概念,这里的应力是指对产品功能有影响的各种外界因素,如应力、压力、温度、湿度、次数等统称为产品所受的应力,用 S 表示,其概率密度函数为 $f(S)$。强度是指产品能够承受这种应力的程度,用 δ 表示,其概率密度函数为 $g(\delta)$。

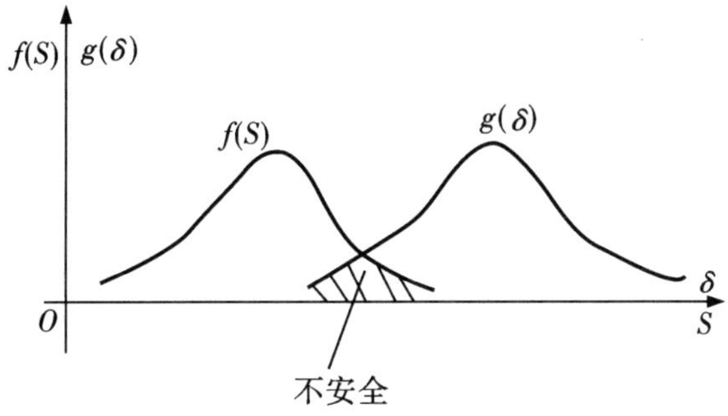

图 4-3　应力-强度分布干涉模型

从应力-强度干涉模型可以看出,虽然 μ_S 远远小于 μ_δ ,但是不能保证工作应力在任何情况下都小于强度。只要应力分布与强度分布存在干涉区,就有可能存在应力大于强度的可能性,产品就存在失效的概率,即可靠度小于 1。

由以上分析可知,一个零件的可靠度主要取决于应力-强度分布曲线的干涉程度:干涉程度越小,零件的可靠度越高;反之,可靠度越低。如果应力和强度的概率分布已知,就可以根据其干涉模型确定该零件的可靠度。应力小于强度的全部概率即为可靠度,相反,当应力超过强度时,将会发生故障或失效,应力大于强度的概率为失效概率,即

$$\begin{cases} F = P(S > \delta) = P[(\delta - S) < 0] \\ R = P(S < \delta) = P[(\delta - S) > 0] \end{cases} \tag{4-4}$$

为了计算零件的可靠度,把图 4-3 中的干涉部分放大,如图 4-4 所示。假定在横轴

上任意取一应力 S_1，并取一小单元 dS，则应力 S_1 存在于区间 $\left[S_1-\frac{1}{2}\mathrm{d}S, S_1+\frac{1}{2}\mathrm{d}S\right]$ 内的概率等于面积 A_1，即

$$P\left[\left(S_1-\frac{\mathrm{d}S}{2}\leqslant S\leqslant S_1+\frac{\mathrm{d}S}{2}\right)\right]=f(S_1)\mathrm{d}S=A_1 \tag{4-5}$$

强度 δ 大于应力 S_1 的概率为

$$P(\delta > S_1)=\int_{S_1}^{+\infty}g(\delta)\mathrm{d}\delta=A_2 \tag{4-6}$$

应力 S_1 既落在宽度为 dS 的区间内，又小于强度 δ 的概率为

$$\mathrm{d}R=f(S_1)\mathrm{d}S\cdot\int_{S_1}^{+\infty}g(\delta)\mathrm{d}\delta \tag{4-7}$$

那么，应力 S 在全部可能取值范围内取值，同时强度 δ 又大于应力 S 的概率为

$$R=P(\delta > S)=\int_{-\infty}^{+\infty}f(S)\left[\int_{S}^{+\infty}g(\delta)\mathrm{d}\delta\right]\mathrm{d}S \tag{4-8}$$

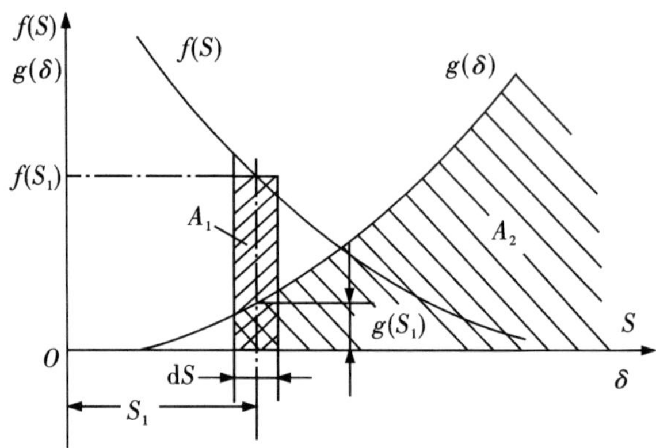

图 4-4　应力-强度分布干涉

同理，也可以在横坐标轴上取一强度 δ_1，并取一小单元 dδ，则 δ_1 存在于区间 $\left[\delta_1-\frac{1}{2}\mathrm{d}\delta,\delta_1+\frac{1}{2}\mathrm{d}\delta\right]$ 内的概率为

$$P\left[\left(\delta_1-\frac{\mathrm{d}\delta}{2}\leqslant\delta\leqslant\delta_1+\frac{\mathrm{d}\delta}{2}\right)\right]=g(\delta_1)\mathrm{d}\delta \tag{4-9}$$

而应力 S 小于强度 δ_1 的概率为

$$P(S < \delta_1)=\int_{-\infty}^{\delta_1}f(S)\mathrm{d}S \tag{4-10}$$

强度 δ_1 既落在宽度为 dδ 的区间内，又大于应力 S 的概率为

$$\mathrm{d}R=g(\delta_1)\mathrm{d}\delta\cdot\int_{-\infty}^{\delta_1}f(S)\mathrm{d}S \tag{4-11}$$

那么，强度 δ 在全部可能取值范围内取值，同时应力 S 又小于强度 δ 的概率为

$$R=P(S < \delta)=\int_{-\infty}^{+\infty}g(\delta)\left[\int_{-\infty}^{\delta}f(S)\mathrm{d}S\right]\mathrm{d}\delta \tag{4-12}$$

由于 $F=1-R$,则由式(4-8)得相应的失效概率为

$$F=P(\delta\leqslant S)=1-\int_{-\infty}^{+\infty}f(S)\left[\int_{S}^{+\infty}g(\delta)\mathrm{d}\delta\right]\mathrm{d}S$$

$$=1-\int_{-\infty}^{+\infty}f(S)\left[1-G_{\delta}(S)\right]\mathrm{d}S=\int_{-\infty}^{+\infty}f(S)G_{\delta}(S)\mathrm{d}S \tag{4-13}$$

同理,也可以由式(4-12)求得失效概率为

$$F=P(S\geqslant\delta)=1-\int_{-\infty}^{+\infty}g(\delta)\left[\int_{-\infty}^{\delta}f(S)\mathrm{d}S\right]\mathrm{d}\delta$$

$$=1-\int_{-\infty}^{+\infty}g(\delta)F_{S}(\delta)\mathrm{d}S=\int_{-\infty}^{+\infty}g(\delta)\left[1-F_{S}(\delta)\right]\mathrm{d}\delta \tag{4-14}$$

4.2.2　应力与强度均为正态分布时的可靠度计算

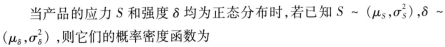

应力与强度均为正态分布时的可靠度计算

当产品的应力 S 和强度 δ 均为正态分布时,若已知 $S\sim(\mu_S,\sigma_S^2)$,$\delta\sim(\mu_\delta,\sigma_\delta^2)$,则它们的概率密度函数为

$$f(S)=\frac{1}{\sigma_S\sqrt{2\pi}}\exp\left[-\frac{1}{2}\left(\frac{S-\mu_S}{\sigma_S}\right)^2\right]\quad(-\infty<S<+\infty) \tag{4-15}$$

$$g(\delta)=\frac{1}{\sigma_\delta\sqrt{2\pi}}\exp\left[-\frac{1}{2}\left(\frac{\delta-\mu_\delta}{\sigma_\delta}\right)^2\right]\quad(-\infty<\delta<+\infty) \tag{4-16}$$

可靠度为

$$R=P(\delta>S)=P(\delta-S>0) \tag{4-17}$$

令 $y=\delta-S$,由正态分布的性质可知,随机变量 y 也是正态分布,即 $y\sim(\mu_y,\sigma_y^2)$,则

$$\begin{cases}\mu_y=\mu_\delta-\mu_S\\ \sigma_y=\sqrt{\sigma_\delta^2+\sigma_S^2}\end{cases} \tag{4-18}$$

随机变量 y 的概率密度函数为

$$h(y)=\frac{1}{\sigma_y\sqrt{2\pi}}\exp\left[-\frac{1}{2}\left(\frac{y-\mu_y}{\sigma_y}\right)^2\right]\quad(-\infty<y<+\infty) \tag{4-19}$$

其可靠度为

$$R=P(y>0)=\int_0^{+\infty}\frac{1}{\sigma_y\sqrt{2\pi}}\exp\left[-\frac{1}{2}\left(\frac{y-\mu_y}{\sigma_y}\right)^2\right]\mathrm{d}y \tag{4-20}$$

为了运用正态分布表,需要进行标准化处理。令 $z=\dfrac{y-\mu_y}{\sigma_y}$,则 $\mathrm{d}y=\sigma_y\mathrm{d}z$,当 $y=0$ 时,z 的下限为

$$z=\frac{0-\mu_y}{\sigma_y}=-\frac{\mu_\delta-\mu_S}{\sqrt{\sigma_\delta^2+\sigma_S^2}} \tag{4-21}$$

当 $y\to+\infty$ 时,z 的上限也是 $+\infty$,将上述关系代入式(4-18),得

$$R=\frac{1}{\sqrt{2\pi}}\int_{-\frac{\mu_\delta-\mu_S}{\sqrt{\sigma_\delta^2+\sigma_S^2}}}^{+\infty}\mathrm{e}^{-\frac{z^2}{2}}\mathrm{d}z=\frac{1}{\sqrt{2\pi}}\int_{z}^{+\infty}\mathrm{e}^{-\frac{z^2}{2}}\mathrm{d}z \tag{4-22}$$

由图 4-5 可知

$$R = 1 - \Phi(z) = 1 - \Phi\left(-\frac{\mu_\delta - \mu_S}{\sqrt{\sigma_\delta^2 + \sigma_S^2}}\right) = \Phi\left(\frac{\mu_\delta - \mu_S}{\sqrt{\sigma_\delta^2 + \sigma_S^2}}\right) = \Phi(z_R) \tag{4-23}$$

$$z_R = -z = \frac{\mu_\delta - \mu_S}{\sqrt{\sigma_\delta^2 + \sigma_S^2}} \tag{4-24}$$

式(4-24)称为联结方程,它将应力分布参数、强度分布参数和可靠度三者联系起来,是可靠性设计的基本公式。z_R称为可靠度系数或可靠度指标。

由于标准正态分布的对称性,式(4-22)还可以写为

$$R = \frac{1}{\sqrt{2\pi}} \int_{-\infty}^{\frac{\mu_\delta - \mu_S}{\sqrt{\sigma_\delta{}^2 + \sigma_S{}^2}}} e^{-\frac{z^2}{2}} dz = \frac{1}{\sqrt{2\pi}} \int_{-\infty}^{z_R} e^{-\frac{z^2}{2}} dz = \Phi(z_R) \tag{4-25}$$

已知可靠度系数 z_R的值,可以得到可靠度 R 的值;反过来,已知可靠度 R 的值,也可以求得可靠度系数 z_R的值。

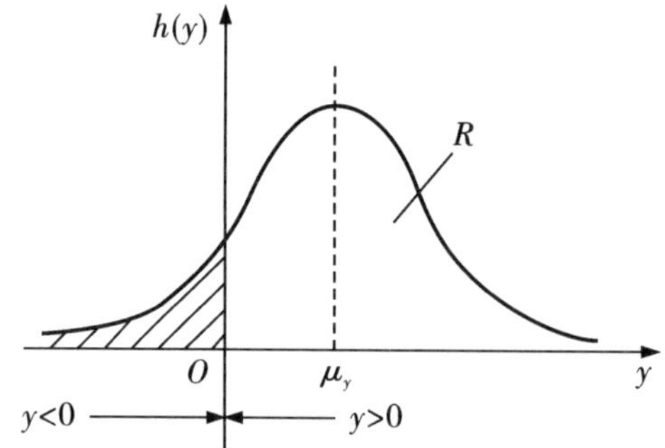

图 4-5 随机变量 $y = \delta - S$ 的概率密度函数

下面讨论应力、强度均为正态分布时的几种干涉情况。

(1)当 $\mu_\delta > \mu_S$ 时,因为 $\mu_\delta - \mu_S > 0$,所以失效概率 $F < 50\%$,$\sigma_\delta^2 + \sigma_S^2$ 越大,F 就越大;

(2)当 $\mu_\delta = \mu_S$ 时,因为 $\mu_\delta - \mu_S = 0$,所以失效概率 $F = 50\%$,且与 σ_δ^2、σ_S^2 无关;

(3)当 $\mu_\delta < \mu_S$ 时,因为 $\mu_\delta - \mu_S < 0$,所以失效概率 $F > 50\%$,则可靠度小于 50%。

显然,在实际设计中,后两种情况是不允许出现的,在一般情况下,应根据具体情况确定一个最经济的可靠度,即允许应力、强度的分布曲线有一定区域的干涉发生。要减小干涉区域,提高零件的可靠度,可以采取如下措施:①提高零件的强度,例如从材料、工艺和尺寸上采取强化措施;②降低零件应力和强度的偏差,即标准差,例如提高零件加工质量或测量精度。

例 4-1 已知某零件的工作应力及材料强度均服从正态分布,且应力的均值 $\mu_S = 130\ \text{MPa}$,标准差 $\sigma_S = 13\ \text{MPa}$;材料强度的均值 $\mu_\delta = 180\ \text{MPa}$,标准差 $\sigma_\delta = 22.5\ \text{MPa}$。

(1)试计算该零件的可靠度。

(2)另一批零件由于热处理不佳及环境温度的较大变化,使零件强度的标准差增大至 25 MPa。问其可靠度如何?

解:(1)强度标准差为 22.5 MPa 时,有

$$z_R = \frac{\mu_\delta - \mu_S}{\sqrt{\sigma_\delta^2 + \sigma_S^2}} = \frac{180 - 130}{\sqrt{22.5^2 + 13^2}} = 1.924$$

可靠度 $R = \Phi(z_R) = \Phi(1.924) = 0.972\ 8$

(2)强度标准差为25 MPa时,有

$$z_R = \frac{\mu_\delta - \mu_S}{\sqrt{\sigma_\delta^2 + \sigma_S^2}} = \frac{180 - 130}{\sqrt{25^2 + 13^2}} = 1.774$$

可靠度 $R = \Phi(z_R) = \Phi(1.774) = 0.962\ 0$

例4-2 某零件工作应力服从正态分布,即 $S_w \sim (352, 40.2^2)$,制造时产生的残余压应力也服从正态分布,即 $S_y \sim (100, 16^2)$,零件的强度也服从正态分布,均值为502 MPa,但方差不清楚。为了保证可靠度 $R>0.999$,强度的标准差最大能为多少?

解:零件的有效应力

$\mu_S = \mu_w - \mu_y = 352 - 100 = 252$ (MPa)

$\sigma_S = \sqrt{\sigma_{S_w}^2 + \sigma_{S_y}^2} = \sqrt{40.2^2 + 16^2} = 43.27$ (MPa)

由于 $R=0.999$,由正态分布表查得 $z_R = 3.10$,代入联结方程式:

$$z_R = \frac{\mu_\delta - \mu_S}{\sqrt{{\sigma_\delta}^2 + {\sigma_S}^2}}$$

$$3.10 = \frac{502 - 252}{\sqrt{{\sigma_\delta}^2 + 43.27^2}}$$

解得 $\sigma_\delta = 68.06$ MPa

4.2.3 应力与强度均为对数正态分布时的可靠度计算

应力与强度均为对数正态分布时的可靠度计算

当应力 S 与强度 δ 是随机变量,且 $\ln S$ 与 $\ln\delta$ 服从正态分布,即 $\ln S \sim (\mu_{\ln S}, \sigma_{\ln S}^2)$,$\ln\delta \sim (\mu_{\ln\delta}, \sigma_{\ln\delta}^2)$,则称应力 S、强度 δ 服从对数正态分布。

令 $y = \ln\delta - \ln S = \ln\dfrac{\delta}{S}$,则 y 为服从正态分布的随机变量,其均值 μ_y 和标准差 σ_y 分别为

$$\begin{cases} \mu_y = \mu_{\ln\delta} - \mu_{\ln S} \\ \sigma_y = \sqrt{\sigma_{\ln\delta}^2 + \sigma_{\ln S}^2} \end{cases} \tag{4-26}$$

这样,随机变量 y 的概率密度函数表达式则与式(4-17)相同,其可靠度 R 的表达式也与式(4-18)相同,则联结方程为

$$z = -\frac{\mu_y}{\sigma_y} = -\frac{\mu_{\ln\delta} - \mu_{\ln S}}{\sqrt{\sigma_{\ln\delta}^2 + \sigma_{\ln S}^2}} \tag{4-27}$$

代入式(4-23),得可靠度为

$$R = 1 - \Phi(z) = 1 - \Phi\left(-\frac{\mu_{\ln\delta} - \mu_{\ln S}}{\sqrt{\sigma_{\ln\delta}^2 + \sigma_{\ln S}^2}}\right) = \Phi\left(\frac{\mu_{\ln\delta} - \mu_{\ln S}}{\sqrt{\sigma_{\ln\delta}^2 + \sigma_{\ln S}^2}}\right) = \Phi(z_R) \tag{4-28}$$

由 $\begin{cases} \mu_X = \exp(\mu + \dfrac{1}{2}\sigma^2) \\ \sigma_X = \mu_X\sqrt{\exp(\sigma^2) - 1} \end{cases}$ 可得,随机变量应力 S 的对数均值和对数方差为

$$\begin{cases} \mu_S = \exp(\mu_{\ln S} + \dfrac{1}{2}\sigma_{\ln S}^2) \\ \sigma_S = \mu_S\sqrt{\exp(\sigma_{\ln S}^2) - 1} \end{cases} \tag{4-29}$$

两边取对数,整理得

$$\begin{cases} \mu_{\ln S} = \ln\mu_S - \dfrac{1}{2}\sigma_{\ln S}^2 \\ \sigma_{\ln S}^2 = \ln\left[\left(\dfrac{\sigma_S}{\mu_S}\right)^2 + 1\right] \end{cases} \tag{4-30}$$

同理,得对数正态分布随机变量强度 δ 的均值与标准差为

$$\begin{cases} \mu_{\ln\delta} = \ln\mu_\delta - \dfrac{1}{2}\sigma_{\ln\delta}^2 \\ \sigma_{\ln\delta}^2 = \ln\left[\left(\dfrac{\sigma_\delta}{\mu_\delta}\right)^2 + 1\right] \end{cases} \tag{4-31}$$

用常用对数时,与式(4-26)~式(4-31)形式类似,只是应力和强度的对数均值和对数标准差分别为

$$\begin{cases} \mu_{\lg S} = \lg\mu_S - 1.151\sigma_{\lg S}^2 \\ \sigma_{\lg S}^2 = 0.434\ 3\ \lg\left[\left(\dfrac{\sigma_S}{\mu_S}\right)^2 + 1\right] \end{cases} \tag{4-32}$$

$$\begin{cases} \mu_{\lg\delta} = \lg\mu_\delta - 1.151\sigma_{\lg\delta}^2 \\ \sigma_{\lg\delta}^2 = 0.434\ 3\ \lg\left[\left(\dfrac{\sigma_\delta}{\mu_\delta}\right)^2 + 1\right] \end{cases} \tag{4-33}$$

常用对数的变换可以将较大的数缩小为较小的数,这一特性可以使较为分散的数据通过对数变换相对地集中起来,因此常把 n 个量级的数据用对数正态分布去拟合。在机械零件及材料的疲劳寿命研究中,对数正态分布应用得较多。

例 4-3　已知某机械零件的工作应力和强度均服从对数正态分布,其均值与标准差分别为 $\mu_S = 60$ MPa,$\sigma_S = 10$ MPa,$\mu_\delta = 100$ MPa,$\sigma_\delta = 10$ MPa 。试计算该零件的可靠度。

解:由式(4-30)和式(4-31)得

$$\begin{cases} \sigma_{\ln S}^2 = \ln\left[\left(\dfrac{\sigma_S}{\mu_S}\right)^2 + 1\right] = \ln\left[\left(\dfrac{10}{60}\right)^2 + 1\right] = 0.027\ 4 \\ \mu_{\ln S} = \ln\mu_S - \dfrac{1}{2}\sigma_{\ln S}^2 = \ln 60 - \dfrac{1}{2} \times 0.027\ 4 = 4.080\ 6 \end{cases}$$

$$\begin{cases} \sigma_{\ln\delta}^2 = \ln\left[\left(\dfrac{\sigma_\delta}{\mu_\delta}\right)^2 + 1\right] = \ln\left[\left(\dfrac{10}{100}\right)^2 + 1\right] = 0.009\ 95 \\ \mu_{\ln\delta} = \ln\mu_\delta - \dfrac{1}{2}\sigma_{\ln\delta}^2 = \ln 100 - \dfrac{1}{2} \times 0.009\ 95 = 4.600\ 2 \end{cases}$$

代入式(4-28)得

$$R=\Phi\left(\frac{\mu_{\ln\delta}-\mu_{\ln S}}{\sqrt{\sigma_{\ln\delta}^2+\sigma_{\ln S}^2}}\right)=\Phi\left(\frac{4.6002-4.0806}{\sqrt{0.00995+0.0274}}\right)=\Phi\left(\frac{0.5196}{0.19326}\right)$$

$$=\Phi(2.6886)=0.9964$$

应力、强度在机械可靠性设计中是一个广义的概念,如果把工作循环次数 N_S 作为应力,与此相应地,失效循环次数 N_δ 作为强度。有关研究表明,零件的工作循环次数常呈现对数正态分布,这时,工作循环次数 N_S 的可靠度为

$$R=\Phi\left(\frac{\mu_{\lg N_\delta}-\lg N_S}{\sigma_{\lg N_\delta}}\right) \tag{4-34}$$

如果在零件的工作循环次数达到 N_1 之后,希望能再运转 m 个工作循环次数,零件在这段时间增加的任务期间内的可靠度是一个条件概率,表示为

$$R(N_1,m)=P(R(m)\mid R(N_1))=\frac{R(N_1+m)}{R(N_1)} \tag{4-35}$$

例 4-4　铝轴在应力水平 $S=172$ MPa 下工作,其失效循环次数服从对数正态分布,数据如表 4-1 所示,铝轴已成功地运转了 5×10^5 r。试求:

(1)其可靠度为多大?

(2)如在同一应力水平下再运转 10^5 r,在增加的任务期内的可靠度为多大?

表 4-1　铝轴试件的失效循环次数分布数据(材料为 7075-T6,表层涂凡士林)

应力水平/MPa	试件数	失效循环次数对数的均值 $\mu_{\ln N_\delta}$	失效循环次数对数的标准差 $\sigma_{\ln N_\delta}$
138	8	6.435	0.124
172	14	5.827	0.124
207	20	5.423	0.089
241	17	5.069	0.048
276	20	4.748	0.043
310	17	4.531	0.033
344	72	4.273	0.026
414	20	3.827	0.040
482	20	3.494	0.018

解:当 $N_1=5\times10^5$ r 时,$\lg N_1=\lg(5\times10^5)=5.699$

由表 4-1 可知,当 $S=172$ MPa 时,$\mu_{\lg N_\delta}=5.827$,$\sigma_{\lg N_\delta}=0.124$,由式(4-34)得

$$R=\Phi\left(\frac{\mu_{\lg N_\delta}-\lg N_1}{\sigma_{\lg N_\delta}}\right)=\Phi\left(\frac{5.827-5.699}{0.124}\right)=\Phi(1.032)=0.8485$$

(2)当再运转 10^5 r 时,$N_1+m=6\times10^5$ r

$\lg(N_1+m)=\lg(6\times10^5)=5.778$

$$z=\frac{\mu_{\lg N_\delta}-\lg(N_1+m)}{\sigma_{\lg N_\delta}}=\frac{5.827-5.778}{0.124}=0.395$$

$$R(N_1+m)=\Phi(0.395)=0.6535$$

$$R(N_1,m)=\frac{R(N_1+m)}{R(N_1)}=\frac{0.6535}{0.8485}=0.7702$$

4.2.4 应力与强度均为指数分布时的可靠度计算

当应力 S 与强度 δ 均为指数分布时，它们的概率密度函数分别为

$$f(S)=\lambda_S e^{-\lambda_S S}\quad(0\leqslant S<\infty)$$

$$g(\delta)=\lambda_\delta e^{-\lambda_\delta \delta}\quad(0\leqslant \delta<\infty)$$

由式(4-8)得

$$R=P(\delta>S)=\int_0^{+\infty}f(S)\left[\int_S^{+\infty}g(\delta)\mathrm{d}\delta\right]\mathrm{d}S=\int_0^{+\infty}\lambda_S e^{-\lambda_S S}e^{-\lambda_\delta S}\mathrm{d}S$$

$$=\int_0^{+\infty}\lambda_S e^{-(\lambda_S+\lambda_\delta)S}\mathrm{d}S=\frac{\lambda_S}{\lambda_S+\lambda_\delta}\int_0^{+\infty}(\lambda_S+\lambda_\delta)e^{-(\lambda_S+\lambda_\delta)S}\mathrm{d}S$$

$$=\frac{\lambda_S}{\lambda_S+\lambda_\delta}\tag{4-36}$$

由于 $\mu_S=\dfrac{1}{\lambda_S}$，$\mu_\delta=\dfrac{1}{\lambda_\delta}$，则可靠度 R 为

$$R=\frac{\mu_\delta}{\mu_\delta+\mu_S}\tag{4-37}$$

式中，μ_S—— 应力的均值；

μ_δ—— 强度的均值。

4.2.5 应力与强度均为威布尔分布时的可靠度计算

应力 S 与强度 δ 均为威布尔分布时，由式(3-48)可得它们的概率密度函数分别为

$$f(S)=\frac{m_S}{\eta_S}\left(\frac{S-\gamma_S}{\eta_S}\right)^{m_S-1}\exp\left[-\left(\frac{S-\gamma_S}{\eta_S}\right)^{m_S}\right]\quad(\gamma_S\leqslant S<\infty)$$

$$g(\delta)=\frac{m_\delta}{\eta_\delta}\left(\frac{\delta-\gamma_\delta}{\eta_\delta}\right)^{m_\delta-1}\exp\left[-\left(\frac{\delta-\gamma_\delta}{\eta_\delta}\right)^{m_\delta}\right]\quad(\gamma_\delta\leqslant \delta<\infty)$$

由式(3-49)及式(4-14)得失效概率为

$$F=P(S\geqslant\delta)=\int_{-\infty}^{+\infty}g(\delta)[1-F_S(\delta)]\mathrm{d}\delta$$

$$=\int_{\gamma_\delta}^{+\infty}\frac{m_\delta}{\eta_\delta}\left(\frac{\delta-\gamma_\delta}{\eta_\delta}\right)^{m_\delta-1}\exp\left[-\left(\frac{\delta-\gamma_\delta}{\eta_\delta}\right)^{m_\delta}\right]\cdot\exp\left[-\left(\frac{S-\gamma_S}{\eta_S}\right)^{m_S}\right]\mathrm{d}\delta\tag{4-38}$$

采用数值积分法对式(4-38)进行积分，就可以得到不同强度和应力参数下的失效概率，其可靠度为

$$R=1-F\tag{4-39}$$

前面已经推导出了应力和强度均为正态分布、对数正态分布、指数分布及威布尔分

布四种情况的可靠度计算公式，其他一些分布根据应力-强度干涉模型也可以推导出相应的可靠度计算公式，具体可参考其他文献资料。

4.3　机械可靠性设计中参数的确定方法

在机械可靠性设计中，影响应力分布与强度分布的物理参数、几何参数等设计参数较多，在机械可靠性设计中，这些参数都是随机变量。它们应当是经过多次试验测定的实际数据，并经过统计检验后得到的统计量，关于这些参数的统计数据，尚需做大量的试验测定与统计积累，但在目前，有时可做适当的假设、简化等处理。下面讨论一些主要参数及其数据的统计处理。

4.3.1　应力分布参数的确定

应力分布参数的确定

在机械零件的可靠性设计中，影响应力的主要因素是所承受的外载荷、结构的几何形状和尺寸、材料的物理特性等。

4.3.1.1　载荷的统计分析

机械产品由于各种因素的影响，所承受的载荷大都是一种不稳定的随机性载荷，在某种情况下载荷变动较小，而在另外一种情况下变动较大。例如，自行车因人的体重和道路的情况差别等原因，其载荷就是随机变量；飞机的载荷不仅与载重量有关，而且与飞机质量、飞行速度、飞行状态、气象及驾驶员操作有关；其他机械设备，如汽车、起重运输机械、轮船等也是一样，都承受随机载荷。

零件的失效通常是由于其所承受的载荷超过了零件在当时状态下的极限承载能力的结果。零件的受力状况包括载荷类型、载荷性质，以及载荷在零件中引起的应力状态。

对载荷的统计分析，首先进行实测，对载荷-时间历程进行记录、计数，得到一系列原始数据，再根据数理统计方法进行统计分析，确定分布类型及参数，建立数学模型，为可靠性设计提供载荷依据。

在可靠性设计中，要以载荷统计量代替单值载荷。大量统计表明，静载荷可用正态分布来描述，而一般动载荷可用正态分布或者对数正态分布来描述。

若载荷 Q 为正态分布，其均值和标准差则一般可以按 3σ 原则来确定，即

$$\mu_Q = \frac{Q_{\max} + Q_{\min}}{2} \tag{4-40}$$

$$\sigma_Q = \frac{Q_{\max} - Q_{\min}}{6} \tag{4-41}$$

4.3.1.2　几何尺寸的统计分析

由于加工制造设备的精度、量具的精度、人员的操作水平、工况、环境等影响，零件的几何尺寸在加工完成后会有差异，零件加工后的尺寸是一个随机变量，零件尺寸偏差大多服从正态分布。表 4-2 给出了不同加工方法的尺寸误差。

表 4-2 不同加工方法的尺寸误差 单位:mm

加工方法	误差(±)		加工方法	误差(±)	
	一般	可达		一般	可达
火焰切割	1.5	0.50	锯	0.5	0.125
冲压	0.25	0.025	车	0.125	0.025
拉拔	0.25	0.05	刨	0.25	0.025
冷轧	0.25	0.025	铣	0.125	0.025
挤压	0.50	0.05	滚切	0.125	0.025
金属模铸	0.75	0.25	拉	0.125	0.012 5
磨	0.025	0.005	研磨	0.005	0.001 2
钻孔	0.25	0.05	铰孔	0.05	0.012 5

若几何尺寸 X 服从正态分布,其均值与标准差一般按 3σ 原则确定,即

$$\mu_X = \frac{X_{\max} + X_{\min}}{2} \tag{4-42}$$

$$\sigma_X = \frac{X_{\max} - X_{\min}}{6} \tag{4-43}$$

4.3.1.3 应力分布参数的计算

应力作为载荷效应,是零件计算横截面上载荷与横截面尺寸的函数,常规的机械设计把它看成确定的量,实际上载荷和横截面尺寸都是随机变量,因而应力也是随机变量。通常,确定应力分布的步骤如下:

(1)确定零件的失效形式及其判断依据;

(2)应力单元体分布;

(3)计算应力分量;

(4)确定每一应力分量的最大值;

(5)将上述应力分量综合为复合应力;

(6)确定名义应力、应力修正系数和有关设计参数的分布;

(7)确定应力分布参数。

大量统计表明,一般情况下,静载荷和零件尺寸偏差可用正态分布来描述。因此,静载荷下的应力通常服从正态分布,即 $S \sim (\mu_S, \sigma_S^2)$ 。在机械可靠性设计中,如果影响零件工作应力 S 的参数有 $X_1, X_2, \cdots, X_n$,它们全部是服从正态分布的随机变量,且已知每个随机变量 X_i的均值 μ_i 和标准差 σ_i ,可按下述方法近似确定应力的分布参数。

1. 变异系数法

变异系数法适合于没有加减运算的随机函数。若是由乘除关系组成的多变量函

数,即

$$y = \frac{x_1 x_2}{x_3 \cdots x_n}$$

则随机函数 y 的变异系数 C_y 为

$$C_y = \sqrt{C_{x_1}^2 + C_{x_2}^2 + \cdots + C_{x_n}^2} \tag{4-44}$$

若是幂函数,即

$$y = a_0 x_1^{a_1} x_2^{a_2} \cdots x_n^{a_n}$$

则随机函数 y 的变异系数 C_y 为

$$C_y^2 = \sum_{i=1}^{n} a_i^2 C_{x_i}^2 \tag{4-45}$$

应力 $S = f(X_1, X_2, \cdots, X_n)$ 的分布参数为

$$\begin{cases} \mu_S = f(\mu_{X_1}, \mu_{X_2}, \cdots, \mu_{X_n}) \\ \sigma_S = C_S \mu_S \end{cases} \tag{4-46}$$

例 4-5　一拉杆受外力作业,若外力 P 的均值为 20 000 N,标准差为 2 000 N;拉杆断面面积 A 的均值为 1 000 mm², 标准差为 80 mm²。求应力的均值和标准差。

解:应力表达式 $S = \dfrac{P}{A} = f(A, P)$

应力均值 $\mu_S = \dfrac{\mu_P}{\mu_A} = \dfrac{20\,000}{1\,000} = 20\ (\text{MPa})$

应力变异系数

$$C_S = \sqrt{C_P^2 + C_A^2} = \sqrt{\left(\frac{\sigma_P}{\mu_P}\right)^2 + \left(\frac{\sigma_A}{\mu_A}\right)^2} = \sqrt{\left(\frac{2\,000}{20\,000}\right)^2 + \left(\frac{80}{1\,000}\right)^2} = 0.128$$

应力标准差 $\sigma_S = C_S \mu_S = 0.128 \times 20 = 2.56\ (\text{MPa})$

2. 一次二阶矩法

当直接计算随机函数的均值和标准差比较困难时,常用一次二阶矩法来实现。一次二阶矩法是针对线性函数,以变量的一阶矩(均值)和二阶矩(方差)为概率特征进行可靠度计算的一种方法。对于非线性函数,一般通过泰勒级数展开近似地取其一次式,使函数线性化,然后用一次二阶矩法求得函数的近似解。

(1)一维随机变量。设 Y 为正态分布随机变量 X 的函数,即 $Y=f(X)$,随机变量 X 的均值和方差为 μ_X 和 σ_X,将 $Y=f(X)$ 用泰勒级数在 μ_X 处展开,得

$$Y = f(X) = f(\mu_X) + (X - \mu_X) f'(\mu_X) + \frac{1}{2}(X - \mu_X)^2 f''(\mu_X) + \cdots \tag{4-47}$$

对上式取数学期望,得

$$E(Y) = E[f(\mu_X)] + E[(X - \mu_X) f'(\mu_X)] + E\left[\frac{1}{2}(X - \mu_X)^2 f''(\mu_X)\right] + \cdots \tag{4-48}$$

化简整理,得函数 Y 的二阶近似均值为

$$E(Y) = f(\mu_X) + \frac{D(X)}{2} f''(\mu_X) \tag{4-49}$$

如果方差很小,也可以取一阶近似均值为

$$E(Y)=f(\mu_X) \tag{4-50}$$

对式(4-47)取方差,得函数的一阶近似方差为

$$D(Y)=D(X)\,[f'(\mu_X)]^2 \tag{4-51}$$

可以看出,如果函数$f(X)$在X取值的整个范围内都是近似线性的,则式(4-50)和式(4-51)可给出较好的近似值。此外,当X的方差与$f(X)$相比小得多时,即使对于非线性函数,上述近似结果在实际问题中的精度也足够。在泰勒级数中如果取更高阶的项,则可改善近似程度。

(2)多维随机变量。设Y为正态分布随机变量$X_1,X_2,\cdots,X_n$的函数,即$Y=f(X_1,X_2,\cdots,X_n)$,随机变量X_i的均值和标准差为μ_{X_i}和σ_{X_i},用泰勒级数展开法将函数在$[\mu_{X_1},\mu_{X_2},\cdots,\mu_{X_n}]$处展开得

$$\begin{aligned}Y=&f(\mu_{X_1},\mu_{X_2},\cdots,\mu_{X_n})+\sum_{i=1}^{n}(X_i-\mu_{X_i})\frac{\partial f}{\partial X_i}+\\&\frac{1}{2}\sum_{i=1}^{n}\sum_{j=1}^{n}(X_i-\mu_{X_i})(X_j-\mu_{X_j})\frac{\partial^2 f}{\partial X_i\partial X_j}+\cdots\end{aligned} \tag{4-52}$$

取上式的一阶均值和一阶方差,则函数的均值和方差可以近似表达为

$$\mu_Y\approx f(\mu_{X_1},\mu_{X_2},\cdots,\mu_{X_n}) \tag{4-53}$$

$$\sigma_Y^2\approx\sum_{i=1}^{n}\left(\frac{\partial f}{\partial X_i}\Big|_{X_1=\mu_{X_1},X_2=\mu_{X_2},\cdots,X_n=\mu_{X_n}}\right)^2\sigma^2(X_i) \tag{4-54}$$

例 4-6 一拉杆受外力作业,若外力P均值为20 000 N,标准差为2 000 N;拉杆的断面面积A均值为1 000 mm^2,标准差为80 mm^2。求应力的均值和标准差。

解:应力表达式 $S=\dfrac{P}{A}=f(A,P)$

应力均值 $\mu_S=\dfrac{\mu_P}{\mu_A}=\dfrac{20\ 000}{1\ 000}=20\ (\text{MPa})$

应力方差

$$\begin{aligned}D(S)&=D\left(\frac{P}{A}\right)=\left(\frac{\partial S}{\partial P}\bigg|_{P=\bar{P},A=\bar{A}}\right)^2\sigma_P^2+\left(\frac{\partial S}{\partial A}\bigg|_{P=\bar{P},A=\bar{A}}\right)^2\sigma_A^2=\left(\frac{1}{\bar{A}}\right)^2\sigma_P^2+\left(-\frac{\bar{P}}{\bar{A}^2}\right)^2\sigma_A^2\\&=\left(\frac{1}{1\ 000}\right)^2\times(2\ 000)^2+\left[-\frac{20\ 000}{(1\ 000)^2}\right]^2\times(80)^2=6.56\ (\text{MPa})^2\end{aligned}$$

应力标准差 $\sigma_S=\sqrt{6.56}=2.56\ (\text{MPa})$

3. 蒙特卡罗法

蒙特卡罗法通过对随机变量进行统计抽样或随机模拟,从而估计和描述函数的统计量,以求解工程实际问题的数值方法,也称为统计试验法或随机模拟法。应用蒙特卡罗法求解可靠度,需要已知应力和强度的分布函数。这种方法的实质是从应力分布中随机抽取一个应力值,再与从强度分布中随机抽取的一个强度值进行比较,如果应力大于强度,则得到一次零件失效结果;反之,得到一次零件安全结果。由此可见,每一次随机模拟相当于一个随机抽取的零件进行一次试验。统计试验结果,就可得到需要的可靠性

指标。

设模拟次数为 n,其中失效数为 n_F,则零件的失效概率近似值等于 $F=\frac{n_F}{n}$,可靠度近似值为 $R=1-\frac{n_F}{n}$,显然,模拟次数越多,模拟结果的精度越高。要获得可靠的模拟结果,往往需要进行数千次的模拟。由于需要的模拟次数很多,所以,用蒙特卡罗法进行可靠性模拟一般需要借助计算机进行。

蒙特卡罗法的基本思路与步骤如下:

(1)确定随机模拟次数 n。

(2)输入载荷和材料强度分布信息,包括零件工作载荷和材料强度的概率密度函数,以及影响零部件应力和强度的各随机变量的概率密度函数。

(3)产生给定分布规律的随机样本序列,计算机程序中有许多生成随机数的函数。

(4)计算零件工作应力的一个样本值,即随机抽取一组影响应力值的参数样本值代入应力公式,计算零件的工作应力样本值 S_1。

(5)计算零件强度的一个样本值,即随机抽取一组影响强度值的参数样本值代入强度计算公式,计算零件的强度样本值 δ_1。

(6)比较应力与强度样本值,若 $S_1-\delta_1>0$,则零件失效;反之,零件安全。如此重复进行 n 次,得到 n 次模拟中零件的失效次数 n_F。

(7)计算零件可靠度的近似值 $R=1-\frac{n_F}{n}$。

蒙特卡罗法的主要优点是可以用同样的方法处理任何复杂随机变量。对于用干涉理论解析法难以处理的多个随机变量,即概率分布,可用蒙特卡罗法求解。

例 4-7 一拉杆受外力作业,若外力 P 的均值为 20 000 N,标准差为 2 000 N;拉杆断面面积 A 的均值为 1 000 mm^2,标准差为 80 mm^2。求应力的均值和标准差。

解:应力表达式为 $S=\frac{P}{A}=f(A,P)$

模拟样本数取 $n=10^5$,

载荷 $P=20\ 000+2\ 000\times \mathrm{randn}(n)$

面积 $A=1\ 000+80\times \mathrm{randn}(n)$

应力 $S=\frac{P}{A}=\frac{20\ 000+2\ 000\times \mathrm{randn}(n)}{1\ 000+80\times \mathrm{randn}(n)}$

【MATLAB 程序】

```
clc
clear all
%输入数据
n=100000;
P1=200000;P11=2000;
A1=1000;A11=80;
sj=randn(n,2);                  %产生二维随机数
P=P1+P11*sj(:,1);               %产生载荷随机变量值
A=A1+A11*sj(:,2);               %产生面积随机变量值
S=P./A;                         %计算应力
S_m=mean(S);                    %应力均值
S_v=var(S,1);                   %应力方差
S_s=std(S,1);                   %应力标准差
运行结果:
S_m=20.1200;                    S_s=2.6052
```

需要指出的是,蒙特卡罗法的计算精度和计算效率与模拟样本数的选取有关,当模拟次数达到一定值时,结果趋于稳定,但随着模拟次数的增大,计算效率会下降。因此,模拟次数并不是越大越好,一般在 $10^4 \sim 10^6$之间即可。

变异系数法、一次二阶矩法、蒙特卡罗法均能用来确定应力的分布参数,但是各有特点。现在将三者的求解精度进行比较,见表 4-3。

表 4-3　三种方法的求解精度比较

	变异系数法	一次二阶矩法	蒙特卡罗法
均值	20	20	20.12
标准差	2.56	2.56	2.605 2

当函数中变量系数比较多的时候,运用变异系数法显得比较复杂,运用一阶矩和二阶矩法来处理,则需要计算大量的导数,工作量比较大。显然,蒙特卡罗法则会比较简便。关于蒙特卡罗法的计算精度与计算效率问题,感兴趣的读者可以进一步研究与探索。

4.3.2　强度分布参数的确定

强度分布参数的确定

计算零件的可靠度时,先确定应力的分布参数,还需要确定强度的分布参数,然后根据应力-强度干涉理论来确定零件的可靠度。

通常,零件的强度呈正态分布,即 $\delta \sim (\mu_\delta, \sigma_\delta^2)$,其分布参数可以按下述步骤确定:

1. 确定名义强度分布

名义强度是指在标准试验条件下确定的试件强度,如强度极限、屈服极限、有限寿命疲

劳极限、无限寿命疲劳极限、疲劳失效循环次数以及疲劳下的复合强度等，一般可通过手册查取。如果仅有一个定值，则该值是强度的均值，强度的标准差按照变异系数计算，即

$$\sigma_\delta = C_\delta \mu_\delta \tag{4-55}$$

材料的静强度指标强度极限 δ_b 、屈服极限 δ_s 、剪切强度极限 τ_b 能较好地符合或近似符合正态分布；材料的疲劳极限 δ_r 、弹性模量 E、剪切弹性模量 G、硬度 H 等，由于冶炼、加工、热处理、试验等各个环节的随机因素的影响，都具有变动性，是随机变量，多呈正态分布，有的则呈对数正态分布。表 4-4、表 4-5 给出了一些金属材料的名义强度相关数据。

表 4-4　材料强度极限 δ_b 和屈服极限 δ_s 的均值与标准差

序号	材料名称		屈服强度极限 δ_s/MPa		抗拉强度极限 δ_b/MPa	
			均值	标准差	均值	标准差
1	碳素钢		443	27.5	667	25.3
2	锰钢		418	20.9	614	45.8
3	钼钢（正火）		830	14.06	935	18.75
4	钼钢		1 302	90.2	1 729	169.7
5	低合金钢（回火）	370 ℃	1 276	57.4	1 406	53.9
		454 ℃	1 153	44.5	1 216	42.2
		538 ℃	1 023	45.7	1 076	42.2
		620 ℃	907	49.2	995	50.4
6	铬钼钒钢		1 444	70.3	1 749	84.9
7	合金钢		1 691	102	1 805	99.9

表 4-5　一些常用材料的变异系数

钢号	C_{δ_b}	C_{δ_s}	光滑试件 $C_{\delta_{-1}}$	缺口试件 $C_{\delta_{-1}}$
20	0.069	0.125	0.020	0.031
35	0.076	0.110	0.008	0.021
40	0.065	0.092	—	—
45	0.070	0.070	0.246	0.041
16Mn	0.041	0.054	0.030 1	0.054
35CrMo	0.144	0.218	0.032 1	0.046
40Cr	0.050	0.050	0.024 5	—
40MnB	—	—	0.042 4	0.036 5
60Si2Mn	0.037	—	0.042 5	0.021
40CrNi	0.060 0	0.060	—	—
30CrMnSiA	0.071	0.100	0.149	—
ZG35 Ⅱ	0.171	0.208	—	—
QT60-2	—	—	0.020	0.055
QT40-17	—	—	0.046	0.030

由表4-5可以看出，同一种材料在不同应力状态下的变异系数是不一样的。统计表明，变异系数值的波动范围较大。一般情况下，变异系数小于0.2；若变异系数大于0.2，则说明材料的生成工艺不稳定。

2. 修正名义强度分布

零件的强度与试件的名义强度是有区别的。因此，需要用适当的强度系数来修正名义强度，以得到零件的强度，例如尺寸系数 ε、应力集中系数 K_σ、表面质量系数 β 等。在疲劳强度可靠性设计中，必须考虑这些系数并考虑其分散性。对于常见的几个修正系数，一般都假定呈正态分布。

3. 确定强度分布

根据应力分布参数的三种确定方法可以近似地确定强度分布参数，但实际零件的强度分布最好通过可靠性试验来获取。

例4-8 一承受弯曲载荷的轴，目标寿命为 5×10^4 次，已知试件的耐久极限 δ_{-1} 的均值与标准差分别为560 MPa、42 MPa，若仅考虑尺寸系数 ε、应力集中系数 K_σ、表面质量系数 β 的影响，设它们均呈正态分布且分布参数为 $\mu_\varepsilon=0.856$、$\sigma_\varepsilon=0.0889$，$\mu_\beta=0.7933$、$\sigma_\beta=0.0357$，$\mu_{K_\sigma}=1.692$、$\sigma_{K_\sigma}=0.0768$。试求此轴的强度分布。

解：(1)变异系数法

修正后的零件疲劳强度 $\delta_{-1e}=\dfrac{\delta_{-1}\varepsilon\beta}{k_\sigma}$

强度的均值 $\mu_{\delta_{-1e}}=\mu_{\delta_{-1}}\dfrac{\mu_\varepsilon\mu_\beta}{\mu_{K_\sigma}}=560\times\dfrac{0.856\times0.7933}{1.692}=224.7496\ (\text{MPa})$

各随机变量变异系数 $C_{\delta_{-1}}=\dfrac{\sigma_{\delta_{-1}}}{\mu_{\delta_{-1}}}=\dfrac{42}{560}=0.075$，$C_\varepsilon=\dfrac{\sigma_\varepsilon}{\mu_\varepsilon}=\dfrac{0.0889}{0.856}=0.1039$，

$C_\beta=\dfrac{\sigma_\beta}{\mu_\beta}=\dfrac{0.0357}{0.7933}=0.045$，$C_{K_\sigma}=\dfrac{\sigma_{K_\sigma}}{\mu_{K_\sigma}}=\dfrac{0.0768}{1.692}=0.0454$

强度的变异系数

$$C_{\delta_{-1e}}=\sqrt{C_{\delta_{-1}}^2+C_\varepsilon^2+C_\beta^2+C_{K_\sigma}^2}=\sqrt{0.075^2+0.1039^2+0.045^2+0.0454^2}=0.1432$$

强度的标准差 $\sigma_{\delta_{-1e}}=C_{\delta_{-1e}}\mu_{\delta_{-1e}}=0.1432\times224.7496=32.1841$

(2)一次二阶矩法

修正后的零件疲劳强度 $\delta_{-1e}=\dfrac{\delta_{-1}\varepsilon\beta}{k_\sigma}$

强度的均值 $\mu_{\delta_{-1e}}=\mu_{\delta_{-1}}\dfrac{\mu_\varepsilon\mu_\beta}{\mu_{K_\sigma}}=560\times\dfrac{0.856\times0.7933}{1.692}=224.7496\ (\text{MPa})$

强度的方差

$$\sigma_{\delta_{-1e}}^2=\left(\left.\frac{\partial\delta_{-1e}}{\partial\delta_{-1}}\right|_{\varepsilon=\bar{\varepsilon},\beta=\bar{\beta},K_\sigma=\bar{K}_\sigma}\right)^2\sigma_{\delta_{-1}}^2+\left(\left.\frac{\partial\delta_{-1e}}{\partial\varepsilon}\right|_{\delta_{-1}=\bar{\delta}_{-1},\beta=\bar{\beta},K_\sigma=\bar{K}_\sigma}\right)^2\sigma_\varepsilon^2+$$
$$\left(\left.\frac{\partial\delta_{-1e}}{\partial\beta}\right|_{\varepsilon=\bar{\varepsilon},\delta_{-1}=\bar{\delta}_{-1},K_\sigma=\bar{K}_\sigma}\right)^2\sigma_\beta^2+\left(\left.\frac{\partial\delta_{-1e}}{\partial K_\sigma}\right|_{\varepsilon=\bar{\varepsilon},\beta=\bar{\beta},\delta_{-1}=\bar{\delta}_{-1}}\right)^2\sigma_{K_\sigma}^2$$

$$= \left(\frac{\mu_\varepsilon \mu_\beta}{\mu_{K_\sigma}}\right)^2 \sigma_{\delta_{-1}}^2 + \left(\frac{\mu_{\delta_{-1}} \mu_\beta}{\mu_{K_\sigma}}\right)^2 \sigma_\varepsilon^2 + \left(\frac{\mu_{\delta_{-1}} \mu_\varepsilon}{\mu_{K_\sigma}}\right)^2 \sigma_\beta^2 + \left(-\frac{\mu_{\delta_{-1}} \mu_\beta \mu_\varepsilon}{\mu_{K_\sigma}^2}\right)^2 \sigma_{K_\sigma}^2$$

$$= \left(\frac{0.856 \times 0.793\ 3}{1.692}\right)^2 \times 42^2 + \left(\frac{560 \times 0.793\ 3}{1.692}\right)^2 \times 0.088\ 9^2 +$$

$$\left(\frac{560 \times 0.856}{1.692}\right)^2 \times 0.035\ 7^2 + \left(-\frac{560 \times 0.793\ 3 \times 0.856}{1.692^2}\right)^2 \times 0.076\ 8^2$$

$$= 1\ 035.317\ 7\ (\text{MPa}^2)$$

强度的标准差 $\sigma_{\delta_{-1e}} = \sqrt{\sigma_{\delta_{-1e}}^2} = \sqrt{1\ 035.317\ 7} = 32.176\ 4$ MPa

(3)蒙特卡罗法

修正后的零件疲劳强度 $\delta_{-1e} = \dfrac{\delta_{-1}\varepsilon\beta}{k_\sigma}$

模拟样本数取 $n = 10^5$

名义疲劳强度 $D = 560 + 42 \times \text{randn}(n)$

尺寸系数 $E = 0.856 + 0.088\ 9 \times \text{randn}(n)$

表面质量系数 $B = 0.793\ 3 + 0.035\ 7 \times \text{randn}(n)$

应力集中系数 $K = 1.692 + 0.076\ 8 \times \text{randn}(n)$

轴的修正强度

$$De = \frac{[560+42\times\text{randn}(n)][0.856+0.088\ 9\times\text{randn}(n)][0.793\ 3+0.035\ 7\times\text{randn}(n)]}{1.692+0.076\ 8\times\text{randn}(n)}$$

【MATLAB 程序】

```
%输入数据
n=100000;
D1=560;D11=42;
E1=0.856;E11=0.0889;
B1=0.7933;B11=0.0357;
K1=1.692;K11=0.0768;
%产生各变量随机数
sj=randn(n,4);
D=D1+D11*sj(:,1);
E=E1+E11*sj(:,2);
B=B1+B11*sj(:,3);
K=K1+K11*sj(:,4);
%计算强度
De=D.E.B./K;
%计算强度的均值、方差、标准差
De_m=mean(De);
De_v=var(De,1);
De_s=std(De,1);
运行结果:
De_m=225.3083;De_v=1045.6686;De_s=32.3368
```

习题

4-1 试述机械零件强度可靠性设计与传统安全系数设计有什么不同？机械零件强度可靠性设计的步骤是什么？

4-2 某组件由4个零件组成，组件的长度为4个零件的尺寸之和，若零件的尺寸分别为30±0.03、40±0.04、50±0.05、5±0.01，试问组件长度的均值、标准差及公差各是多少？

4-3 已知某一发动机所受的应力和强度均服从正态分布，应力均值为450 MPa、标准差为60 MPa，强度均值为820 MPa、标准差为80 MPa。试计算：

(1)该零件的可靠度为多少？

(2)若由于环境因素，零件强度的标准差增大为150 MPa，零件的可靠度为多少？

(3)试分析发动机可靠度与其应力和强度分布参数的关系。

4-4 某压力机的拉紧螺栓所承受的载荷及强度均呈对数正态分布，其均值与标准差分别为$\mu_S=161$ MPa，$\sigma_S=16$ MPa，$\mu_{\delta_{-1}}=195$ MPa，$\sigma_{\delta_{-1}}=15$ MPa 。试计算该螺栓的可靠度。

4-5 一承受弯曲载荷的轴，设计寿命为5×10^6次，已知试件的耐久极限δ_{-1}的均值与标准差分别为551.4 MPa、44.1 MPa。若仅考虑尺寸系数ε、应力集中系数K_σ、表面质量系数β的影响，设它们均呈正态分布且分布参数为：$\mu_\varepsilon=0.7$、$\sigma_\varepsilon=0.05$；$\mu_\beta=0.85$、$\sigma_\beta=0.09$；$\mu_{K_\sigma}=1.692$、$\sigma_{K_\sigma}=0.0768$。试分别用变异系数法、一次二阶矩法、蒙特卡罗法确定此轴的强度分布。

第5章 机械静强度可靠性设计

载荷的形式有很多种，其作用的方式也多种多样。机械零件上的载荷分为静载荷和变载荷。静载荷是指大小、作用位置与作用方向不随时间变化或缓慢变化的载荷，如锅炉压力。变载荷是指大小、作用位置和方向随着时间变化的载荷，如滚动轴承工作时滚动体所受到的载荷。对于工作过程中受静应力，或整个工作寿命期间应力变化次数小于10^3的零件，可按静强度进行设计计算。在机械零件的设计实践中，按静强度设计计算之处还是很多的。即使是承受变应力的零件，在按疲劳强度进行设计的同时，还有不少情况需要根据受载过程中作用次数很少而数值很大的峰值载荷做静强度计算。

机械强度可靠性设计的核心是应力-强度干涉理论，它是机械静强度可靠性设计的基础。机械零件静强度可靠性设计的基本原理和方法就在于如何把应力分布、强度分布和可靠度在概率的意义下联系起来构成一种设计计算的依据，而式(4-24)、式(4-27)所表达的联结方程就是应力和强度呈正态分布或对数正态分布情况下的一种概率计算，在可靠性设计中具有重要的应用价值。进行机械零件的强度可靠性设计，首先要按照第4章的方法确定应力分布和强度分布。在缺少统计资料的情况下，采用近似的计算方法确定应力和强度的分布，求出它们的数学期望及标准差。

下面通过一些典型的算例，介绍机械静强度可靠性设计的步骤。

受拉伸载荷零件的静强度可靠性设计

5.1 受拉伸载荷零件的静强度可靠性设计

作用在零件上的拉伸载荷$P(\mu_P,\sigma_P)$、零件的计算截面积$A(\mu_A,\sigma_A)$、零件材料的抗拉强度$\delta(\mu_\delta,\sigma_\delta)$均为随机变量，且一般呈正态分布。若载荷波动很小，则可按静强度问题处理，失效模式是拉断。

例5-1 要设计一圆形截面拉杆，所承受的拉力为$P\sim(40\,000,1\,200^2)$，取45钢为制造材料，求可靠度为0.999时拉杆的截面尺寸。

解：设拉杆的截面半径为$r\sim(\mu_r,\sigma_r^2)$，拉杆截面半径的公差为$\Delta r=\pm 0.015\mu_r$

(1)确定零件的强度分布参数

45钢的抗拉强度服从正态分布，查表4-4为$\delta\sim(667,25.3^2)$

(2)确定可靠性联结系数

由$R=0.999$可得，$F=1-R=1-0.999=0.001$，查标准正态分布表得到$z_R=3.09$

(3)确定工作应力的分布参数

应力的表达式 $S=\dfrac{P}{A}=\dfrac{P}{\pi r^2}$

应力的均值 $\mu_S=\dfrac{\mu_P}{\pi\mu_r^2}=\dfrac{40\ 000}{\pi\mu_r^2}=\dfrac{12\ 732.395}{\mu_r^2}$ (MPa)

载荷的变异系数 $C_P=\dfrac{\sigma_P}{\mu_P}=\dfrac{1\ 200}{40\ 000}=0.03$

半径的变异系数 $C_r=\dfrac{\sigma_r}{\mu_r}=\dfrac{\dfrac{\Delta r}{3}}{\mu_r}=\dfrac{\dfrac{0.015\mu_r}{3}}{\mu_r}=0.005$

应力的变异系数 $C_S=\sqrt{C_P^2+(-2)^2C_r^2}=\sqrt{0.03^2+4\times 0.005^2}=0.03$

应力的标准差 $\sigma_S=C_S\mu_S=0.03\times\dfrac{12\ 732.395}{\mu_r^2}=\dfrac{381.972}{\mu_r^2}$ (MPa)

(4)将应力、强度分布参数代入联结方程

$$z_R=\frac{\mu_\delta-\mu_S}{\sqrt{\sigma_\delta^2+\sigma_S^2}}$$

$$3.09=\frac{667-\dfrac{12\ 732.395}{\mu_r^2}}{\sqrt{25.3^2+\left(\dfrac{384.972}{\mu_r^2}\right)^2}}$$

$\mu_r^4-38.710\mu_r^2+366.292=0$

$\mu_r^2=22.240$ 或 $\mu_r^2=16.470$,则 $\mu_r=4.716$ mm 或 $\mu_r=4.058$ mm

代入联结方程验算,$\mu_r=4.058$ mm 时,$z_R=-3.099$,故舍去

取 $\mu_r=4.716$ mm ,则 $\sigma_r=0.005\mu_r=0.005\times 4.716=0.023\ 6$ (mm)

拉杆的截面圆半径 $r=\mu_r\pm\Delta r=4.716\pm 3\times 0.023\ 6=4.716\pm 0.070\ 8$ (mm)

因此,为保证拉杆的可靠度为0.999,其半径应为(4.716 ±0.070 8) mm。

(5)与常规设计进行比较

取安全系数 $n=3$,则 $[\delta]=\dfrac{\mu_\delta}{n}=\dfrac{667}{3}=222.333$ (MPa)

工作应力 $S=\dfrac{P}{A}=\dfrac{40\ 000}{\pi r^2}$

由 $S\leqslant[\delta]$ 得 $\dfrac{40\ 000}{\pi r^2}\leqslant 222.333$,$r^2\geqslant\dfrac{40\ 000}{\pi\times 222.333}=57.267$

拉杆截面的半径 $r\geqslant 7.567$ mm

显然,常规设计结果比可靠性设计结果大了许多。如果在常规设计中采用拉杆半径为4.716 mm,则其安全系数计算式为

$$\frac{40\ 000}{\pi r^2}\leqslant\frac{\mu_\delta}{n}$$

$$n \leqslant \frac{\mu_\delta \pi r^2}{P} = \frac{667 \times \pi \times 4.716^2}{40\ 000} = 1.165$$

这在常规设计中是不敢采用的，而可靠性设计采用这一结果，其可靠度竟然达到 0.999，即拉杆破坏的概率仅有 0.1%。但从联结方程可以看出，要保证这个可靠度必须使 $\mu_\delta, \sigma_\delta, \mu_S, \sigma_S$ 值保持不变，即可靠性设计的先进性要以材料制造工艺的稳定性及对载荷测定的准确性为前提条件。

(6)敏感度分析

强度与应力参数 $\mu_\delta, \sigma_\delta, \mu_S, \sigma_S$ 的变化对可靠度变化的影响程度，称为敏感度。实际工作中希望参数对可靠度的敏感度越低越好，这样才能尽可能地保证系统可靠性的稳定。

如果题目中其他条件不变，而载荷及强度的标准差 σ_P, σ_δ 增大，由联结方程可知随着应力及强度的标准差增大，可靠度将下降。因此，当零件应力及强度均值不变时，只有严格控制应力和强度的离散度才能保证更好的可靠性设计结果。

例 5-2　如果例 5-1 中的拉杆载荷改为 $\mu_P = 17\ 800$ N，$\sigma_P = 445$ N，强度均值不变，标准差为 $\sigma_\delta = 34.5$ MPa。求 $R=0.999\ 9$ 时拉杆的截面尺寸。

解：设拉杆的截面半径为 $r \sim (\mu_r, \sigma_r^2)$，拉杆截面半径的公差为 $\Delta r = \pm 0.015\mu_r$

(1)确定零件的强度分布参数

45 钢的抗拉强度服从正态分布，查表 4-4 为 $\delta \sim (667, 25.3^2)$

(2)确定可靠性联结系数

由 $R=0.999\ 9$ 可得，$F=1-R=1-0.999\ 9=0.000\ 1$，查标准正态分布表得到 $z_R = 3.72$。

(3)确定工作应力的分布参数

应力的表达式 $S = \frac{P}{A} = \frac{P}{\pi r^2}$

应力的均值 $\mu_S = \frac{\mu_P}{\pi \mu_r^2} = \frac{17\ 800}{\pi \mu_r^2} = \frac{5\ 665.916}{\mu_r^2}$ (MPa)

载荷的变异系数 $C_P = \frac{\sigma_P}{\mu_P} = \frac{445}{17\ 800} = 0.025$

半径的变异系数 $C_r = \frac{\sigma_r}{\mu_r} = \frac{\frac{\Delta r}{3}}{\mu_r} = \frac{\frac{0.015\mu_r}{3}}{\mu_r} = 0.005$

应力的变异系数 $C_S = \sqrt{C_P^2 + (-2)^2 C_r^2} = \sqrt{0.025^2 + 4 \times 0.005^2} = 0.026\ 9$

应力的标准差 $\sigma_S = C_S \mu_S = 0.026\ 9 \times \frac{5\ 665.916}{\mu_r^2} = \frac{152.559}{\mu_r^2}$ (MPa)

(4)将应力、强度分布参数代入联结方程

$$z_R = \frac{\mu_\delta - \mu_S}{\sqrt{\sigma_\delta^2 + \sigma_S^2}}$$

$$3.72=\frac{667-\dfrac{5\,665.916}{\mu_r^2}}{\sqrt{34.5^2+\left(\dfrac{152.559}{\mu_r^2}\right)^2}}$$

$$\mu_r^4-17.038\mu_r^2+69.352=0$$

$\mu_r^2=10.314$ 或 $\mu_r^2=6.724$，则 $\mu_r=3.212$ mm 或 $\mu_r=2.593$ mm

代入联结方程验算，$\mu_r=3.212$ mm 时，$z_R=3.72$，满足可靠度要求。

取 $\mu_r=3.212$ mm，则 $\sigma_r=0.005\mu_r=0.005\times3.212=0.016\,06$ mm

拉杆的截面圆半径 $r=\mu_r\pm\Delta r=3.212\pm3\times0.016\,06=(3.212\pm0.048\,2)$ mm

(5)敏感度分析

①可靠度对拉杆半径偏差的敏感度

取拉杆半径均值为3.212 mm，改变其偏差 Δr 的大小，其可靠度随半径偏差的增大而减小，如表5-1所示。

表5-1 可靠度对拉杆半径偏差的敏感度

μ_r 的偏差 Δr/mm	z_R	可靠度 R
0	3.76	0.999 914 945
0.016	3.75	0.999 911 481
0.032 1	3.74	0.999 907 888
0.048 2	3.72	0.999 900 286
0.096 4	3.61	0.999 846 797
0.160 6	3.36	0.999 610 197
0.224 8	3.10	0.999 032 344

②可靠度对拉杆强度标准差的敏感度

当固定拉杆的半径参数和强度的均值，改变拉杆强度的标准差，其可靠度随强度标准差的增大而减小，如表5-2所示。

表5-2 可靠度对拉杆强度标准差的敏感度

材料强度标准差 σ_δ/MPa	可靠度 R	材料强度标准差 σ_δ/MPa	可靠度 R	材料强度标准差 σ_δ/MPa	可靠度 R
13.779	1.000 00	34.45	0.999 90	55.12	0.991 57
20.668	0.999 99	41.34	0.999 06	62.00	0.983 82
27.558	0.999 96	48.23	0.996 64	68.89	0.973 81

简支梁的静强度可靠性设计

5.2　简支梁的静强度可靠性设计

受集中载荷力 P 作用的简支梁如图 5-1 所示，显然，力 P、跨度 L、力作用点位置 A 均为随机变量。它们的均值及标准差分别为载荷 $P(\mu_P,\sigma_P)$，梁的跨度 $L(\mu_L,\sigma_L)$，力作用点位置 $A(\mu_A,\sigma_A)$。则梁的最大弯矩发生在载荷力 P 的作用点处，其值为 $M=\dfrac{PA(L-A)}{L}$，最大弯曲应力则发生在该截面的底面和顶面，其值为

$$S=\frac{M}{W}=\frac{M}{\dfrac{I}{e}}$$

式中，S——应力，MPa；

M——弯矩，N · mm；

W——抗弯截面系数；

e——截面中性轴至梁的底面或顶面的距离，mm；

I——梁截面对中性轴的惯性矩，mm^4。

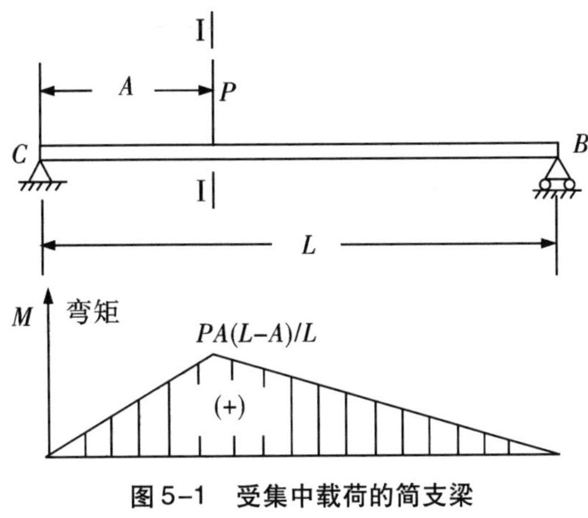

图 5-1　受集中载荷的简支梁

例 5-3　设计一工字钢简支梁，如图 5-2 所示，已知参数如下：

跨距 $L=(3\ 048\ \pm 3.175)$ mm；梁上受力点至梁一端支承的距离 $A=(1\ 828.8\ \pm 3.175)$ mm；载荷 $\mu_P=27\ 011.5$ N，$\sigma_P=890$ N；工字钢强度 $\mu_\delta=1\ 171.2$ MPa，$\sigma_\delta=32.794$ MPa。试用可靠性设计方法，在保证 $R=0.999$ 的条件下确定工字钢的尺寸。

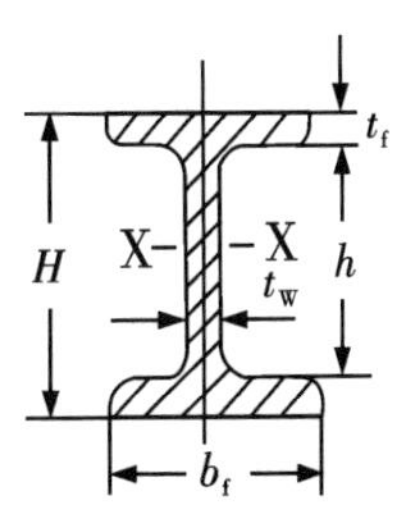

图 5-2　工字钢截面

解：查阅机械零件手册，工字钢截面尺寸存在一定几何关系，即

$$\frac{b_f}{t_f}=8.88,\frac{H}{t_w}=15.7,\frac{b_f}{H}=0.92$$

工字梁的抗弯截面系数 $W=\dfrac{[b_{\mathrm{f}}H^{3}-(b_{\mathrm{f}}-t_{\mathrm{w}})(H-2t_{\mathrm{f}})^{3}]}{6H}=0.082\ 2H^{3}$

(1)由 $R=0.999$ 查表得 $z_R=3.09$

(2)工作应力分布参数

应力的表达式 $S=\dfrac{M}{W}$

由题可得

$$\mu_L=3\ 048\ \mathrm{mm},\sigma_L=\frac{\Delta L}{3}=\frac{3.175}{3}=1.058\ (\mathrm{mm})$$

$$\mu_A=1\ 828.8\ \mathrm{mm},\sigma_A=\frac{\Delta A}{3}=\frac{3.175}{3}=1.058\ (\mathrm{mm})$$

弯矩均值

$$\mu_M=\overline{PA}\frac{\bar{L}-\bar{A}}{L}=27\ 011.5\times1\ 828.8\times\left(1-\frac{1\ 828.8}{3\ 048}\right)=19\ 759\ 452.48\ (\mathrm{N\cdot mm})$$

弯矩标准差

$$\sigma_M=\sqrt{\left(\frac{\partial M}{\partial P}\right)^2\sigma_P^2+\left(\frac{\partial M}{\partial A}\right)^2\sigma_A^2+\left(\frac{\partial M}{\partial L}\right)\sigma_L^2}$$

$$=\sqrt{\left[\frac{A(L-A)}{L}\right]^2\sigma_P^2+\left(P-\frac{2PA}{L}\right)^2\sigma_A^2+\left(-\frac{PA^2}{L^2}\right)^2\sigma_L^2}$$

$$=651\ 160\ (\mathrm{N\cdot mm})$$

抗弯截面系数均值 $\mu_W=0.082\ 2\mu_H^3$

取 $C_H=0.01$,则 $C_W=\sqrt{3^2C_H^2}=3C_H=0.03$

抗弯截面系数标准差

$$\sigma_W=C_W\mu_W=0.03\mu_W=0.03\times0.082\ 2\mu_H^3=0.002\ 466\mu_H^3$$

应力均值 $\mu_S=\dfrac{\mu_M}{\mu_W}=\dfrac{19\ 759\ 452.48}{0.082\ 2\mu_H^3}=\dfrac{240\ 382\ 633.6}{\mu_H^3}$ (MPa)

应力标准差

$$\sigma_S=\sqrt{\left(\frac{\partial S}{\partial M}\right)^2\sigma_M^2+\left(\frac{\partial S}{\partial W}\right)^2\sigma_W^2}=\sqrt{\left(\frac{1}{\mu_W}\right)^2\sigma_M^2+\left(\frac{-\mu_M}{\mu_W{}^2}\right)^2\sigma_W^2}=\frac{10\ 712\ 453.33}{\mu_H^3}\ (\mathrm{MPa})$$

(3)将应力、强度分布参数代入联结方程

$$z_R=\frac{\mu_\delta-\mu_S}{\sqrt{\sigma_\delta^2+\sigma_S^2}}$$

$$3.09=\frac{1\ 171.2-240\ 382\ 663.6/\mu_H^3}{\sqrt{(32.794)^2+(10\ 712\ 453.33/\mu_H^3)^2}}$$

解上式可求得

$$\mu_H=62.154\ (\mathrm{mm})$$

$$\sigma_H=C_H\mu_H=0.01\times62.154=0.621\ 54\ (\mathrm{mm})$$

$$\Delta H=3\sigma_H=3\times0.621\ 54=1.864\ 62\ (\mathrm{mm})$$

$H = (62.154 \pm 1.864\ 62)$ mm

所以要保证工字钢的静强度可靠度满足 $R=0.999$,H 应为$(62.154\pm1.864\ 62)$ mm。

(4)可靠度对零件结构参数的敏感度

图 5-3 研究了工字钢截面高度 H 与可靠度之间的变换关系,由图 5-3(a)可知当截面高度由 58.6 上升到 60.2 时,可靠度的变换比较明显,由 0.4 上升到 0.9;由图 5-3(b)可知当截面高度由 60.9 上升到 61.8 时,可靠度变化并不明显,由 0.99 上升到 0.999。

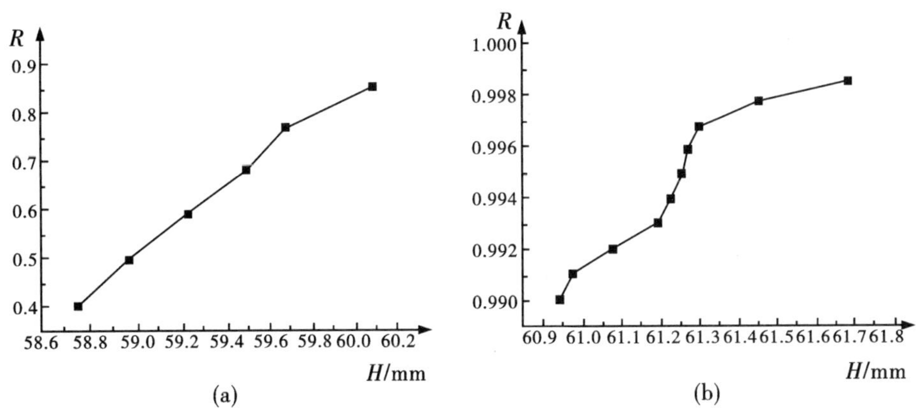

图 5-3　可靠度 R 随工字钢截面高度 H 的变化关系

(5)可靠度对简支梁强度标准差的敏感度分析

当取简支梁截面高度为 62.154 mm,强度均值为 1 171.2 MPa 时,改变简支梁强度的标准差,计算 z_R 值,可得其可靠度值,由表 5-3 可知,其可靠度随强度标准差的增大而减小。

表 5-3　可靠度对简支梁强度标准差的敏感度

σ_δ/MPa	z_R	R	σ_δ/MPa	z_R	R
34.447	3.035	0.998 797	75.783	1.945	0.974 110
48.226	2.604	0.995 393	89.562	1.709	0.956 276
62.005	2.239	0.987 418	103.341	1.519	0.935 614

轴的静强度可靠性设计

5.3　轴的静强度可靠性设计

轴是机械中比较常用的零件之一,一切做回转运动的传动零件(例如齿轮、带轮等)都必须安装在轴上才能进行运动及动力的传递。大多数情况下,轴的工作能力主要取决于轴的强度,轴的强度计算应根据轴的具体受载及应力情况,采取相应的计算方法。对于仅仅或主要承受扭矩的轴(传动轴),按扭转强度条件计算;对于只承受弯矩的轴(心轴),应按弯曲强度条件计算;对于既承受弯矩又承受扭矩的轴(转轴),应按弯扭合成强度条件进行计算,需要时还应按疲劳强度条件进行精确校核。

5.3.1 传动轴的静强度可靠性设计

研究一端固定而另一端承受转矩的实心轴的可靠性设计,例如汽车的扭杆弹簧。设轴的直径为 d(mm),单位长度的扭转角为 θ(rad),轴的材料的剪切弹性模量为 G(MPa),则转矩为

$$T = G\theta I_P \tag{5-1}$$

在转矩 T 的作用下,产生的剪切应力为

$$\tau = \frac{1}{2}G\theta d = \frac{1}{2}\frac{T}{I_P}d = \frac{Td}{2I_P} \tag{5-2}$$

式中,I_P——轴横截面的极惯性矩。

对于实心轴,$I_P = \frac{\pi d^4}{32}$,因此

$$\tau = \frac{T}{I_P}\frac{d}{2} = \frac{16T}{\pi d^3} = \frac{2T}{\pi r^3} \tag{5-3}$$

例 5-4 一个一端固定另一端承受扭矩的轴,作用在上面的转矩 $T \sim (\mu_T, \sigma_T^2)$,$\mu_T = 11\ 303\ 000\ \text{N}\cdot\text{mm}$,$\sigma_T = 1\ 130\ 300\ \text{N}\cdot\text{mm}$,许用剪切应力(扭切强度)$\delta \sim (\mu_\delta, \sigma_\delta^2)$,$\mu_\delta = 344.47\ \text{MPa}$,$\sigma_\delta = 34.447\ \text{MPa}$,轴半径的公差为 $\pm\Delta r = \pm 0.03\mu_r$。试设计 $R=0.999$ 时,轴的截面尺寸。

解:(1)由 $R=0.999$ 查表得,$z_R = 3.09$

(2)确定工作应力的分布参数:

工作应力表达式 $\tau = \frac{2T}{\pi r^3}$

工作应力的均值 $\mu_\tau = \frac{2\overline{T}}{\pi\mu_r^3} = \frac{2 \times 11\ 303\ 000}{\pi \times \mu_r^3} = \frac{7\ 195\ 719.365}{\mu_r^3}$ (MPa)

工作应力的变异系数

$$\sigma_r = \frac{\Delta r}{3} = \frac{0.03\mu_r}{3} = 0.01\mu_r$$

$$C_\tau = \sqrt{C_T^2 + (-3)^2 C_r^2} = \sqrt{\left(\frac{\sigma_T}{\mu_T}\right)^2 + 9 \times \left(\frac{\sigma_r}{\mu_r}\right)^2} = \sqrt{0.1^2 + 9 \times 0.01^2} = 0.104\ 4$$

工作应力的标准差 $\sigma_\tau = C_\tau\mu_\tau = 0.104\ 4 \times \frac{7\ 195\ 719.365}{\mu_r^3} = \frac{751\ 233}{\mu_r^3}$ (MPa)

(3)将应力、强度分布参数带入联结方程:

$$z_R = \frac{\mu_\delta - \mu_\tau}{\sqrt{\sigma_\delta^2 + \sigma_\tau^2}}$$

$$3.09 = \frac{344.47 - \left(\frac{7\ 195\ 719.365}{\mu_r^3}\right)}{\sqrt{34.447^2 + \left(\frac{751\ 233}{\mu_r^3}\right)^2}}$$

解方程得 $\mu_r = 32.13$ mm

$\sigma_r = 0.01\mu_r = 0.01 \times 32.13 = 0.3213$ (mm)

$\Delta r = 0.03\mu_r = 0.03 \times 32.13 = 0.9639$ (mm)

则轴的半径 $r = \mu_r \pm \Delta r = (32.13 \pm 0.9639)$ mm

(4)可靠度对平均半径的敏感度。当轴的半径标准差和强度的参数固定时,改变轴的平均半径 μ_r,利用联结方程可分析平均半径对可靠度的影响,如表 5-4 所示,可靠度随平均半径的增大而增大。

表 5-4　平均半径 μ_r 对可靠度的影响

轴的平均半径 μ_r /mm	z_R	可靠度 R	轴的平均半径 μ_r /mm	z_R	可靠度 R
25.40	-1.642	0.050 50	40.64	6.555	0.999 99
30.48	2.086	0.981 69	45.72	7.621	0.999 99
35.56	4.824	0.999 99	50.80	8.736	1.000 00

(5)可靠度对半径偏差的敏感度。轴的剪切强度均值取 344.47 MPa,标准差取 34.447 MPa,半径均值取 32.13 mm,改变半径的偏差值,其可靠度的变化如表 5-5 所示。

表 5-5　半径偏差对可靠度的影响

半径偏差 Δr/mm	z_R	可靠度 R	半径偏差 Δr/mm	z_R	可靠度 R
0.3213	3.136	0.999 16	1.285 2	3.072	0.998 90
0.6426	3.123	0.999 10	1.606 5	3.035	0.998 80
0.963 9	3.099	0.999 03	3.213	2.772	0.997 40

(6)可靠度对强度标准差的敏感度。轴的半径均值取 32.13,偏差取 0.963 9,强度均值取 344.47 MPa,改变强度标准差的大小,其可靠度的变化如表 5-6 所示。

表 5-6　强度标准差对可靠度的影响

剪切强度标准差 σ_δ/MPa	z_R	可靠度 R	剪切强度标准差 σ_δ/MPa	z_R	可靠度 R
13.779	4.825	0.999 99	41.336	6.712	0.996 64
27.558	3.585	0.999 83	55.115	2.145	0.984 22
34.447	3.090	0.999 03	68.894	1.763	0.960 80

5.3.2　转轴的静强度可靠性设计

在实际机械中,大多数轴类零件受弯扭组合作用的影响,需要进行弯曲应力与扭转应力的计算,然后综合得到工作应力。

若已知轴的材料强度 $\delta \sim (\mu_\delta,\sigma_\delta^2)$,扭矩 $T \sim (\mu_T,\sigma_T^2)$,则扭转应力的分布参数为

$$\mu_\tau = \frac{2\bar{T}}{\pi \bar{r}^3} \tag{5-4}$$

$$\sigma_\tau^2 = \left(\frac{\partial \tau}{\partial T}\right)^2 \sigma_T^2 + \left(\frac{\partial \tau}{\partial r}\right)^2 \sigma_r^2 = \frac{4\sigma_T^2}{\pi^2 \bar{r}^6} + \frac{36\bar{T}^2\sigma_r^2}{\pi^2 \bar{r}^8} \tag{5-5}$$

弯曲应力的分布参数为

$$\mu_{S_W} = \frac{4\bar{M}}{\pi \bar{r}^3} \tag{5-6}$$

$$\sigma_{S_W}^2 = \left(\frac{\partial S_W}{\partial M}\right)^2 \sigma_M^2 + \left(\frac{\partial S_W}{\partial r}\right)^2 \sigma_r^2 = \frac{16\sigma_M^2}{\pi^2 \bar{r}^6} + \frac{144\bar{M}^2\sigma_r^2}{\pi^2 \bar{r}^8} \tag{5-7}$$

$$S_W = \frac{M}{W_M} = \frac{M}{\pi d^3/32} = \frac{4M}{\pi r^3} \tag{5-8}$$

应用第四强度理论合成应力,即

$$S = \sqrt{S_W^2 + 3\tau^2} \tag{5-9}$$

$$\mu_S = \sqrt{\bar{S}_W^2 + 3\bar{\tau}^2} \tag{5-10}$$

$$\begin{aligned}\sigma_S^2 &= \left(\frac{\partial S}{\partial S_W}\right)^2 \sigma_{S_W}^2 + \left(\frac{\partial S}{\partial \tau}\right)^2 \sigma_\tau^2 \\ &= \left(\frac{\bar{S}_W}{\sqrt{\bar{S}_W^2 + 3\bar{\tau}^2}}\right)^2 \sigma_{S_W}^2 + \left(\frac{3\bar{\tau}}{\sqrt{\bar{S}_W^2 + 3\bar{\tau}^2}}\right)^2 \sigma_\tau^2 = \frac{\bar{S}_W^2\sigma_{S_W}^2 + 9\bar{\tau}^2\sigma_\tau^2}{\bar{S}_W^2 + 3\bar{\tau}^2}\end{aligned} \tag{5-11}$$

例 5-5 试设计一齿轮轴,传动转矩为 $\mu_T = 120\ 000\ \text{N}\cdot\text{mm}$,$\sigma_T = 9\ 000\ \text{N}\cdot\text{mm}$,危险截面弯矩 $\mu_M = 14\ 000\ \text{N}\cdot\text{mm}$,$\sigma_M = 1\ 200\ \text{N}\cdot\text{mm}$,材料强度 $\mu_\delta = 800\ \text{MPa}$,$\sigma_\delta = 80\ \text{MPa}$,轴半径的公差为 $\pm\Delta r = \pm 0.03\mu_r$ 试求 $R=0.999$ 时,危险截面的尺寸。(上述各参数分布均为正态分布)

解:(1)由 $R=0.999$ 查标准正态分布表得 $z_R = 3.09$

(2)确定扭转应力的均值与方差

扭转应力表达式 $\tau = \dfrac{2T}{\pi r^3}$

扭转应力的均值 $\mu_\tau = \dfrac{2\bar{T}}{\pi \bar{r}^3} = \dfrac{2 \times 120\ 000}{\pi \times \bar{r}^3} = \dfrac{76\ 394.373}{\bar{r}^3}$ (MPa)

$$\sigma_r = \frac{\Delta r}{3} = \frac{0.03\mu_r}{3} = 0.01\mu_r$$

扭转应力方差 $\sigma_\tau^2 = \left(\dfrac{\partial \tau}{\partial T}\right)^2 \sigma_T^2 + \left(\dfrac{\partial \tau}{\partial r}\right)^2 \sigma_r^2 = \dfrac{4\sigma_T^2}{\pi^2 \bar{r}^6} + \dfrac{36\bar{T}^2\sigma_r^2}{\pi^2 \bar{r}^8}$

$$= \frac{4 \times (9\ 000)^2}{\pi^2 \bar{r}^6} + \frac{36 \times (120\ 000)^2 \times (0.01\bar{r})^2}{\pi^2 \bar{r}^8}$$

$$= \frac{38\ 080\ 553.67}{\bar{r}^6}\ (\mathrm{MPa})$$

(3)确定弯曲应力的均值与方差

$$\mu_{S_W} = \frac{4\bar{M}}{\pi \bar{r}^3} = \frac{4 \times 14\ 000}{\pi \bar{r}^3} = \frac{17\ 825.354}{\bar{r}^3}\ (\mathrm{MPa})$$

$$\sigma_{S_W}^2 = \left(\frac{\partial S_W}{\partial M}\right)^2 \sigma_M^2 + \left(\frac{\partial S_W}{\partial r}\right)^2 \sigma_r^2 = \frac{16\sigma_M^2}{\pi^2 \bar{r}^6} + \frac{144\bar{M}^2 \sigma_r^2}{\pi^2 \bar{r}^8}$$

$$= \frac{16 \times 1\ 200^2}{\pi^2 \bar{r}^6} + \frac{144 \times 14\ 000^2 \times (0.01\bar{r})^2}{\pi^2 \bar{r}^8} = \frac{2\ 620\ 408.979\ 8}{\bar{r}^6}$$

(4)综合工作应力的均值与方差

$$\mu_S = \sqrt{\bar{S}_W^2 + 3\bar{\tau}^2} = \sqrt{\left(\frac{17\ 825.354}{\bar{r}^3}\right)^2 + 3 \times \left(\frac{76\ 394.373}{\bar{r}^3}\right)^2}$$

$$= \sqrt{\frac{1.782\ 6 \times 10^{10}}{\bar{r}^6}} = \frac{133\ 514.21}{\bar{r}^3}\ (\mathrm{MPa})$$

$$\sigma_S^2 = \left(\frac{\partial S}{\partial S_W}\right)^2 \sigma_{S_W}^2 + \left(\frac{\partial S}{\partial \tau}\right)^2 \sigma_\tau^2 = \frac{\bar{S}_W^2 \sigma_{S_W}^2 + 9\bar{\tau}^2 \sigma_\tau^2}{\bar{S}_W^2 + 3\bar{\tau}^2}$$

$$= \frac{\left(\frac{17\ 825.354}{\bar{r}^3}\right)^2 \times \frac{2\ 620\ 408.979\ 8}{\bar{r}^6} + 9 \times \left(\frac{76\ 394.373}{\bar{r}^3}\right)^2 \times \frac{38\ 080\ 553.67}{\bar{r}^6}}{\left(\frac{17\ 825.354}{\bar{r}^3}\right)^2 + 3 \times \left(\frac{76\ 394.373}{\bar{r}^3}\right)^2}$$

$$= \frac{112\ 252\ 046.7}{\bar{r}^6}\ (\mathrm{MPa})$$

(5)将应力、强度分布参数代入联结方程

$$z_R = \frac{\mu_\delta - \mu_S}{\sqrt{\sigma_\delta^2 + \sigma_S^2}}$$

$$3.09 = \frac{800 - \frac{133\ 514.21}{\bar{r}^3}}{\sqrt{80^2 + \frac{112\ 252\ 046.7}{\bar{r}^6}}}$$

解方程得

$\bar{r}^3 = 255.968\ \mathrm{mm}^3$ 和 $\bar{r}^3 = 113.099\ \mathrm{mm}^3$，则 $\bar{r} = 6.350$ mm 和 $\bar{r} = 4.836$ mm

代入联结方程检验可知，$\bar{r} = 6.350$ mm 满足方程。

$\pm \Delta r = \pm 0.03\mu_r = \pm 0.03 \times 6.350 = \pm 0.190\ 5$ (mm)

故轴的半径为 $r = (6.35 \pm 0.190\ 5)$ mm

习题

5-1　设计一圆形截面拉杆，其载荷和强度均服从正态分布，载荷 $\mu_P = 4 \times 10^5$ N，

σ_P =15 000 N，材料强度 μ_δ = 1 000 MPa，σ_δ = 50 MPa，要求可靠度为0.999。求拉杆的设计直径。

5-2　设计一传动轴，其载荷和强度均服从正态分布，转矩 $T = (1\ 000 \pm 120)$ N·m，材料强度 $\delta = (320 \pm 48)$ MPa，直径的变异系数取0.01，试求可靠度为0.999时所需轴的直径。

5-3　一转轴受弯矩 $M = (1.5 \times 10^5 \pm 4.2 \times 10^4)$ N·m，转矩为 $T = (1.2 \times 10^5 \pm 3.6 \times 10^2)$ N·m的联合作用，该轴材料为钼钢，其抗拉强度 $\delta_b = (935 \pm 56.25)$ MPa，轴径的制造公差为 $0.005\mu_d$。试求可靠度为0.999时该轴的直径。

第6章 机械零件疲劳强度可靠性设计

据统计资料，在各种机械结构破坏中，因交变载荷引起的疲劳破坏占50%～90%。疲劳过程就是由于载荷的重复作用，导致材料内部的损伤积累过程。其发生破坏的最大应力水平低于极限静强度，且往往低于材料的屈服强度。对承受交变载荷的多数机械结构来说，机械静强度的可靠性设计不能反映它们的实际载荷情况，对这些零件必须进行疲劳强度设计。因此，疲劳强度可靠性设计的问题在现代工程中具有十分重要的意义。

结构疲劳可靠性分析与设计包括两方面的内容：其一是在规定寿命条件下，对结构进行满足可靠度要求的强度设计；其二是在给定结构和载荷情况下，进行可靠寿命的预测。疲劳可靠性分析与设计同常规疲劳强度计算的主要差别是在计算中要具体、充分考虑各设计参数的随机特性。没有各设计参数随机特性的统计数据，就无法开展疲劳强度可靠性分析与设计。

6.1 疲劳强度可靠性设计的随机参数统计处理及确定

疲劳强度计算与寿命预测所涉及的设计参数有载荷情况、结构尺寸及形状，材料疲劳强度特性以及环境因素等。这些设计参数在实际工程中都具有随机性，疲劳强度可靠性设计需要在上述各设计参数统计数据的基础上建立其计算模型。

6.1.1 疲劳载荷(应力)的统计分析

疲劳强度可靠性设计中载荷(应力)的统计分析

疲劳载荷的形式很多，按应力时间历程变化规律可分为稳定变应力、规律性不稳定变应力、非规律性不稳定变应力三种类型，如图6-1所示。

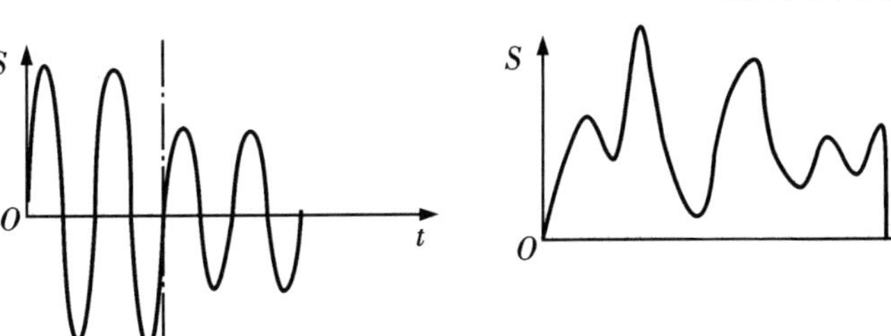

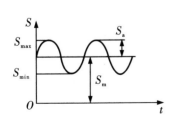

图6-1 疲劳载荷的形式

稳定变应力可用应力循环特性 r 表示其循环类型，一般 $-1<r<1$，$r=0$ 时称为脉动循环变应力，$r=-1$ 时称为对称循环变应力。由稳定变应力特性可得

$$S_{max}=S_m+S_a \tag{6-1}$$

$$S_m=\frac{1}{2}(S_{max}+S_{min})=\frac{1}{2}(1+r)S_{max} \tag{6-2}$$

$$S_a=\frac{1}{2}(S_{max}-S_{min})=\frac{1}{2}(1-r)S_{max} \tag{6-3}$$

在工程实际中较为常见的是不稳定变应力，该类随机载荷只能根据大量的实验，用统计的方法求得随机载荷或随机变应力的统计规律。表示随机载荷统计特性的图形、表格、数字和矩阵等信息称为载荷谱。为了使产品可靠性设计和疲劳强度寿命分析建立在反映其实际使用载荷工况的基础上，就应该首先对工作载荷进行数据统计，然后根据统计数据编制工作载荷谱。

6.1.1.1 载荷谱的编制方法

载荷谱的编制方法常用的有功率谱法和循环计数法。

1. 功率谱法

功率谱法是指统计各种不同频率的载荷大小，用载荷幅值的均方值随其出现的频次（频率）的分布，即载荷的概率密度函数来描述随机载荷。它是一种较为精确、严密的统计方法，但没有表示出循环次数，适宜采用随机过程疲劳试验的数据处理。

2. 循环计数法

循环计数法是指运用概率统计原理，把载荷变化过程中出现的极值大小及频次进行统计，得到表明载荷（应力）量值（大小）与其出现频次关系的载荷频次图。其特点是比较容易，简单、方便，但精度有所欠缺，没有表示出变化频率，适宜采用程序疲劳试验的数据处理。对于疲劳强度与疲劳寿命来说，最主要的是载荷幅值的变化情况，故广泛使用循环计数法。

在实际工程中作用的载荷都具有多维随机性，目前还没有能够建立全面反映其随机状态的技术条件。在疲劳可靠性分析与设计中，目前工程上实际使用的载荷统计处理方法仍沿用常规疲劳强度计算对载荷所做的简化原则和统计方法，将载荷的二维随机特性简化为一维情况处理，常用的载荷统计方法是“雨流计数法”及后来发展的“双参数雨流计数法”。

制作载荷谱首先需要获取典型工况下载荷 P（应力 S）的时间历程。雨流计数法如图 6-2 所示，把载荷（应力）-时间历程数据记录转过 90°，时间坐标轴竖直向下，数据记录犹如一系列屋面，雨水顺着屋面向下流，故称为雨流计数法。雨流计数法对载荷的时间历程进行计数的过程反映了材料的记忆特性，具有明确的力学概念，且适宜于编译程序，故目前被国内外广泛采用。

雨流计数法的具体规则和步骤可参考相关资料进行，在这里就不具体描述了。

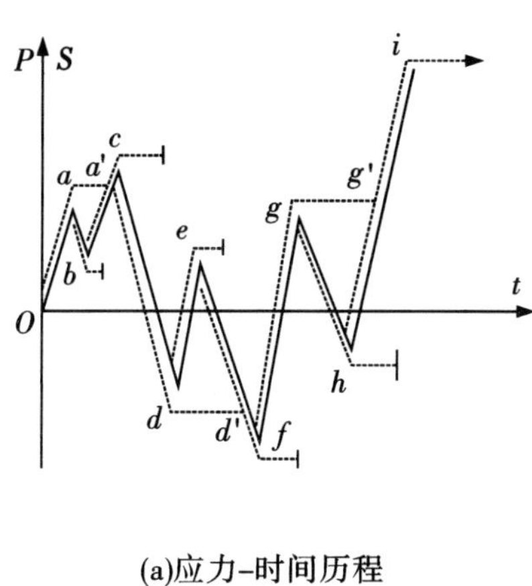

(a)应力-时间历程

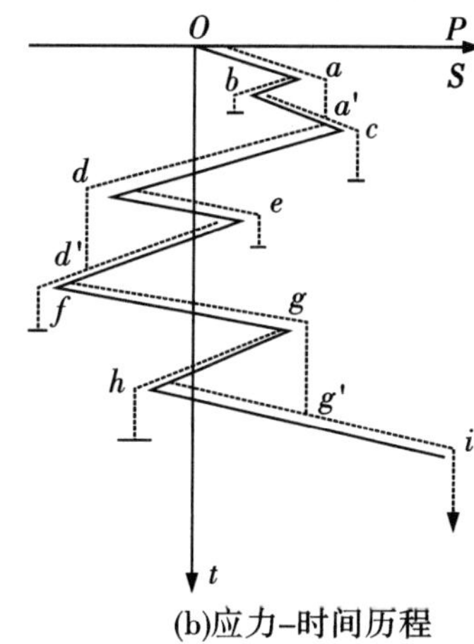

(b)应力-时间历程

图6-2　雨流计数法示意

6.1.1.2　载荷(应力)统计特性的确定

对以上的计数结果进行统计,计算出各载荷区间内所具有的频次、频率、累积频次和累积频率等统计量,绘制载荷峰值或幅值变化的频率直方图和累积频次曲线,即机械疲劳强度可靠性设计用的载荷谱,可根据设计需要选用合适的载荷谱。

表6-1为某载荷历程的循环统计计数表,其中载荷均分为12组。

表6-1　某载荷历程的循环统计计数

序号	载荷 F/kN	频次 n_i	累积频次 N_i	频率 p	累积频率 P_i
1	0～20	83	7 929	0.010 5	1.000 0
2	20～40	328	7 846	0.041 4	0.989 6
3	40～60	812	7 518	0.102 4	0.948 2
4	60～80	2 308	6 706	0.291 1	0.845 8
5	80～100	1 447	4 398	0.182 5	0.554 7
6	100～120	1 124	2 951	0.141 7	0.372 2
7	120～140	631	1 827	0.079 6	0.230 5
8	140～160	489	1 196	0.061 7	0.150 9
9	160～180	293	707	0.037 0	0.089 2
10	180～200	249	414	0.031 4	0.052 2
11	200～220	153	165	0.019 3	0.020 8
12	220～240	12	12	0.001 5	0.001 5

以表6-1中的频率 p 为纵坐标,载荷 F 为横坐标,就可以绘出如图6-3所示的频率

直方图,该图提供了各载荷值发生的频率。根据所绘制的频率直方图,观察其变化趋势(偏态或对称),选取合适的理论分布,然后用理论分布拟合直方图。常见的理论分布有正态分布、对数正态分布、威布尔分布。

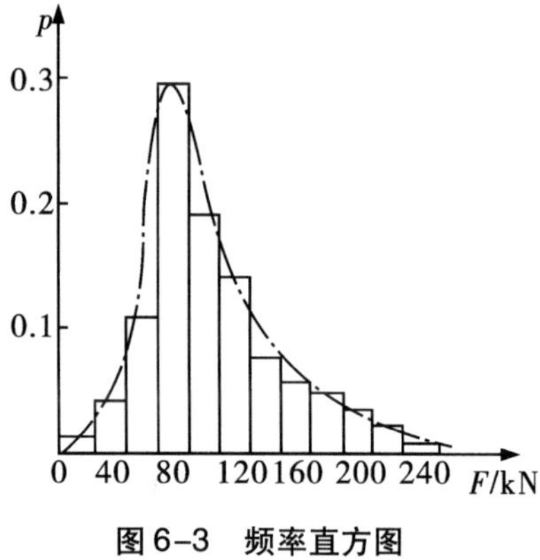

图 6-3 频率直方图

以载荷 F 为纵坐标,累积频次为横坐标,将表 6-1 中的累积频次数在坐标系中描点,然后用一条光滑的曲线连接各点,就得到如图 6-4 所示的累积频次曲线。由该曲线完全可确定任何一载荷值出现的频次及所占的频率。实践证明,将载荷的累积频次曲线扩大到 $N=10^6$ 为宜,如图 6-4 中虚线所示曲线,这是因为 10^6 次可以包含很少发生的最严重载荷情况,使累积频次曲线具有足够的代表性。

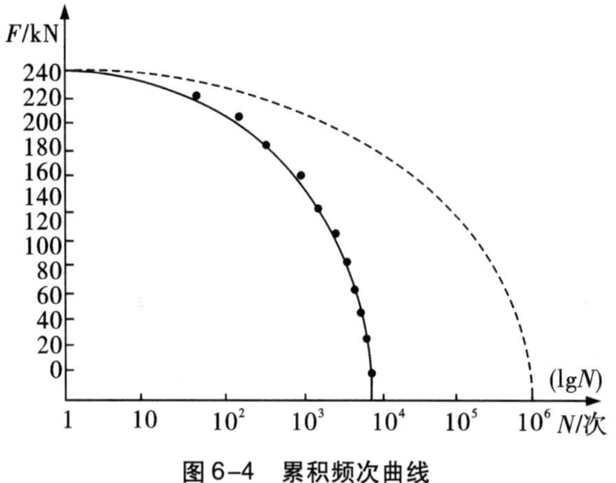

图 6-4 累积频次曲线

工作载荷谱的载荷幅值是连续变化的,可用一个阶梯形曲线来近似它。试验表明,8 级程序载荷谱就足以代表连续的载荷(应力)-时间历程,如图 6-5 所示。程序载荷谱的程序块容量越小,块数越多,就越接近连续变化的载荷(应力)-时间历程。

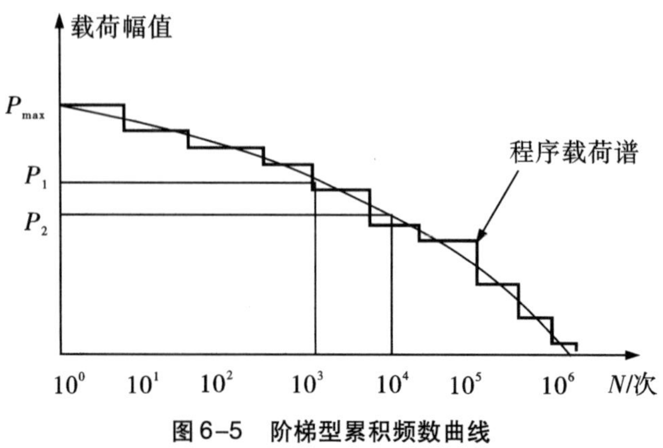

图 6-5 阶梯型累积频数曲线

6.1.1.3 零件应力分布参数的近似计算

在疲劳强度可靠性设计中，当缺乏实测资料时，可近似地按下式来确定零件的应力分布参数，即

$$\begin{cases}\mu_{S_g}=S_1\\ \sigma_{S_g}=C_{S_g}\mu_{S_g}\end{cases} \tag{6-4}$$

式中，μ_{S_g}——工作应力的均值；

S_1——按常规设计计算方法得到的零件截面上的等效工作应力；

σ_{S_g}——工作应力的标准差；

C_{S_g}——工作应力的变异系数。

6.1.2 疲劳强度的统计分析

作用在机械结构上的载荷是随机的，而材料的疲劳强度特性则是在稳定循环情况下试验得到的。表示载荷循环特征的参数称为应力循环特性，定义为

$$r=\frac{S_{\min}}{S_{\max}}=\frac{S_m-S_a}{S_m+S_a} \tag{6-5}$$

式中，S_m——循环应力的平均应力；

S_a——循环应力的应力幅。

在一定的应力循环特性 r 下，材料可以承受无限次应力循环而不发生破坏，此时的最大应力称为在这一应力循环特性 r 下的疲劳极限，用 S_r 表示，通常 $r=-1$ 时的疲劳极限值最小。在工程应用中，往往规定一个足够大的有限循环次数 N_L，材料承受 N_L 次应力循环而不破坏的最大应力作为该应力循环特性 r 下的疲劳极限。

6.1.2.1 材料疲劳强度统计特性的确定

疲劳强度数据指标是一些重要试验数据的总结，包括拉压、弯曲、扭转等疲劳极限，一般服从正态分布、对数正态分布、威布尔分布。材料疲劳强度数据是可靠性设计的基础，要通过大量的疲劳试验取得。

反映材料基本疲劳强度特性的是疲劳特性曲线，有两种曲线：一种是在一定应力循环特性 r 下，疲劳极限（以最大应力 $S_{\max}$ 表征）与应力循环次数 N 的关系曲线，称为 $S-N$ 曲线；另一种是在一定的应力循环次数 N 下，疲劳极限的应力幅 S_a 与平均应力 S_m 的关系曲线，该曲线实际上也反映了在特定寿命条件下，疲劳极限（以最大应力 $S_{\max}$ 表征）与应力循环特性 r 的关系，故常称为等寿命疲劳曲线。

1. $P-S-N$ 曲线

$P-S-N$ 曲线

$S-N$ 曲线是用若干标准试件在一定应力循环特性 r 的载荷作用下进行疲劳试验得到的。试验测出试件断裂时的循环次数 N，然后把试验结果以坐标（S,N）或（$\lg S,\lg N$）在坐标系中标出，如图 6-6 所示。

根据强度理论，在有限寿命区，应力-寿命满足以下方程

$$S^m N=\text{const} \tag{6-6}$$

式中，m——由应力的性质和材料确定，一般取 $m=3\sim6$。

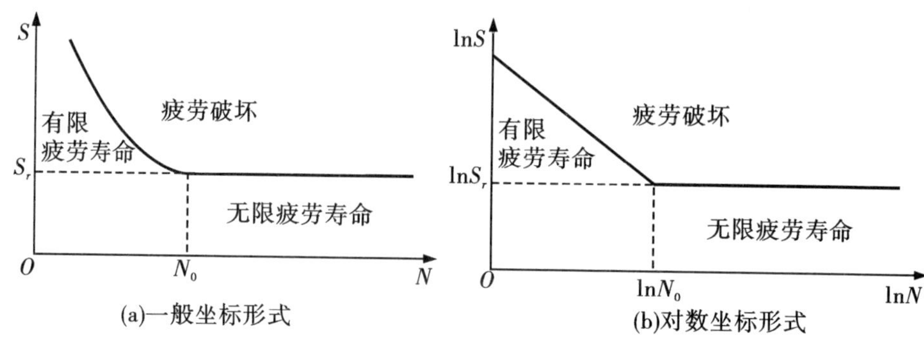

图6-6 S-N 曲线

如果在 S-N 曲线上有已知两点(N_i,S_i),(N_j,S_j),则

$$N_i = N_j \left(\frac{S_j}{S_i}\right)^m \tag{6-7}$$

将式(6-6)取对数,则得直线方程

$$m\ln S + \ln N = 0 \tag{6-8}$$

由式(6-7)可求得该疲劳曲线的指数值 m 或该疲劳曲线在对数坐标下的斜率值 m 为

$$m = \frac{\ln N_i - \ln N_j}{\ln S_j - \ln S_i} \tag{6-9}$$

或

$$m = \frac{\lg N_i - \lg N_j}{\lg S_j - \lg S_i} \tag{6-10}$$

图6-7 给出了不同应力循环特性 r 值下的 S-N 曲线。

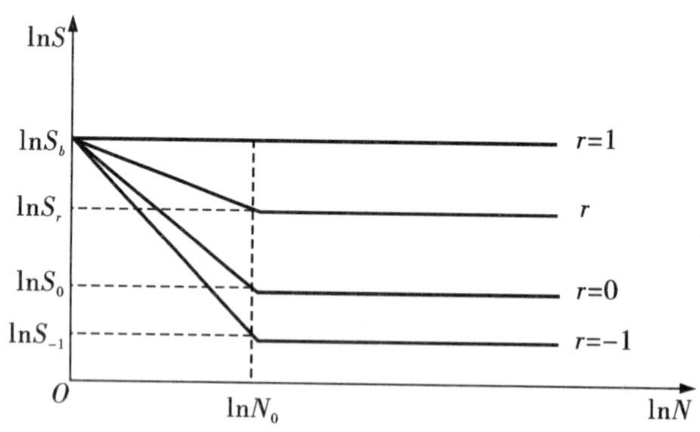

图6-7 不同 r 值下的 S-N 曲线

例6-1 有一承受脉动应力循环的拉杆,已知脉动应力 $S_1 = 11.2\ \mathrm{kN/cm^2}$,失效循环次数 $N_1 = 1.5\times10^5$ 次;而在 $S_2 = 20\ \mathrm{kN/cm^2}$ 作用时失效次数 $N_2 = 0.8\times10^4$ 次。如果拉杆在 $S = 15\ \mathrm{kN/cm^2}$ 的脉动应力下工作,试求它的疲劳寿命。

解: 拉杆疲劳曲线的指数 m

$$m = \frac{\lg N_1 - \lg N_2}{\lg S_2 - \lg S_1} = \frac{\lg(1.5 \times 10^5) - \lg(0.8 \times 10^4)}{\lg 20 - \lg 11.2} = 5.055\ 4$$

由 $N_i = N_j \left(\frac{S_j}{S_i}\right)^m$ 得

$$N(S = 15) = N(S = 20) \times \left(\frac{20}{15}\right)^{5.055\ 4} = 0.8 \times 10^4 \times \left(\frac{20}{15}\right)^{5.055\ 4} = 3.425 \times 10^4(\text{次})$$

常规疲劳强度计算所用的 S–N 曲线是存活率(相当于可靠度)等于 50% 时的中值寿命曲线,若将各级应力水平下疲劳寿命分布曲线上可靠度相等的点用曲线连接起来[图 6–8(a)],就得到给定存活率的一组 S–N 曲线[图 6–8(b)]。这种以 P 作为参数的 S–N 曲线就称为 P–S–N 曲线。

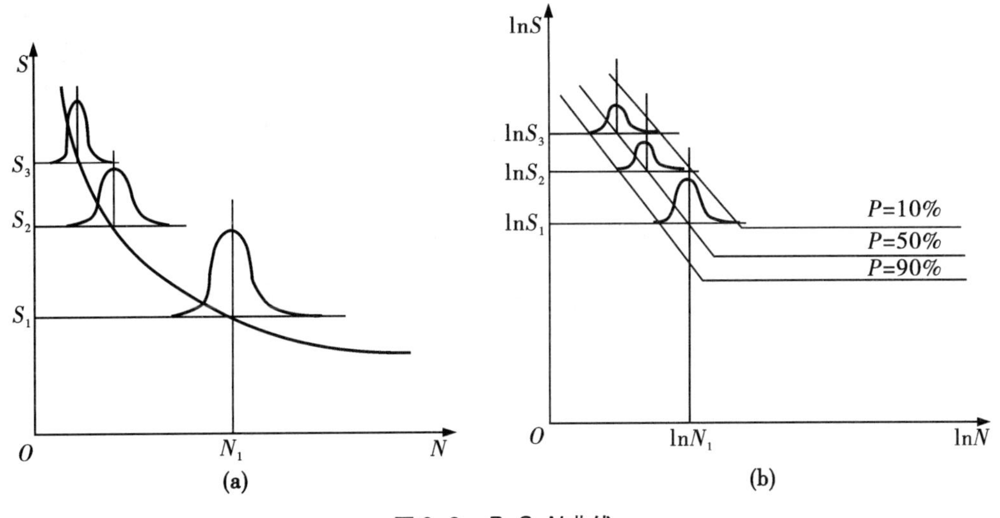

图 6–8　P–S–N 曲线

利用 P–S–N 曲线不仅能估计出零件在一定应力水平下的疲劳寿命,而且能给出在该应力循环特性 r 值下的失效概率或可靠度。极限零件疲劳寿命的概率分布,多数符合对数正态分布或威布尔分布。

到目前为止,P–S–N 曲线都是在给定应力 S 的条件下通过试验求得 P–N 曲线,即得到给定应力下的寿命分布,然后在寿命分布曲线上选择相等的存活率点连线从而得到 P–S–N 曲线,如图 6–8 所示。

作为随机变量的疲劳寿命 N 是个很大的数,采用如下所示的对数表示比较方便:

$$T = \ln N \text{ 或 } T = \lg N$$

这时若 T 服从正态分布,则称 N 是一个对数正态随机变量,N 服从对数正态分布。这样,在一定的应力水平 S 的作用下,试样受循环次数 $T = \ln N$ 而破坏的概率为

$$F(\ln N) = \int_{-\infty}^{\ln N} \frac{1}{\sigma_{\ln N}\sqrt{2\pi}} \exp\left[-\frac{1}{2}\left(\frac{\ln N - \mu_{\ln N}}{\sigma_{\ln N}}\right)\right] \mathrm{d}\ln N \tag{6–11}$$

令

$$z=\frac{\ln N-\mu_{\ln N}}{\sigma_{\ln N}} \tag{6-12}$$

则标准正态分布函数为

$$\Phi(z)=\frac{1}{\sqrt{2\pi}}\int_{-\infty}^{z}\exp\left(-\frac{1}{2}z^2\right)\mathrm{d}z \tag{6-13}$$

此处的存活率 P,即可靠度 R 为

$$R=1-\Phi(z)=\frac{1}{\sqrt{2\pi}}\int_{z}^{\infty}\exp\left(-\frac{1}{2}z^2\right)\mathrm{d}z \tag{6-14}$$

具体计算应用可参考第 4 章式(4-34)、式(4-35)。

2. S_a-S_m疲劳曲线(等寿命疲劳曲线)

材料疲劳极限 P-S-N 曲线通常都是在对称循环变应力条件下试验得到的,然而,许多结构零部件的工作应力并不是对称循环变应力。为了研究某一给定循环次数时,不同应力循环特性 r 下的疲劳极限应力,需要绘制描述疲劳极限应力的应力幅 S_a、平均应力 S_m关系的等寿命疲劳曲线图,该图是在 S_a-S_m坐标系中经过对称循环变应力的疲劳极限 A 点 $(0,S_{-1})$、脉动循环疲劳极限 C 点 $\left(\frac{S_0}{2},\frac{S_0}{2}\right)$、静强度极限 B 点 $(S_b,0)$ 的曲线,如图6-9所示的曲线 ACB。

等寿命疲劳曲线

不同材料的 S_a-S_m曲线是不一样的,实际上对于塑性材料,在屈服强度 S_s 之内工作。为了方便计算,在工程应用中,设计时可将曲线 ACB 简化为折线 $ACDG$,点 D 为直线 AC 与直线 DG 的交点。$OG=S_s$,DG 与横坐标轴成 135°夹角。曲线上任意一点的极限应力为

$$S_r=\sqrt{S_a^2+S_m^2} \tag{6-15}$$

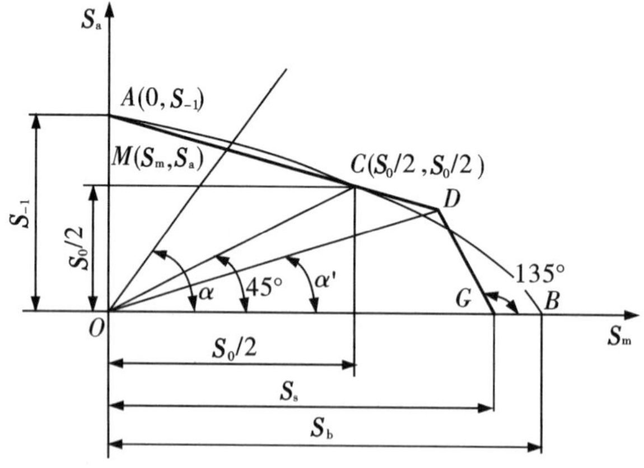

图 6-9 S_a-S_m 疲劳曲线(Haigh 图)

过 O 点作任一射线与疲劳极限曲线交于 M 点,则射线 OM 与横坐标轴夹角的正切值为

$$\tan\alpha = \frac{S_a}{S_m} = \frac{(S_{max} - S_{min})/2}{(S_{max} + S_{min})/2} = \frac{1-r}{1+r} = \text{const} \tag{6-16}$$

式(6-16)表明,在 OM 射线上各点的应力循环特性 r 都相等。A 点处,$\alpha = 90°$,$\gamma=-1$,$S_a = S_{-1}$,$S_m=0$,OA 为对称循环疲劳极限 S_{-1};C 点处,$\alpha = 45°$,$r=0$,$S_a = S_m = \frac{S_0}{2}$,$OC$ 为脉动循环时材料的疲劳极限;B 点处,$\alpha=0°$,$r=1$,$S_a=0$,$S_m=S_b$,OB 为抗拉强度 S_b。当由 A 点沿着曲线移动到 B 点时,应力幅 S_a从最大值 S_{-1}逐渐降低到 0。

当 M 点位于 AD 段,用 AD 线的方程计算该点的疲劳极限;当 M 点位于 DG 段时,用 DG 线的方程计算该点的疲劳极限。当 M 点与 S_s重合时,材料才会因静应力达到屈服极限而破坏,在其余各点,不论在 AD 段还是 DG 段,材料均发生疲劳破坏。材料的应力在 $ACDG$ 曲线以内,则表示不会发生破坏,若在此区域以外,则表示一定会发生疲劳破坏,处于折线上则表示工作应力状况正好达到极限状态。

对于塑性很低的脆性材料,例如铸铁、高强度钢等,等寿命疲劳曲线可以简化为 Goodman 曲线图,如图 6-10 所示。

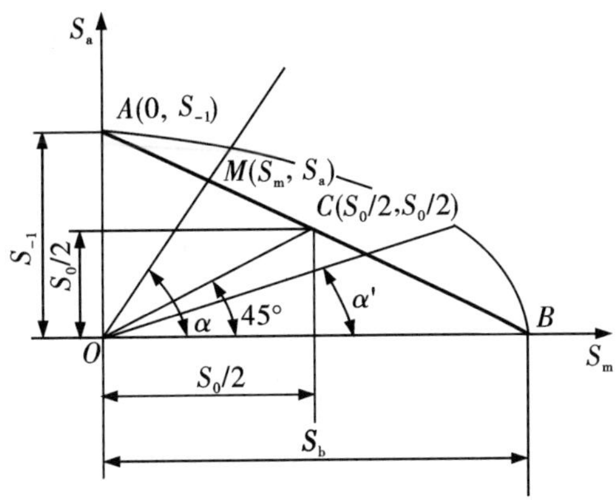

图 6-10　材料的 Goodman 曲线图

疲劳曲线 AB 的方程为

$$\frac{S_a}{S_{-1}} + \frac{S_m}{S_b} = 1 \tag{6-17}$$

式中,S_{-1}——疲劳极限;

S_b——强度极限。

在常规设计中,上面讨论的 S_a-S_m疲劳曲线(等寿命疲劳曲线)是由不同应力循环特性 γ 值下的疲劳极限均值画出来的一条曲线,其对应的可靠度为 50%。而在可靠性设计中它则是一条曲线分布带,如图 6-11 所示是可靠度为 10% ~90% 的疲劳曲线分布带。

设不同循环特性 r 的射线与疲劳极限均值图线交于 M 点,向量 $\overrightarrow{OE}$ 相当于平均应力 S_m,其标准差为 σ_{S_m};向量 $\overrightarrow{ME}$,相当于应力幅 S_a,其标准差为 σ_{S_a};合成向量 $\overrightarrow{OM}$ 相当于

合成应力 S_r，其标准差为 σ_{S_r}。由图 6-11 的几何关系可知，合成应力均值为

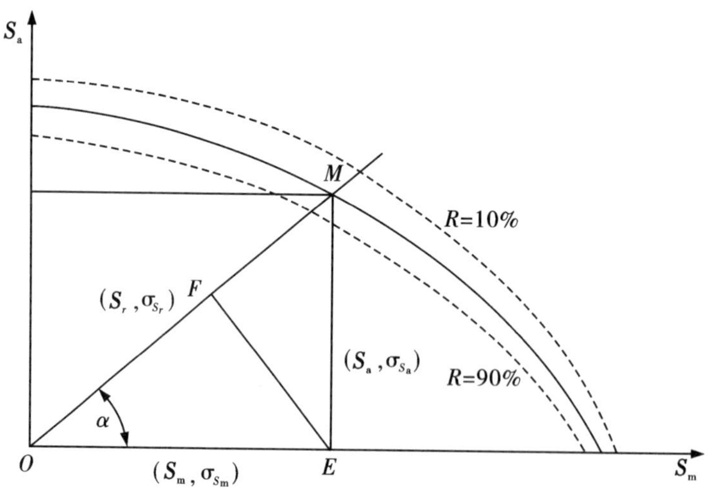

图 6-11 可靠度为 10% ~90%的等寿命疲劳曲线图

$$\mu_{S_\gamma}=\sqrt{\mu_{S_a}^2+\mu_{S_m}^2} \tag{6-18}$$

$$\sigma_{S_\gamma}=\sqrt{\left(\frac{\partial S_\gamma}{\partial S_a}\right)^2\sigma_{S_a}^2+\left(\frac{\partial S_\gamma}{\partial S_m}\right)^2\sigma_{S_m}^2}=\sqrt{\frac{\mu_{S_a}^2\sigma_{S_a}^2+\mu_{S_m}^2\sigma_{S_m}^2}{\mu_{S_a}^2+\mu_{S_m}^2}} \tag{6-19}$$

当应力循环特性 r 确定下来之后，若要求出该应力循环特性下对应于可靠度 R 的疲劳极限值，可利用下式

$$z_R=\frac{\mu_{S_r}-S_{r(R)}}{\sigma_{S_r}} \tag{6-20}$$

$$S_{r(R)}=\mu_{S_r}-z_R\sigma_{S_r} \tag{6-21}$$

式中，$S_{r(R)}$ ——循环特性为 r，可靠度为 R 时的疲劳极限值。

同样，常规设计中的 Goodman 曲线，其对应可靠度为 $R=0.5$，为描述不同应力循环特性时的疲劳极限应力均值和疲劳极限应力幅值的分布，可以按照"3σ"原则，在 S_a-S_m 线下加上一根 $3\sigma-S_a-S_m$ 线，如图 6-12 所示，该线相当于可靠度 $R=0.998\ 65$ 的 Goodman 线图。此线的方程为

$$\frac{(S_a)_{3\sigma}}{S_{-1}-3\sigma_{S_{-1}}}+\frac{(S_m)_{3\sigma}}{S_b-3\sigma_{S_b}}=1 \tag{6-22}$$

式中，$\sigma_{S_{-1}}$——S_{-1} 的标准差；

σ_{S_b}——S_b 的标准差。

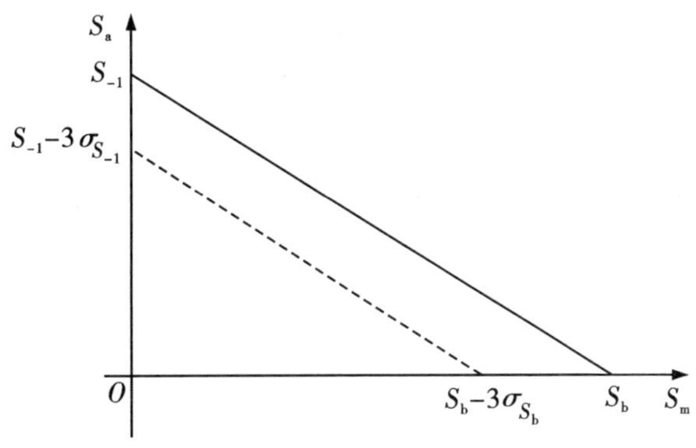

图 6-12　简化的 $3\sigma-S_a-S_m$ 线图

6.1.2.2　零件疲劳强度统计特性的确定

对一般机械产品来说，直接用实际零件进行疲劳试验，不仅费用高，而且往往会遇到很大困难。因此，在一般情况下都是采用材料的标准试样进行试验，这就需要将材料标准试样的疲劳极限应力分布（表 6-2）转化为具体零部件的疲劳极限应力（零件疲劳强度）分布。

表 6-2(a)　一些金属材料疲劳极限分布参数

序号	材料名称	加工处理状态	强度极限	屈服极限	硬度	光滑试件疲劳极限		缺口试件疲劳极限	
			S_b/MPa	S_s/MPa	HBW	$\mu_{S_{-1}}$/MPa	$\sigma_{S_{-1}}$/MPa	$\mu_{S'_{-1}}$/MPa	$\sigma_{S'_{-1}}$/MPa
1	Q235A	热轧不处理	449.5	267.9	110	213.1	8.11	132.4	4.39
2	20	900 ℃正火	460.8			250.1	5.09		
3	35	热轧 980 ℃空冷	604	379.8		248	4.61		
		正火	570.9	357.6	164	291.5	2.07	161.1	3.38
4	45	正火	623.8	376.3	175	249.4	5.31	161.1	7.71
		调质	710.2	500.6	216	388.5	9.67	211.8	9.22
		850 ℃油淬回火	970.6			432.2	9.83		
5	Q345	热轧不处理	586.1	360.7	169	281	8.45	169.9	9.22
6	40Cr		939.9	805.3	268	421.8	10.34	239.3	12.2
7	1Cr13	1 058 ℃油淬回火	721	595.5	222	374.4	11.91		
8	2Cr13	调质	773.1	576.3	222	374.1	13.81	208.8	10.54
9	40MnB	调质	970.1	880.3	288	436.4	19.81	279.8	10.61
10	35CrMo	调质	924	819.8	280	431.6	13.87	238.5	10.9
11	60Si2Mn	淬火，中温回火	1 391.5	1 255.8	397	563.8	23.95		

续表 6-2(a)

序号	材料名称	加工处理状态	强度极限	屈服极限	硬度	光滑试件疲劳极限		缺口试件疲劳极限	
			S_b/MPa	S_s/MPa	HBW	$\mu_{S_{-1}}$/MPa	$\sigma_{S_{-1}}$/MPa	$\mu_{S'_{-1}}$/MPa	$\sigma_{S'_{-1}}$/MPa
12	18CrNiWA	热轧 950 ℃油淬空冷	1 329.3	1 035		511.5	54		
13	30CrMnSiA	热轧 890 ℃油淬空冷	1 181.5	1 098.7		486.6	72.59		
14	20CrNi2MoA	热轧 980 ℃油淬空冷、回火	1 265.5	1 056.5		585.7	28.45		
15	40CrNiMoA	热轧 850 ℃油淬回火	1 088.6	989.6		480	41.99		
16	42CrMo	850 ℃油淬回火	1 134.3			504	10.15		
17	50CrV	850 ℃油淬回火	1 819.5	658.3	48HRC	746.8	31.73		
18	65Mn	830 ℃油淬回火	1 795.4	1 664.1	45HRC	708.4	30.96		
19	QT600-3	正火	858.6		273	290.1	5.82	169.52	9.33
20	QT400-18	退火			149	202.6	9.33	158.8	4.78

表 6-2(b)　一些金属材料(调质结构钢)不同寿命的疲劳极限分布参数

材料名称	静强度指标	试验条件		寿命	疲劳极限	标准差	附注
		r	α_σ	N/h	S_r/MPa	σ_{S_r}/MPa	
45 钢(碳素钢)	σ_b=833.85 MPa σ_s= 686.7 MPa δ=16.7%	-1	1.9	5.00e+04	412.02	13.08	1. 轴向加载 2. 直径 26 mm 棒材 3. 化学成分:0.49% C、0.30% Si、0.68% Mn 4. 调质处理
				1.00e+05	343.35	9.81	
				5.00e+05	309.996	7.85	
45 钢(碳素钢)	σ_b=833.85 MPa σ_s= 686.7 MPa δ=16.7%	-1	1.9	1.00e+06	294.3	7.85	1. 轴向加载 2. 直径 26 mm 棒材 3. 化学成分:0.49% C、0.30% Si、0.68% Mn 4. 调质处理
				5.00e+06	286.45	7.85	
				1.00e+07	279.59	8.17	
18Cr2Ni4WA(铬镍钨钢)	σ_a= 1 145.8 MPa δ=18.6%	-1	2	1.00e+05	464	22.24	1. 旋转弯曲 2. 直径 18 mm 棒材 3. 化学成分:0.18% C、1.43% Cr、4.09% Ni、0.97% W 4. 950 ℃正火,860 ℃淬火
				5.00e+05	412	17	
				1.00e+06	384.6	15.7	
				5.00e+06	368.9	13.7	
				1.00e+07	361	11.8	

续表 6-2(b)

材料名称	静强度指标	试验条件		寿命	疲劳极限	标准差	附注
		r	α_σ	N/h	S_r /MPa	σ_{S_r} /MPa	
40CrNiMoA	σ_b =1 039 ~1 167 MPa σ_s = 917 ~11 26 MPa δ=15.6% ~17%	0.1	3	5.00e+04	490.5	22.89	1. r = -1,为旋转弯曲,直径 22 mm;其余轴向加载,直径 11 mm 2. 化学成分:0.38% ~0.43% C、0.74% ~ 0.78% Si、1.52% ~ 1.57% Ni、0.19% ~0.21% Ni 3. 850 ℃油淬回火
				1.00e+05	382.6	17.66	
				5.00e+05	326.7	11.45	
				1.00e+06	305.1	10.79	
				5.00e+06	292.3	10.79	
				1.00e+07	284.5	9.81	
		1	1	5.00e+04	760.3	44.15	
				1.00e+05	667.1	37.6	
				5.00e+05	590.6	26.16	
				1.00e+06	559.2	20.92	
				5.00e+06	539.6	20.92	
				1.00e+07	523.9	19.62	
			2	1.00e+05	392.4	25.18	
				5.00e+05	333.5	14.06	
				1.00e+06	318.8	11.45	
				5.00e+06	311	10.47	
				1.00e+07	308	9.81	
			3	1.00e+05	294.3	15.04	
				5.00e+05	245.3	9.81	
				1.00e+06	217.8	9.81	
				5.00e+06	210.9	6.87	
				1.00e+07	208.95	6.87	
		0.1	1	5.00e+04	1259.6	60.16	
				1.00e+05	1211.5	45.78	
				5.00e+05	1157.6	42.51	
				1.00e+06	1110.5	39.9	
				5.00e+06	1066.3	38.32	
				1.00e+07	1030.1	32.7	

续表 6-2(b)

材料名称	静强度指标	试验条件		寿命	疲劳极限	标准差	附注
		r	α_σ	N/h	S_r /MPa	σ_{S_r} /MPa	
30CrMnSiA (铬锰硅钢)	σ_b=1 008.5 ~1 187 MPa σ_s = 1 188.9 MPa δ=15.3% ~18.6%	-1	1	1.00e+05	784.8	35.97	1. r=-1,为旋转弯曲,其余轴向加载 2. 直径 25 mm 棒材 3. 化学成分:0.30% C、0.90% ~ 1.00% Cr、0.86% ~0.93% Mn、0.96% ~1.04% Si 4. 890 ℃油中淬火,515 ℃回火 5. α_σ =1,为光滑试样,下同
				5.00e+05	676.9	19.62	
				1.00e+06	655.3	17.66	
				5.00e+06	639.6	17	
				1.00e+07	637.7	18.64	
			2	1.00e+05	441.5	19.62	
				5.00e+05	379.6	14.72	
				1.00e+06	360	10.13	
				5.00e+06	356.1	10.13	
				1.00e+07	353.2	9.81	
			3	1.00e+05	309	14.72	
				5.00e+05	270.8	10.13	
				1.00e+06	250.2	9.81	
				5.00e+06	243.3	9.15	
				1.00e+07	241.3	9.15	
			4	1.00e+05	285.5	11.11	
				5.00e+05	245.3	9.81	
				1.00e+06	221.7	9.15	
				5.00e+06	210.9	8.17	
				1.00e+07	204	6.87	
		0.1	1	1.00e+05	1177.2	52.32	
				5.00e+05	1108.5	42.51	
				1.00e+06	1090.9	39.24	
				5.00e+06	1088.9	39.56	
				1.00e+07	1087.8	39.9	
			3	1.00e+05	457.15	29.43	
				5.00e+05	377.7	17	
				1.00e+06	347.3	14.39	
				5.00e+06	335.5	15.7	
				1.00e+07	328.6	16.35	
		0.5	3	1.00e+05	676.9	35.97	
				5.00e+05	642.6	31.07	
				1.00e+06	612.1	27.47	
				5.00e+06	609.2	24.85	
				1.00e+07	608.2	24.85	

考虑到零件尺寸及几何形状变化、加工质量及强度因素等的影响，使得实际零件的疲劳极限要小于标准试件的疲劳极限，引入一定的系数对标准试件的疲劳极进行修正以获得零件的疲劳极限，即

$$\delta_r = \frac{\varepsilon\beta}{K_\sigma} S_r \tag{6-23}$$

式中，δ_r—— 零件疲劳极限应力（疲劳强度），MPa；

S_r—— 标准试件疲劳极限应力，MPa；

ε—— 尺寸系数；

β—— 表面质量系数；

K_σ—— 有效应力集中系数。

1. 尺寸修正系数 ε

尺寸修正系数是考虑到在一般情况下零件尺寸大于试样尺寸，从而使其疲劳强度低于试样而引入的修正系数，可定义为

$$\varepsilon = \frac{\delta_{rd}}{S_r} \tag{6-24}$$

式中，δ_{rd} ——给定尺寸 d 的试件的疲劳极限。

尺寸修正系数是由试验得到的，目前常规设计推荐使用的数据多偏于分布的下限。如果钢受弯曲、扭转载荷，尺寸系数的均值 μ_ε 可用下式求得

$$\mu_\varepsilon = 1 - \frac{1}{5} \times \frac{S_{-1}}{S_\mathrm{b}}\left(1 - \frac{10}{d}\right) \tag{6-25}$$

式中，S_b——试件的抗拉强度极限，MPa；

S_{-1}——直径 $d=10$ mm 试件的弯曲疲劳极限，MPa；

d——零件的直径，mm。

表 6-3 给出了试验的尺寸修正系数统计值，ε 能较好地符合正态分布。

表 6-3　钢的尺寸系数 ε 的统计值

钢种	尺寸 d/mm	尺寸系数 ε	子样容量 n	μ_ε	σ_ε
碳素钢	30 ~ 150	1.04，0.92，0.86，0.85，0.83，0.80，0.9，0.76	8	0.856 25	0.088 95
	150 ~ 250	0.87，0.86，0.83，0.81，0.78，0.77，0.76，0.74	8	0.802 5	0.047 734
	250 ~ 350	0.83，0.83，0.83，0.81，0.78，0.77，0.77，0.76，0.74	9	0.791 1	0.034 44
	>350	0.83，0.77，0.77，0.75，0.75，0.73，0.73，0.72，0.72，0.71，0.69，0.69，0.68，0.68	14	0.73	0.041 88

续表 6-3

钢种	尺寸 d/mm	尺寸系数 ε	子样容量 n	μ_ε	σ_ε
合金钢	30～150	0.89,0.87,0.85,0.82,0.81,0.77,0.75,0.72,0.71,0.69	11	0.79	0.069 0
	150～250	0.88,0.88,0.82,0.80,0.80,0.76,0.76,0.75,0.72,0.72,0.68,0.63	12	0.766 7	0.074 87
	250～350	0.78,0.69,0.69,0.62,0.61	5	0.678	0.068 34
	>350	0.78,0.77,0.75,0.75,0.75,0.74,0.72,0.72,0.71,0.71,0.70,0.67,0.64,0.63,0.63,0.61,0.60,0.60,0.58,0.58,0.57,0.57	22	0.671 8	0.072 02

2. 表面加工系数 β

表面加工系数是为考虑零部件表面不同于磨光试件(主要指表面粗糙度)对疲劳强度的影响而引入的,其定义为

$$\beta = \frac{\delta_{r\beta}}{S_r} \tag{6-26}$$

式中,$\delta_{r\beta}$ ——给定加工表面的试件的疲劳极限。

表 6-4 给出了不同载荷和表面情况下的表面加工系数 β 的分布参数。z_β 为零件可靠度 R 确定的标准正态偏量,可查标准正态分布表求得。

表 6-4 表面加工系数 β 的分布参数

载荷	加工方法	表面加工系数分布参数(μ_β,σ_β)
弯曲	抛光	$\mu_\beta=1.132\ 19+0.047\ 04z_\beta \quad \sigma_\beta=0.043\ 44$
	车削	$\mu_\beta=0.793\ 26+0.037\ 963z_\beta \quad \sigma_\beta=0.035\ 73$
	热轧	$\mu_\beta=0.539\ 31+0.106\ 085z_\beta \quad \sigma_\beta=0.087\ 71$
	锻造	$\mu_\beta=0.385\ 51+0.074\ 41z_\beta \quad \sigma_\beta=0.065\ 56$
拉伸	抛光	$\mu_\beta=1.123\ 19+0.045\ 108z_\beta \quad \sigma_\beta=0.040\ 61$
	车削	$\mu_\beta=0.794\ 45+0.043\ 930z_\beta \quad \sigma_\beta=0.038\ 58$
	热轧	$\mu_\beta=0.529\ 04+0.104\ 29z_\beta \quad \sigma_\beta=0.091\ 41$
	锻造	$\mu_\beta=0.377\ 24+0.088\ 267z_\beta \quad \sigma_\beta=0.078\ 07$
扭转	抛光	$\mu_\beta=1.123\ 58+0.065\ 165\ 4z_\beta \quad \sigma_\beta=0.057\ 01$
	车削	$\mu_\beta=0.803\ 386+0.051\ 03z_\beta \quad \sigma_\beta=0.046\ 80$
	热轧	$\mu_\beta=0.534\ 84+0.109\ 09z_\beta \quad \sigma_\beta=0.095\ 82$
	锻造	$\mu_\beta=0.365\ 782+0.067\ 01z_\beta \quad \sigma_\beta=0.059\ 40$

3. 有效应力集中系数 K_σ 的分布参数

仅考虑零件几何不连续引入的应力集中系数称为理论应力集中系数 α_σ，考虑轴肩处尺寸变化引入的理论应力集中系数如表 6-5 所示。

表 6-5　轴肩处的理论应力集中系数

应力	公称应力公式	α_σ										
拉伸	$S=\frac{4F}{\pi d^2}$	R/d	R/d									
			2.00	1.50	1.30	1.20	1.15	1.10	1.07	1.05	1.02	1.01
		0.04	2.80	2.57	2.39	2.28	2.14	1.99	1.92	1.82	1.56	1.42
		0.10	1.99	1.89	1.79	1.69	1.63	1.56	1.52	1.46	1.33	1.23
		0.15	1.77	1.68	1.59	1.53	1.48	1.44	1.40	1.36	1.26	1.18
		0.20	1.63	1.56	1.49	1.44	1.40	1.37	1.33	1.31	1.22	1.15
		0.25	1.54	1.49	1.43	1.37	1.34	1.31	1.29	1.27	1.20	1.13
		0.30	1.47	1.43	1.39	1.33	1.30	1.28	1.26	1.24	1.19	1.12
弯曲	$S_M=\frac{32M}{\pi d^2}$	R/d	D/d									
			6.0	3.0	2.0	1.50	1.20	1.10	1.05	1.03	1.02	1.01
		0.04	2.59	2.40	2.33	2.21	2.09	2.00	1.88	1.80	1.72	1.61
		0.10	1.88	1.80	1.73	1.68	1.62	1.59	1.53	1.49	1.44	1.36
		0.15	1.64	1.59	1.55	1.52	1.48	1.46	1.42	1.38	1.34	1.26
		0.20	1.49	1.46	1.44	1.42	1.39	1.39	1.34	1.31	1.27	1.20
		0.25	1.39	1.37	1.35	1.34	1.33	1.31	1.29	1.27	1.22	1.17
		0.30	1.32	1.31	1.30	1.29	1.27	1.26	1.25	1.23	1.20	1.14
扭转剪切	$\tau=\frac{16T}{\pi d^2}$	R/d	D/d									
			2.0	1.33	1.20	1.09						
		0.04	1.84	1.79	1.66	1.32						
		0.10	1.46	1.41	1.33	1.17						
		0.15	1.34	1.29	1.23	1.13						
		0.20	1.26	1.23	1.17	1.11						
		0.25	1.21	1.18	1.14	1.09						
		0.30	1.18	1.16	1.12	1.09						

既考虑零件的几何形状变化，又考虑零件材料影响引入的系数称为有效应力集中系数 K_σ，其定义为

$$K_\sigma = \frac{S_r}{\delta_{rK}} \tag{6-27}$$

式中，δ_{rK} ——尺寸相同的有应力集中的试件的疲劳极限。

K_σ 与理论应力集中系数 α_σ 的关系为

$$K_\sigma = 1 + q(\alpha_\sigma - 1) \tag{6-28}$$

式中，q 表示材料对应力集中的敏感系数，也称为材料的敏性系数，部分材料敏性系数 q 的分布参数见表 6-6。

表 6-6　部分金属材料敏性系数 q 的分布参数

序号	材料	子样容量 n	$r = \frac{\sigma_{\min}}{\sigma_{\max}}$	μ_q	σ_q
1	40CrNiMoA	10	−1	0.731 4	0.046 86
2	30CrMnSiA	5	−1	0.743 73	0.082 636
3	42CrMnSiMoA	6	−1	0.814 55	0.158 43
4	7A09 铝合金	10	0.1	0.501 5	0.077 00

由式(6-28)可得有效应力集中系数的分布参数为

$$\mu_{K_\sigma} = 1 + \mu_q(\mu_{\alpha_\sigma} - 1) \tag{6-29}$$

$$\sigma_{K_\sigma} = \sqrt{(\mu_{\alpha_\sigma} - 1)^2\sigma_q^2 + \mu_q^2\sigma_{\alpha_\sigma}^2} \tag{6-30}$$

由式(6-23)可得零件的疲劳极限应力分布参数为

$$\mu_{\delta_r} = \frac{\mu_\varepsilon \mu_\beta}{\mu_{K_\sigma}}\mu_{S_r} \tag{6-31}$$

$$\sigma_{\delta_r} = C_{\delta_r}\mu_{\delta_r} \tag{6-32}$$

$$C_{\delta_r} = \sqrt{C_{S_r}^2 + C_{K_\sigma}^2 + C_\varepsilon^2 + C_\beta^2} \tag{6-33}$$

式中，μ_{δ_r}—— 零件疲劳极限均值；

μ_{S_r}—— 标准试件疲劳极限均值；

σ_{δ_r}—— 零件疲劳极限标准差；

σ_{S_r}—— 标准试件疲劳极限标准差。

若零件承受对称循环变应力，则疲劳极限的分布参数为

$$\mu_{\delta_{-1}} = \frac{\mu_\varepsilon\mu_\beta}{\mu_{K_\sigma}}\mu_{S_{-1}} \tag{6-34}$$

$$\sigma_{\delta_{-1}} = C_{\delta_{-1}}\mu_{\delta_{-1}} \tag{6-35}$$

$$C_{\delta_{-1}} = \sqrt{C_{S_{-1}}^2 + C_{K_\sigma}^2 + C_\varepsilon^2 + C_\beta^2} \tag{6-36}$$

例 6-2　某一轴的结构尺寸如图 6-13 所示。材料 30CrMnSiA 轴上受一集中力 P，承

受对称循环弯曲应力，按 $N=10^7$ 无限寿命设计，试确定 A–A 截面处的疲劳极限分布。

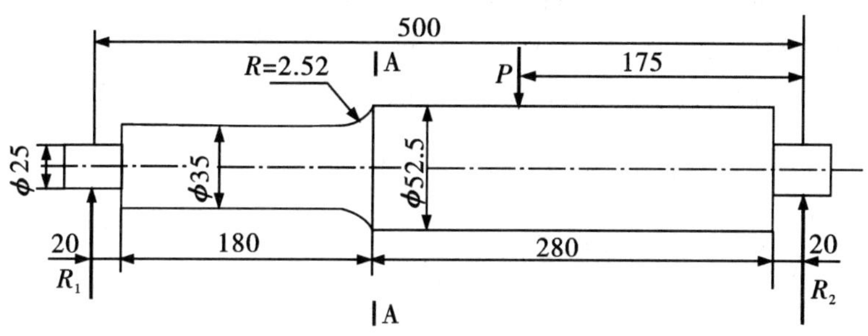

图 6–13　例 6–2 图(轴的结构尺寸)

解：查表 6–3 得，$d=52.5$ mm 时，尺寸系数为 $\mu_\varepsilon=0.79$，$\sigma_\varepsilon=0.069$

查表 6–4 得，轴车削且承受弯曲载荷，当可靠度取 0.999 时，其表面加工系数为

$\mu_\beta=0.793\,26+0.037\,963\times3.09=0.910\,6$

$\sigma_\beta=0.035\,73$

由表 6–5 得，当 $\dfrac{D}{d}=\dfrac{52.5}{35}=1.5$，且 $\dfrac{R}{d}=\dfrac{2.52}{35}=0.072$ 时，取理论应力集中系数 $\alpha_\sigma=2$

由表 6–6 得，当 $r=-1$ 时，30CrMnSiA 钢的敏性系数为 $\mu_q=0.743\,73$，$\sigma_q=0.082\,636$

由式(6–29)、式(6–30)得有效应力集中系数为

$$\mu_{K_\sigma}=1+\mu_q(\mu_{\alpha_\sigma}-1)=1+0.743\,73\times(2-1)=1.743\,73$$

$$\sigma_{K_\sigma}=\sqrt{(\mu_{\alpha_\sigma}-1)^2\sigma_q^2+\mu_q^2\sigma_{\alpha_\sigma}^2}=\sqrt{0.082\,636^2+0.743\,73^2\times0}=0.082\,636$$

由表 6–2 得，对于 30CrMnSiA 钢，当 $r=-1$ 时，$N=10^7$ 时的疲劳极限为

$\mu_{S_{-1}}=637.7$，$\sigma_{S_{-1}}=18.64$

该转轴的疲劳极限分布为

$$\mu_{\delta_{-1}}=\frac{\mu_\varepsilon\mu_\beta}{\mu_{K_\sigma}}\mu_{S_{-1}}=\frac{0.79\times0.910\,6}{1.743\,73}\times637.7=263.082\,5\ (\text{MPa})$$

$$C_{\delta_{-1}}=\sqrt{C_{S_{-1}}^2+C_{K_\sigma}^2+C_\varepsilon^2+C_\beta^2}$$

$$=\sqrt{\left(\frac{18.64}{637.7}\right)^2+\left(\frac{0.082\,636}{1.743\,73}\right)^2+\left(\frac{0.069}{0.79}\right)^2+\left(\frac{0.035\,73}{0.910\,6}\right)^2}=0.110\,76$$

$$\sigma_{\delta_{-1}}=C_{\delta_{-1}}\mu_{\delta_{-1}}=0.110\,76\times263.082\,5=29.139\ (\text{MPa})$$

6.2　规定寿命下的疲劳强度可靠性设计

一般机械产品设计都有一个使用寿命期的要求，因此疲劳强度设计是在给定寿命条件下进行的。在常规设计中，通常以疲劳极限线图(等寿命曲线图)来表征给定寿命下的疲劳强度。这种等寿命曲线需要通过大量的不同应力比下的疲劳试验来获得。在工程

实践中,目前已经积累了一些常用材料的等寿命曲线。当没有相应材料的等寿命曲线时,需要借助各种简化的等寿命曲线,常用的有 Goodman 线图、Haigh 图、Gerber 抛物线等,如图 6-14 所示。图 6-14 中线 1 是 Goodman 线图,线 2 是 Gerber 抛物线图,线 3 是 Von Mises-Hencky 椭圆图,其中线 2 和线 3 偏复杂,Goodman 线 1 简单且偏安全。

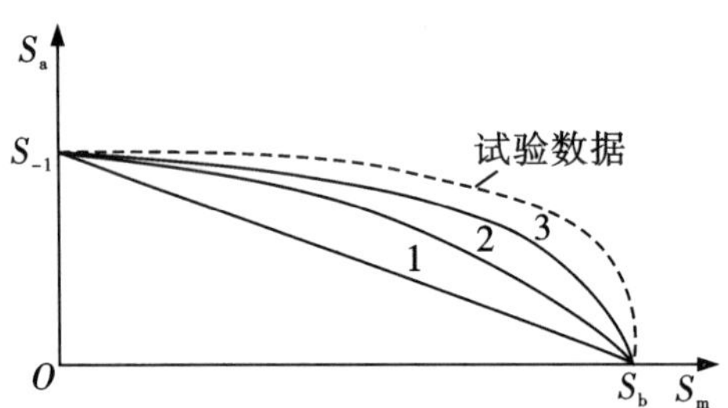

图 6-14　几种等寿命疲劳曲线的比较

由于疲劳强度可靠性设计涉及参数的随机性,其等寿命曲线图不是一条曲线而应是一个分布带,如图 6-11 所示。

当工作应力循环特性 r 变化时,应力与强度分布均为三维图形,且表现为正态分布曲线,如图 6-15 所示。

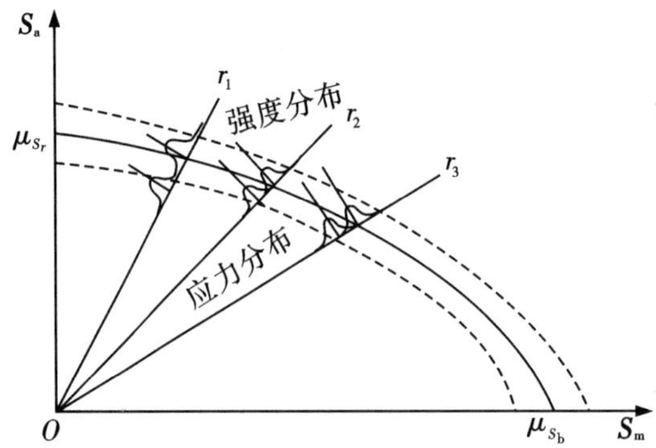

图 6-15　不同应力循环特性 r 时的应力与强度分布

当应力循环特性 r 不是一个常数时,可靠度的计算非常复杂。当假定应力循环特性 r 为一确定值时,先根据零件的载荷工作应力确定其应力循环特性 r,再找出 r 值直线与疲劳极限线图的交点。求出交点处疲劳极限的应力幅 S_a 和平均应力 S_m,依此确定疲劳极限应力幅的均值和标准差,求出疲劳强度的均值 μ_{δ_r} 和标准差 σ_{δ_r}。如果它们均服从正态分布,则根据干涉理论即可求出规定寿命下零件的疲劳强度可靠度。

6.2.1　转轴的疲劳强度可靠性设计

转轴的疲劳强度可靠性设计

下面以承受弯矩和扭矩的转轴为例,介绍稳定变应力下疲劳强度可靠性设计方法。此处假设应力循环特性 r 为确定值。

例 6-3　某减速器主动轴,传递功率 $P=13$ kW,转速 $n=200$ r/min,经传统设计，结构尺寸已定(图 6-16)，危险截面 N-N 的弯曲应力均值 μ_{S_w} = 28.4 MPa，剪切应力均值 μ_τ = 7.6 MPa。轴的材料为 45 钢，强度极限均值 μ_{δ_b} = 637 MPa，疲劳强度极限均值 $\mu_{\delta_{-1}}$ = 268 MPa。如果设计要求轴的寿命为 $N_L = 10^7$ 时可靠度 $R(t)=0.999$，试校核该轴的可靠度。

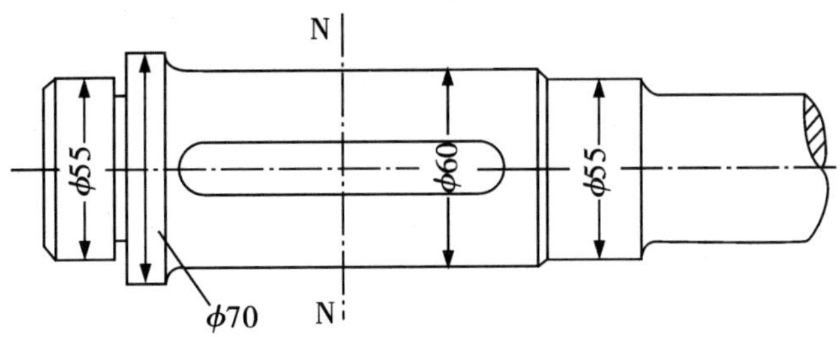

图 6-16　例 6-3 图(轴的结构尺寸)

解：(1) 工作应力的分布参数，假设工作应力服从正态分布

取弯曲应力变异系数 $C_{S_w}=0.15$，剪切应力变异系数 $C_\tau=0.10$，则应力的分布参数为

弯曲应力 $\mu_{S_w}=28.4$ MPa，$\sigma_{S_w}=C_{S_w}\mu_{S_w}=0.15\times28.4=4.26$ (MPa)

剪切应力 $\mu_\tau=7.6$ MPa，$\sigma_\tau=C_\tau\mu_\tau=0.10\times7.6=0.76$ (MPa)

根据第四强度理论，弯扭合成应力 $S_c=\sqrt{S_w^2+3\tau^2}$

工作应力的均值 $\mu_{S_c}=\sqrt{\mu_{S_w}^2+3\mu_\tau^2}=\sqrt{28.4^2+3\times7.6^2}=31.30$ (MPa)

工作应力的标准差

$$\sigma_{S_c}=\sqrt{\left(\frac{\partial S_c}{\partial S_w}\right)^2\sigma_{S_w}^2+\left(\frac{\partial S_c}{\partial \tau}\right)^2\sigma_\tau^2}=\sqrt{\frac{\mu_{S_w}^2\sigma_{S_w}^2+9\mu_\tau^2\sigma_\tau^2}{\mu_{S_w}^2+3\mu_\tau^2}}$$

$$=\sqrt{\frac{28.4^2\times4.26^2+9\times7.6^2\times0.76^2}{28.4^2+3\times7.6^2}}$$

$$=\sqrt{15.2447}=3.9\ (\text{MPa})$$

(2) 工作应力的循环特性

按照 3σ 原则，则

最大工作应力 $S_{c\max}=\mu_{S_c}+3\sigma_{S_c}=31.30+3\times3.9=43$ (MPa)

最小工作应力 $S_{c\min}=\mu_{S_c}-3\sigma_{S_c}=31.30-3\times3.9=19.6$ (MPa)

工作应力循环特性 $r=\dfrac{S_{c\min}}{S_{c\max}}=\dfrac{19.6}{43}=0.4558$

$$\tan\alpha=\frac{S_{ca}}{S_{cm}}=\frac{(S_{c\max}-S_{c\min})/2}{(S_{c\max}+S_{c\min})/2}=\frac{(43-19.6)/2}{(43+19.6)/2}=\frac{11.7}{31.3}=0.3738$$

$\alpha=20.5°$

(3) 绘制零件材料的简化疲劳极限曲线——Goodman 线图，作为确定零件疲劳强度的依据

取材料疲劳极限变异系数 $C_{\delta_{-1}}=0.08$，强度极限变异系数 $C_{\delta_b}=0.05$

由 $S_b=\mu_{\delta_b}=637$ MPa，$S_{-1}=\mu_{\delta_{-1}}=268$ MPa 可得

$\sigma_{S_{-1}}=\sigma_{\delta_{-1}}=C_{\delta_{-1}}\mu_{\delta_{-1}}=0.08\times268=21.44\ (\text{MPa})$

$\sigma_{S_b}=\sigma_{\delta_b}=C_{\delta_b}\mu_{\delta_b}=0.05\times637=31.85\ (\text{MPa})$

$S_{-1}-3\sigma_{S_{-1}}=268-3\times21.44=203.68\ (\text{MPa})$

$S_b-3\sigma_{S_b}=637-3\times31.85=541.45\ (\text{MPa})$

绘制 Goodman 线图如图 6-17 所示：

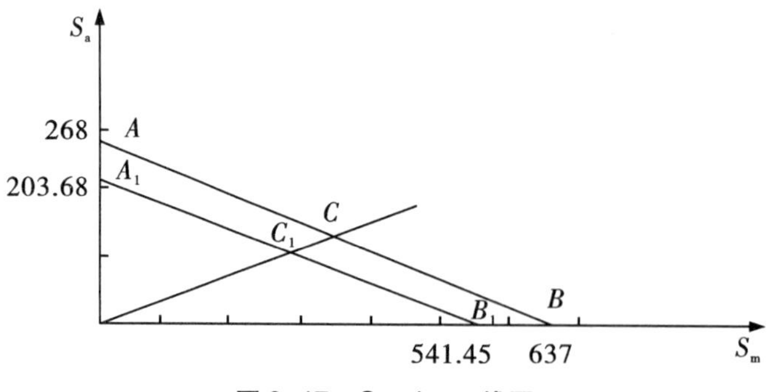

图 6-17 Goodman 线图

(4)确定 $r=0.455\ 8$ 时疲劳极限的均值和标准差

由式(6-17)、式(6-22)得 S_a-S_m 和 $3\sigma-S_a-S_m$ 线的方程

$$\begin{cases}\dfrac{S_a}{268}+\dfrac{S_m}{637}=1\\[2ex]\dfrac{S_a}{203.68}+\dfrac{S_m}{541.45}=1\end{cases}$$

C 点的坐标为(337.30,126.08),C_1点的坐标为(271.58,101.52)。

由 3σ 法则可知,疲劳极限的应力幅和平均应力的标准差为

$$\sigma_{S_a}=\frac{126.08-101.52}{3}=8.19\ (\text{MPa})$$

$$\sigma_{S_m}=\frac{337.30-271.58}{3}=21.91\ (\text{MPa})$$

$r=0.455\ 8$ 时的疲劳极限均值和标准差为

$$\mu_{S_r}=\sqrt{\mu_{S_a}^2+\mu_{S_m}^2}=\sqrt{126.08^2+337.30^2}=360.09\ (\text{MPa})$$

$$\sigma_{S_r}=\sqrt{\left(\frac{\partial S_r}{\partial S_a}\right)^2\sigma_{S_a}^2+\left(\frac{\partial S_r}{\partial S_m}\right)^2\sigma_{S_m}^2}=\sqrt{\frac{\mu_{S_a}^2\sigma_{S_a}^2+\mu_{S_m}^2\sigma_{S_m}^2}{\mu_{S_a}^2+\mu_{S_m}^2}}$$

$$=\sqrt{\frac{126.08^2\times8.19^2+337.30^2\times21.91^2}{126.08^2+337.30^2}}=20.72\ (\text{MPa})$$

(5)确定零件的疲劳强度

由 $\delta_r=\dfrac{\varepsilon\beta}{K_\sigma}S_r$，得 $\mu_{\delta_r}=\dfrac{\mu_\varepsilon\mu_\beta}{\mu_{K_\sigma}}\mu_{S_r}$

由式(6-25)得

$$\mu_\varepsilon = 1 - \frac{1}{5} \times \frac{S_{-1}}{S_b}\left(1 - \frac{10}{d}\right) = 1 - \frac{1}{5} \times \frac{268}{637} \times \left(1 - \frac{10}{60}\right) = 0.93$$

由表6-3可取尺寸系数标准差 $\sigma_\varepsilon = 0.088\ 95$

则尺寸系数变异系数为 $C_\varepsilon = \frac{\sigma_\varepsilon}{\mu_\varepsilon} = \frac{0.088\ 95}{0.93} = 0.096$

当取可靠度为0.999时，由表6-4可得表面质量系数 $\mu_\beta = 0.961$，$\sigma_\beta = 0.046\ 80$

变异系数 $C_\beta = \frac{\sigma_\beta}{\mu_\beta} = \frac{0.046\ 80}{0.961} = 0.048\ 7$

由表6-5综合考虑，取理论应力集中系数 $\alpha_\sigma = 2$

敏性系数由表6-6查得 $\mu_q = 0.75$

由式(6-29)可得有效应力集中系数

$$\mu_{K_\sigma} = 1 + \mu_q(\mu_{\alpha_\sigma} - 1) = 1 + 0.75 \times (2 - 1) = 1.75$$

变异系数取 $C_{K_\sigma} = 0.05$

$$\mu_{\delta_r} = \frac{\mu_\varepsilon \mu_\beta}{\mu_{K_\sigma}} \mu_{S_r} = \frac{0.93 \times 0.961}{1.75} \times 360.09 = 183.9\ (\text{MPa})$$

$$C_{\delta_r} = \sqrt{C_{S_r}^2 + C_{K_\sigma}^2 + C_\varepsilon^2 + C_\beta^2} = \sqrt{\left(\frac{20.72}{360.09}\right)^2 + 0.05^2 + 0.096^2 + 0.048\ 7^2} = 0.131\ 9$$

$$\sigma_{\delta_r} = C_{\delta_r}\mu_{\delta_r} = 0.131\ 9 \times 183.83 = 24.247\ 2\ (\text{MPa})$$

(6)校核轴的可靠度

$$z_R = \frac{\mu_{\delta_r} - \mu_{S_c}}{\sqrt{\sigma_{\delta_r}^2 + \sigma_{S_c}^2}} = \frac{183.83 - 31.30}{\sqrt{24.247\ 2^2 + 3.9^2}} = 6.211$$

由标准正态分布表可查得，当 $z_R = 6.211$ 时，轴的可靠度 $R > 0.999\ 999\ 99$，远远大于所要求的可靠度0.999。

6.2.2　圆柱齿轮的疲劳强度可靠性设计

齿轮传动的设计主要包括两个方面的内容，既要保证齿面有足够的接触强度，又要保证齿根有足够的弯曲强度。

6.2.2.1　齿面接触疲劳强度的可靠性设计

圆柱齿轮接触疲劳强度可靠性设计

1. 齿面接触工作应力分布参数的确定

常规设计中齿面接触疲劳应力的计算公式为

$$S_H = \sqrt{\frac{K_H F_t}{b d_1} \cdot \frac{u \pm 1}{u}} \cdot Z_H Z_E Z_\varepsilon Z_\beta \qquad (6-37)$$

式中，F_t——齿轮的圆周力，其均值为 $\mu_{F_t} = \frac{2\mu_T}{d_1}$，其中 μ_T 为小齿轮传递的名义转矩的均值(N·mm)(若载荷为最大载荷，则取 $C_{F_t} = 0$，若载荷是精确求得的，则取 $C_{F_t} = 0.03$，若载荷是近似求得的，则取 $C_{F_t} = 0.08$)；

K_H——接触疲劳强度计算载荷系数，包括使用工况系数 K_A、动载系数 K_V、接触强度计算齿间载荷分配系数 $K_{H\alpha}$、接触强度计算齿向载荷分布系数 $K_{H\beta}$、即 $K_H = K_A K_V K_{H\alpha} K_{H\beta}$；

b——齿宽,mm;

d_1—— 小齿轮分度圆直径,mm;

u—— 齿轮的齿数比;

Z_H—— 区域系数,标准圆柱齿轮变异系数取 $C_{Z_H}=0$,均值为 $\mu_{Z_H}=\sqrt{\dfrac{2\cos\beta_b}{\cos\alpha_t\sin\alpha_t}}$;

Z_E—— 弹性系数,均值由现行国家标准《渐开线圆柱齿轮承载能力计算》(GB/T 3480.1—2019)查出,$C_{Z_E}=0.02\sim0.03$;

Z_ε—— 接触疲劳强度计算重合度系数,变异系数取 $C_{Z_\varepsilon}=0$,均值为 $\mu_{Z_\varepsilon}=\sqrt{\dfrac{4-\varepsilon_\alpha}{3}(1-\varepsilon_\beta)+\dfrac{\varepsilon_\beta}{\varepsilon_\alpha}}$;

Z_β—— 接触强度计算螺旋角系数,变异系数取 $C_{Z_\beta}=0$,均值为 $\mu_{Z_\beta}=\sqrt{\cos\beta}$。

(1)使用工况系数 K_A。考虑齿轮啮合时外部因素引起的附加载荷影响的系数,其均值可参考表 6-7 确定,变异系数取 0。

表 6-7　使用工况系数

载荷状态	工作机器	原动机			
		电动机、均匀运转的蒸汽机、燃气轮机	蒸汽机、燃气轮机液压装置	多缸内燃机	单缸内燃机
均匀平稳	发电机、均匀传送的带式输送机或板式输送机、螺旋输送机、轻型升降机、包装机、机床进给机构、通风机、均匀密度材料搅拌机等	1.00	1.10	1.25	1.50
轻微冲击	不均匀传送的带式输送机或板式输送机、机床的主传动机构、重型升降机、工业与矿用风机、重型离心机、变密度材料搅拌机等	1.25	1.35	1.50	1.75
中等冲击	橡胶挤压机、间歇工作的橡胶和塑料搅拌机,轻型球磨机、木工机械、钢坯初轧机、提升装置、单缸活塞泵等	1.50	1.60	1.75	2.00
严重冲击	挖掘机、重型球磨机、橡胶揉合机、破碎机、重型给水泵、旋转式钻探装置、压砖机,带材冷轧机、压坯机等	1.75	1.85	2.00	2.25 或更大

注:表中所列 K_A 值仅适用于减速传动;若为增速传动,K_A 值均为表中所列值的 1.1 倍;当外部机械与齿轮装置间有挠性连接时,通常 K_A 值可适当减小。

(2)动载系数 K_V。动载系数的均值按表 6-8 确定,变异系数 C_{K_V} 取为

$$C_{K_V} = \frac{\mu_{K_V} - 1}{3\mu_{K_V}} \tag{6-38}$$

式中,μ_{K_V}—— 动载系数的均值。

表 6-8　动载系数

精度等级	直齿圆柱齿轮	斜齿圆柱齿轮
7	$K_V = 1 + 0.000\ 89\ vz_1$	$K_V = 1 + 0.000\ 46\ vz_1$
8	$K_V = 1 + 0.001\ 25\ vz_1$	$K_V = 1 + 0.000\ 63\ vz_1$
9	$K_V = 1 + 0.001\ 75\ vz_1$	$K_V = 1 + 0.000\ 9\ vz_1$

注:v 为小齿轮的圆周速度,m/s;z_1 为小齿轮齿数。

(3)齿间载荷分配系数 $K_{H\alpha}$。接触强度计算的齿间载荷分配系数的均值根据齿轮精度等级由表 6-9 确定,变异系数 $C_{K_{H\alpha}}$ 为

$$C_{K_{H\alpha}} = \frac{\mu_{K_{H\alpha}} - 1}{3\mu_{K_{H\alpha}}} \tag{6-39}$$

式中,$\mu_{K_{H\alpha}}$—— 齿间载荷分配系数的均值。

表 6-9　齿间载荷分配系数 $K_{H\alpha}$

精度等级 n	6	7	8	9
$K_{H\alpha}$	$K_{H\alpha} = 0.25v + 1$	$K_{H\alpha} = 0.001\ 33v + 1.2$	$K_{H\alpha} = 0.008v + 1.05$	$K_{H\alpha} = 0.012v + 1.1$

(4)齿向载荷分布系数 $K_{H\beta}$。接触强度计算的齿向载荷分布系数的均值根据表 6-10 确定,变异系数 $C_{K_{H\beta}}$ 为

$$C_{K_{H\beta}} = \frac{n + 1}{10} \cdot \frac{\mu_{K_{H\beta}} - 1.05}{3\mu_{K_{H\beta}}} \tag{6-40}$$

式中,n—— 接触精度等级;

$\mu_{K_{H\beta}}$—— 齿向载荷分布系数的均值。

载荷系数 K_H 的均值 μ_{K_H} 和变异系数 C_{K_H} 为

$$\mu_{K_H} = \mu_{K_A}\mu_{K_V}\mu_{K_{H\alpha}}\mu_{K_{H\beta}} \tag{6-41}$$

$$C_{K_H} = \sqrt{C_{K_A}^2 + C_{K_V}^2 + C_{K_{H\alpha}}^2 + C_{K_{H\beta}}^2} \tag{6-42}$$

表 6-10 齿向载荷分布系数 $K_{H\beta}$

<table>
<tr><td></td><td colspan="4">对称支承（$s/l<0.1$）</td><td colspan="4">非对称支承（$0.1<s/l<0.3$）</td><td colspan="4">悬背支承（$s/l<0.3$）</td></tr>
<tr><td>结构布局</td><td colspan="4">l s</td><td colspan="4">l s</td><td colspan="4">l s</td></tr>
<tr><td>计算公式</td><td colspan="4">$A+B(B/d_1)^2+C\cdot10^{-3}b$</td><td colspan="4">$A+B[1+0.6(b/d_1)^2](b/d_1)^2+C\cdot10^{-3}b$</td><td colspan="4">$A+B[1+1.67(b/d_1)^2](b/d_1)^2+C\cdot10^{-3}b$</td></tr>
<tr><td colspan="13">b—轮齿工作宽度；d_1—小齿轮分度圆直径</td></tr>
<tr><td rowspan="2">调质齿轮精度等级</td><td colspan="6">装配时不做检验调整</td><td colspan="6">装配时检验调整或对研跑合</td></tr>
<tr><td colspan="2">A</td><td colspan="2">B</td><td colspan="2">C</td><td colspan="2">A</td><td colspan="2">B</td><td colspan="2">C</td></tr>
<tr><td>5</td><td colspan="2">1.07</td><td colspan="2">0.16</td><td colspan="2">0.23</td><td colspan="2">1.03</td><td colspan="2">0.16</td><td colspan="2">0.12</td></tr>
<tr><td>6</td><td colspan="2">1.09</td><td colspan="2">0.16</td><td colspan="2">030</td><td colspan="2">1.04</td><td colspan="2">0.16</td><td colspan="2">0.15</td></tr>
<tr><td>7</td><td colspan="2">1.11</td><td colspan="2">0.16</td><td colspan="2">0.47</td><td colspan="2">1.05</td><td colspan="2">0.16</td><td colspan="2">0.23</td></tr>
<tr><td>8</td><td colspan="2">1.17</td><td colspan="2">0.16</td><td colspan="2">0.61</td><td colspan="2">1.09</td><td colspan="2">0.16</td><td colspan="2">0.31</td></tr>
<tr><td rowspan="3">硬齿面齿轮精度等级</td><td colspan="6">装配时不做检验调整</td><td colspan="6">装配时做检验调整</td></tr>
<tr><td colspan="3">$K_{H\beta}\leqslant1.34$</td><td colspan="3">$K_{H\beta}>1.34$</td><td colspan="3">$K_{H\beta}\leqslant1.34$</td><td colspan="3">$K_{H\beta}>1.34$</td></tr>
<tr><td>A</td><td>B</td><td>C</td><td>A</td><td>B</td><td>C</td><td>A</td><td>B</td><td>C</td><td>A</td><td>B</td><td>C</td></tr>
<tr><td>5</td><td>1.09</td><td>0.26</td><td>0.20</td><td>1.05</td><td>0.31</td><td>0.23</td><td>1.05</td><td>0.26</td><td>0.10</td><td>0.99</td><td>0.31</td><td>0.12</td></tr>
<tr><td>6</td><td>1.09</td><td>0.26</td><td>0.33</td><td>1.05</td><td>0.31</td><td>0.23</td><td>1.05</td><td>0.26</td><td>0.16</td><td>1.0</td><td>0.31</td><td>0.19</td></tr>
</table>

接触应力的均值 μ_{S_H} 和变异系数 C_{S_H} 为

$$\mu_{S_H}=\sqrt{\frac{\mu_{K_H}\mu_{F_t}}{bd_1}\cdot\frac{u\ \pm1}{u}}\cdot Z_H\,\mu_{Z_E}Z_\varepsilon Z_\beta \tag{6-43}$$

$$C_{S_H}=\sqrt{\frac{1}{4}(C_{K_H}^2+C_{F_t}^2)+C_{Z_E}^2} \tag{6-44}$$

齿面接触工作应力的标准差 σ_{S_H} 为

$$\sigma_{S_H}=C_{S_H}\,\mu_{S_H} \tag{6-45}$$

2. 齿面接触疲劳强度分布参数的确定

常规设计中齿面的计算接触疲劳强度极限 δ_H 为

$$\delta_H=K_{HN}\sigma_{Hlim} \tag{6-46}$$

式中，K_{HN}——接触强度计算的寿命系数，其均值按表 6-11 计算，一般变异系数取 $C_{K_{HN}}=0.04$，疲劳循环次数按 $N_L=60njL_h$ 计算；

σ_{Hlim}——试验齿轮接触疲劳极限，它表达齿轮材料的机械性能，指某种材料的齿轮经长期持续的重复载荷作用（一般 $N\geqslant5\times10^7$ 次）后，失效概率为 $F=0.01$ 的极限应力。

其值可由表 6-12 确定,其变异系数按表 6-13 确定。

表 6-11　接触强度寿命系数 K_{HN} 计算公式

材料	疲劳循环次数 N_L	K_{HN} 值或计算公式
调质钢、球墨铸铁、珠光体可锻铸铁、表面硬化钢(允许有一定量点蚀时)	$N_L \leqslant 6 \times 10^5$	1.6
	$6 \times 10^5 < N_L \leqslant 10^7$	$(3 \times 10^8 / N_L)^{0.0766}$
	$10^7 < N_L < 10^9$	$(10^9 / N_L)^{0.057}$
	$10^9 \leqslant N_L$	1
调质钢、球墨铸铁、珠光体可锻铸铁、表面硬化钢(不允许有一定量点蚀时)	$N_L \leqslant 10^5$	1.6
	$10^5 < N_L \leqslant 5 \times 10^7$	$(5 \times 10^7 / N_L)^{0.0766}$
	$5 \times 10^7 < N_L$	1
经气体氮化的调质钢或氮化钢、灰铸钢	$N_L \leqslant 10^5$	1.4
	$10^5 < W_L \leqslant 2 \times 10^6$	$(2 \times 10^6 / N_L)^{0.0875}$
	$2 \times 10^6 < N_L$	1
调质钢经液体氮化	$N_L \leqslant 10^5$	1.1
	$10^5 < N_L \leqslant 2 \times 10^6$	$(2 \times 10^6 / N_L)^{0.0875}$
	$2 \times 10^6 < N_L$	1

注:稳定载荷时,$N_L = 60\,znt$;变载荷时,$N_L = \sum_{i=1}^{n} n_i \left(\frac{T_i}{T_{max}} \right)^3$。

式中,z——齿轮每转一周,同一侧齿面的啮合次数;

n——齿轮的转速,r/min;

t——总工作时间,h;

T_{max}——长期作用的最大扭矩,N · m;

n——第 i 个循环时的转速,r/min;

T_i——第 i 个循环式的扭矩,N · m。

表 6-12　试验齿轮接触疲劳极限 σ_{Hlim} 及弯曲疲劳极限 σ_{Flim}

材料、热处理	σ_{Hlim}	σ_{Flim}	材料、热处理	σ_{Hlim}	σ_{Flim}
碳钢,常化	1.222HBS+226	0.4HBS+116	合金钢,淬火	9.5HRC+687	5.3HRC+428
铸钢,常化	HBS+190	0.4HBS+86	合金钢,渗碳	1 440	420
碳钢,调质	HBS+350	0.34HBS+152	调质钢,氮化	990	340
合金钢,调质	1.5HBS+330	0.4HBS+180	氮化钢,气体氮化	1 250	400
合金铸钢,调质	1.5HBS+250	0.4HBS+140			

表 6-13 试验齿轮接触疲劳极限变异系数 $C_{\sigma_{\mathrm{Hlim}}}$

齿轮精度等级	$C_{\sigma_{\mathrm{Hlim}}}$		
	单件或小批量生产	成批生成	大批生成
6	0.08	0.07	0.06
7	0.09	0.08	0.07
8	0.10	0.09	0.08
9	0.11	0.10	0.09

注:表中数据为苏联的统计资料。

齿轮接触强度极限的均值 $\mu_{\delta_{\mathrm{H}}}$ 和变异系数为 $C_{\delta_{\mathrm{H}}}$ 为

$$\mu_{\delta_{\mathrm{H}}}=\mu_{K_{\mathrm{HN}}}\mu_{\sigma_{\mathrm{Hlim}}} \tag{6-47}$$

$$C_{\delta_{\mathrm{H}}}=\sqrt{C_{K_{\mathrm{HN}}}^{2}+C_{\sigma_{\mathrm{Hlim}}}^{2}} \tag{6-48}$$

齿轮接触强度极限的标准差 $\sigma_{\delta_{\mathrm{H}}}$ 为

$$\sigma_{\delta_{\mathrm{H}}}=C_{\delta_{\mathrm{H}}}\mu_{\delta_{\mathrm{H}}} \tag{6-49}$$

3. 齿面接触疲劳强度的可靠度计算

经对合金钢调质齿轮的疲劳试验证明,试验齿轮接触疲劳极限 σ_{Hlim} 服从对数正态分布,那么当齿轮的工作应力和强度极限均服从对数正态分布时,由

$$\begin{cases}\mu_{\ln S_{\mathrm{H}}}=\ln\mu_{S_{\mathrm{H}}}-\dfrac{1}{2}\sigma_{\ln S_{\mathrm{H}}}^{2}\\ \sigma_{\ln S_{\mathrm{H}}}^{2}=\ln\left[\left(\dfrac{\sigma_{S_{\mathrm{H}}}}{\mu_{S_{\mathrm{H}}}}\right)^{2}+1\right]=\ln\left[(C_{S_{\mathrm{H}}})^{2}+1\right]\end{cases}$$

可计算出齿面接触工作应力对数的均值 $\mu_{\ln S_{\mathrm{H}}}$ 和方差 $\sigma_{\ln S_{\mathrm{H}}}^{2}$。由

$$\begin{cases}\mu_{\ln \delta_{\mathrm{H}}}=\ln\mu_{\delta_{\mathrm{H}}}-\dfrac{1}{2}\sigma_{\ln \delta_{\mathrm{H}}}^{2}\\ \sigma_{\ln \delta_{\mathrm{H}}}^{2}=\ln\left[\left(\dfrac{\sigma_{\delta_{\mathrm{H}}}}{\mu_{\delta_{\mathrm{H}}}}\right)^{2}+1\right]=\ln\left[(C_{\delta_{\mathrm{H}}})^{2}+1\right]\end{cases}$$

可计算出齿面接触疲劳强度对数的均值 $\mu_{\ln \delta_{\mathrm{H}}}$ 和方差 $\sigma_{\ln \delta_{\mathrm{H}}}^{2}$。

由联结方程 $z_R=\dfrac{\mu_{\ln \delta_{\mathrm{H}}}-\mu_{\ln S_{\mathrm{H}}}}{\sqrt{\sigma_{\ln \delta_{\mathrm{H}}}^{2}+\sigma_{\ln S_{\mathrm{H}}}^{2}}}$ 可计算得到可靠性系数,根据 z_R 查标准正态分布表可得可靠度 $R(t)$。

例 6-4 板材校直机主动齿轮为直齿圆柱齿轮传动,其传递扭矩 $T_1=3\ 400$ N·m,转速 $n_1=22.6$ r/min,齿数 $z_1=z_2=29$,模数 $m=6$ mm,变位系数 $x_1=x_2=0.56$,中心距 $a'=180$ mm,齿宽 $b=260$ mm,重合度 $\varepsilon_\alpha=1.36$,齿轮精度等级 8 级,表面粗糙度 $Ra=3.2$ μm。齿轮材料为 40MnB,硬度为 250~280 HBS,使用 5 年,每天工作两班,设备利用率 80%。试校核其接触疲劳强度的可靠度。

解:(1)圆周力的均值

$d_1 = m_1 z_1 = 6 \times 29 = 174\ (\text{mm})$

$$\mu_{F_t} = \frac{1\,000\mu_{T_1}}{d_1/2} = \frac{2\,000\mu_{T_1}}{d_1} = \frac{2\,000 \times 3\,400}{174} = 39\,080.46\ (\text{N})$$

变异系数 $C_{F_t} = 0.03$

(2) 载荷系数 $K_H = K_A K_V K_{H\alpha} K_{H\beta}$

由表 6-7 得使用工况系数 $K_A = 1$

$$v = \frac{\pi n_1 d_1}{60} = \frac{\pi \times 22.6 \times 174}{60} = 205.9\ (\text{mm/s}) = 0.206\ (\text{m/s})$$

由表 6-8 得，动载系数 K_V 为

$$K_V = 1 + 0.001\,25 v z_1 = 1 + 0.001\,25 \times 0.206 \times 29 = 1$$

动载系数变异系数 $C_{K_V} = \dfrac{\mu_{K_V} - 1}{3\mu_{K_V}} = \dfrac{1 - 1}{3 \times 1} = 0$

齿间载荷分配系数 $K_{H\alpha}$，由表 6-9 得

$$K_{H\alpha} = 0.008v + 1.05 = 0.008 \times 0.206 + 1.05 = 1.052$$

变异系数 $C_{K_{H\alpha}} = \dfrac{\mu_{K_{H\alpha}} - 1}{3\mu_{K_{H\alpha}}} = \dfrac{1.052 - 1}{3 \times 1.052} = 0.016\,5$

齿向载荷分布系数 $K_{H\beta}$，由表 6-10 得

$$\begin{aligned} K_{H\beta} &= 1.09 + 0.16 \times \left[1 + 0.6 \times \left(\frac{b}{d_1}\right)^2\right] \times \left(\frac{b}{d_1}\right)^2 + 0.31b \times 10^{-3} \\ &= 1.09 + 0.16 \times \left[1 + 0.6 \times \left(\frac{260}{174}\right)^2\right] \times \left(\frac{260}{174}\right)^2 + 0.31 \times 260 \times 10^{-3} \\ &= 2.006\,4 \end{aligned}$$

变异系数 $C_{K_{H\beta}} = \dfrac{n+1}{10} \cdot \dfrac{\mu_{K_{H\beta}} - 1.05}{3\mu_{K_{H\beta}}} = \dfrac{8+1}{10} \times \dfrac{2.006\,4 - 1.05}{3 \times 2.006\,4} = 0.143\,0$

载荷系数的均值 $\mu_{K_H} = \mu_{K_A} \mu_{K_V} \mu_{K_{H\alpha}} \mu_{K_{H\beta}} = 1 \times 1 \times 1.052 \times 2.006\,4 = 2.110\,7$

载荷系数的变异系数

$$C_{K_H} = \sqrt{C_{K_A}^2 + C_{K_V}^2 + C_{K_{H\alpha}}^2 + C_{K_{H\beta}}^2} = \sqrt{0 + 0 + 0.016\,5^2 + 0.143\,0^2} = 0.143\,9$$

(3) 弹性影响系数

两齿轮均为钢制，故取 $Z_E = 189.8$，变异系数为 $C_{Z_E} = 0.02$

(4) 节点区域系数

啮合角

$$\alpha' = \arccos\left[\frac{m(z_1 + z_2)}{2a'}\cos\alpha\right] = \arccos\left[\frac{6 \times (29 + 29)}{2 \times 180}\cos 20°\right] = 24.719°$$

$$Z_H = \sqrt{\frac{2}{\cos^2\alpha \tan\alpha'}} = \sqrt{\frac{2}{\cos^2 20° \tan 24.719°}} = 2.218$$

(5) 重合度系数 $Z_\varepsilon = \sqrt{\dfrac{4 - \varepsilon_\alpha}{3}} = \sqrt{\dfrac{4 - 1.36}{3}} = 0.938\,1$

(6)齿面接触工作应力均值

$$\mu_{S_{\mathrm{H}}}=\sqrt{\frac{\mu_{K_{\mathrm{H}}}\mu_{F_t}}{bd_1}\cdot\frac{u\pm1}{u}}\cdot Z_{\mathrm{H}}\mu_{Z_{\mathrm{E}}}Z_{\varepsilon}$$

$$=\sqrt{\frac{2.1107\times39080.46}{260\times174}\times\frac{1+1}{1}}\times2.218\times189.8\times0.9381=751.4229\ (\mathrm{MPa})$$

(7)齿面接触工作应力变异系数

$$C_{S_{\mathrm{H}}}=\sqrt{\frac{1}{4}(C_{K_{\mathrm{H}}}^2+C_{F_{\mathrm{t}}}^2)+C_{Z_{\mathrm{E}}}^2}=\sqrt{\frac{1}{4}\times(0.1439^2+0.03^2)+0.02^2}=0.07617$$

(8)齿面接触工作应力对数的均值和方差

$$\sigma_{\ln S_{\mathrm{H}}}^2=\ln(C_{S_{\mathrm{H}}}^2+1)=\ln(0.07617^2+1)=0.005785$$

$$\mu_{\ln S_{\mathrm{H}}}=\ln\mu_{S_{\mathrm{H}}}-\frac{1}{2}\sigma_{\ln S_{\mathrm{H}}}^2=\ln751.4229-\frac{1}{2}\times0.005785=6.6191\ (\mathrm{MPa})$$

(9)接触疲劳强度计算寿命系数

应力循环次数 $N_{\mathrm{L}}=60njL_{\mathrm{h}}=60\times22.6\times1\times5\times300\times16\times80\%=2.604\times10^7$

由表6-11得

$$\mu_{K_{\mathrm{HN}}}=\left(\frac{10^9}{N_{\mathrm{L}}}\right)^{0.057}=\left(\frac{10^9}{2.604\times10^7}\right)^{0.057}=1.231$$

变异系数为 $C_{K_{\mathrm{HN}}}=0.04$。

(10)试验齿轮接触疲劳极限均值及变异系数

由表6-12可取试验齿轮接触疲劳极限均值为

$$\mu_{\sigma_{\mathrm{Hlim}}}=1.5\mathrm{HBS}+330=1.5\times270+330=735\ (\mathrm{MPa})$$

由表6-13可取试验齿轮接触疲劳极限变异系数 $C_{\sigma_{\mathrm{Hlim}}}=0.09$

(11)齿面接触疲劳强度均值及变异系数

$$\mu_{\delta_{\mathrm{H}}}=\mu_{K_{\mathrm{HN}}}\mu_{\sigma_{\mathrm{Hlim}}}=1.231\times735=904.785\ (\mathrm{MPa})$$

$$C_{\delta_{\mathrm{H}}}=\sqrt{C_{K_{\mathrm{HN}}}^2+C_{\sigma_{\mathrm{Hlim}}}^2}=\sqrt{0.04^2+0.09^2}=0.0985$$

(12)齿面接触疲劳强度对数的均值及方差

$$\sigma_{\ln\delta_{\mathrm{H}}}^2=\ln(C_{\delta_{\mathrm{H}}}^2+1)=\ln(0.0985^2+1)=0.00965$$

$$\mu_{\ln\delta_{\mathrm{H}}}=\ln\mu_{\delta_{\mathrm{H}}}-\frac{1}{2}\sigma_{\ln\delta_{\mathrm{H}}}^2=\ln904.785-\frac{1}{2}\times0.00965=6.8029\ (\mathrm{MPa})$$

(13)由联结方程计算可靠度

$$z_R=\frac{\mu_{\ln\delta_{\mathrm{H}}}-\mu_{\ln S_{\mathrm{H}}}}{\sqrt{\sigma_{\ln\delta_{\mathrm{H}}}^2+\sigma_{\ln S_{\mathrm{H}}}^2}}=\frac{6.8029-6.6191}{\sqrt{0.00965+0.005785}}=1.4794$$

由标准正态分布表可查取，当 $z_R=1.4794$ 时，该齿轮接触疲劳强度的可靠度 $R=0.93056$。

圆柱齿轮弯曲疲劳强度可靠性设计

6.2.2.2 齿根弯曲疲劳强度的可靠性设计

1. 齿根弯曲工作应力分布参数的确定

常规设计中齿根弯曲工作应力的计算公式为

$$S_F = \frac{K_F F_t}{bm_n} Y_{Fa} Y_{Sa} Y_\varepsilon Y_\beta \tag{6-50}$$

式中，F_t——齿轮的圆周力，其均值为$\mu_{F_t} = \frac{2\mu_T}{d_1}$，其中$\mu_T$为小齿轮传递的名义转矩的均值（N·mm）（若载荷为最大载荷，则取$C_{F_t}=0$，若载荷精确求得，则取$C_{F_t}=0.03$，若载荷近似求得，则取$C_{F_t}=0.08$）；

K_F——弯曲强度计算载荷系数，包括使用系数K_A、动载系数K_V、弯曲强度计算齿间载荷分配系数$K_{F\alpha}$、弯曲强度计算齿向载荷分布系数$K_{F\beta}$、即$K_F = K_A K_V K_{F\alpha} K_{F\beta}$；

b——齿宽，mm；

m_n——齿轮的法向模数，mm；

Y_{Fa}——齿形系数，均值按表 6－14 查取，变异系数$C_{Y_{Fa}}=0.03$；

Y_{Sa}——应力修正系数，均值按表 6－14 查取，变异系数$C_{Y_{Sa}}=0.04$；

Y_ε——弯曲疲劳强度计算重合度系数，其变异系数取$C_{Y_\varepsilon}=0$，均值为$\mu_{Y_\varepsilon}=0.25+\frac{0.75}{\varepsilon_{\alpha v}}$，$\varepsilon_{\alpha v}$为当量齿轮的重合度$\varepsilon_{\alpha v}=\frac{\varepsilon_\alpha}{\cos^2\beta_b}$；

Y_β——弯曲疲劳强度计算螺旋角系数，其变异系数取$C_{Y_\beta}=0$，均值为$\mu_{Y_\beta}=1-\varepsilon_\beta\frac{\beta}{120°}$，$\varepsilon_\beta$为轴向重合度。

表 6－14　齿形系数 Y_{Fa} 及应力修正系数 Y_{Sa}

$z(z_v)$	17	18	19	20	21	22	23	24	25	26	27	28	29
Y_{Fa}	2.97	2.91	2.85	2.80	2.76	2.72	2.69	2.65	2.62	2.60	2.57	2.55	2.53
Y_{Sa}	1.52	1.53	1.54	1.55	1.56	1.57	1.575	1.58	1.59	1.595	1.60	1.61	1.62
$z(z_v)$	30	35	40	45	50	60	70	80	90	100	150	200	∞
Y_{Fa}	2.52	2.45	2.40	2.35	2.32	2.28	2.24	2.22	2.20	2.18	2.14	2.12	2.06
Y_{Sa}	1.625	1.65	1.67	1.68	1.70	1.73	1.75	1.77	1.78	1.79	1.83	1.865	1.97

注：①基准齿形的参数为$\alpha=20°$、$h_a^*=1$、$c^*=0.25$、$\rho=0.38m$（m为齿轮模数）。

②对内齿轮：当$\alpha=20°$、$h_a^*=1$、$c^*=0.25$、$\rho=0.15m$时，齿形系数$Y_{Fa}=2.053$，应力修正系数$Y_{Sa}=2.65$。

（1）齿间载荷分配系数$K_{F\alpha}$。弯曲疲劳强度计算的齿间载荷分配系数的均值为

$$K_{F\alpha} = 1 + \frac{(n-5)(\varepsilon_\alpha - 1)}{4} \tag{6-51}$$

式中，$\varepsilon_\alpha = \left[1.88 - 3.2\left(\frac{1}{z_1}+\frac{1}{z_2}\right)\right]\cos\beta$，为齿轮传动的端面重合度；$n$为齿轮精度等级。

变异系数$C_{K_{F\alpha}}$为

$$C_{K_{F\alpha}} = \frac{\mu_{K_{F\alpha}} - 1}{3\mu_{K_{F\alpha}}} \tag{6-52}$$

式中，$\mu_{K_{F\alpha}}$—— 弯曲强度计算齿间载荷分配系数的均值。

(2)齿向载荷分布系数 $K_{F\beta}$。弯曲疲劳强度计算的齿向载荷分布系数的均值为

$$K_{F\beta} = 1.5K_{H\beta} - 0.5 \tag{6-53}$$

变异系数 $C_{K_{F\beta}}$ 为

$$C_{K_{F\beta}} = \frac{n+1}{10} \cdot \frac{\mu_{K_{F\beta}} - 1.05}{3\mu_{K_{F\beta}}} \tag{6-54}$$

式中，n—— 接触精度等级；

$\mu_{K_{F\beta}}$—— 弯曲疲劳强度计算齿向载荷分布系数的均值。

弯曲强度计算载荷系数 K_F 的均值 μ_{K_F} 和变异系数 C_{K_F} 为

$$\mu_{K_F} = \mu_{K_A}\mu_{K_V}\mu_{K_{F\alpha}}\mu_{K_{F\beta}} \tag{6-55}$$

$$C_{K_F} = \sqrt{C_{K_A}^2 + C_{K_V}^2 + C_{K_{F\alpha}}^2 + C_{K_{F\beta}}^2} \tag{6-56}$$

齿根弯曲工作应力的均值 μ_{S_F} 和变异系数 C_{S_F} 为

$$\mu_{S_F} = \frac{\mu_{K_F}\mu_{F_t}}{bm_n}\mu_{Y_{Fa}}\mu_{Y_{Sa}}Y_\varepsilon Y_\beta \tag{6-57}$$

$$C_{S_F} = \sqrt{C_{K_F}^2 + C_{F_t}^2 + C_{Y_{Fa}}^2 + C_{Y_{FS}}^2} \tag{6-58}$$

齿根弯曲工作应力的标准差 σ_{S_F} 为

$$\sigma_{S_F} = C_{S_F}\mu_{S_F} \tag{6-59}$$

2. 齿根弯曲疲劳强度分布参数的确定

常规设计中齿根的计算弯曲疲劳强度极限 δ_F 为

$$\delta_F = K_{FN}\sigma_{Flim} \tag{6-60}$$

式中，K_{FN}—— 弯曲疲劳强度计算的寿命系数，其均值按表 6-15 计算，一般变异系数取 $C_{K_{FN}} = 0.04$，疲劳循环次数按 $N_L = 60njL_h$ 计算；

σ_{Flim}—— 试验齿轮弯曲疲劳极限，它表达齿轮材料的机械性能，指某种材料的齿轮经长期持续的重复载荷作用(一般 $N \geqslant 3\times10^6$ 次)后，齿根保持不破坏的极限应力，其值可由表 6-12 确定，一般变异系数取 $C_{\sigma_{Flim}} = 0.09$。

表 6-15 弯曲疲劳强度寿命系数 K_{FN} 的值或计算公式

材料	循环次数	值或计算公式
结构钢和调质钢、球墨铸铁、珠光体可锻铸铁	$N_L \leqslant 10^4$	2.5(变形极限)
	$10^4 < N_L \leqslant 3\times10^6$	$\left(\frac{3\times10^6}{N_L}\right)^{0.16}$
	$3\times10^6 < N_L$	1
渗碳淬火钢、表面硬化钢	$N_L \leqslant 10^3$	2.5(断裂极限)
	$10^3 < N_L \leqslant 3\times10^6$	$\left(\frac{3\times10^6}{N_L}\right)^{0.115}$
	$3\times10^6 < N_L$	1

续表 6-15

材料	循环次数	值或计算公式
经气体氮化的调质钢或氮化钢、灰铸铁	$N_L \leqslant 10^3$	1.6(断裂极限)
	$10^3 < N_L \leqslant 3\times 10^6$	$\left(\frac{3\times 10^6}{N_L}\right)^{0.059}$
	$3\times 10^6 < N_L$	1
调质钢经液体氮化	$N_L \leqslant 10^3$	1.1(断裂极限)
	$10^3 < N_L \leqslant 3\times 10^6$	$\left(\frac{3\times 10^6}{N_L}\right)^{0.012}$
	$3\times 10^6 < N_L$	1

齿根弯曲疲劳强度的均值 μ_{δ_F} 和变异系数 C_{δ_F} 为

$$\mu_{\delta_F} = \mu_{K_{FN}}\mu_{\sigma_{Flim}} \tag{6-61}$$

$$C_{\delta_F} = \sqrt{C_{K_{FN}}^2 + C_{\sigma_{Flim}}^2} \tag{6-62}$$

齿轮弯曲强度极限的标准差 σ_{δ_F} 为

$$\sigma_{\delta_F} = C_{\delta_F}\mu_{\delta_F} \tag{6-63}$$

3. 齿根弯曲疲劳强度的可靠度计算

关于齿根弯曲应力的分布规律，学者有不同的结论，有的认为服从 Γ 分布，有的认为服从对数正态分布。这里采用对数正态分布作为齿根弯曲工作应力的分布规律。那么，当齿轮的弯曲工作应力和强度极限均服从对数正态分布时，由

$$\begin{cases} \mu_{\ln S_F} = \ln\mu_{S_F} - \dfrac{1}{2}\sigma_{\ln S_F}^2 \\ \sigma_{\ln S_F}^2 = \ln\left[\left(\dfrac{\sigma_{S_F}}{\mu_{S_F}}\right)^2 + 1\right] = \ln\left(C_{S_F}^2 + 1\right) \end{cases}$$

可计算出齿根弯曲工作应力对数的均值 $\mu_{\ln S_F}$ 和方差 $\sigma_{\ln S_F}^2$。由

$$\begin{cases} \mu_{\ln \delta_F} = \ln\mu_{\delta_F} - \dfrac{1}{2}\sigma_{\ln \delta_F}^2 \\ \sigma_{\ln \delta_F}^2 = \ln\left[\left(\dfrac{\sigma_{\delta_F}}{\mu_{\delta_F}}\right)^2 + 1\right] = \ln\left(C_{\delta_F}^2 + 1\right) \end{cases}$$

可计算出齿根弯曲疲劳强度对数的均值 $\mu_{\ln \delta_F}$ 和方差 $\sigma_{\ln \delta_F}^2$。

由联结方程 $z_R = \dfrac{\mu_{\ln \delta_F} - \mu_{\ln S_F}}{\sqrt{\sigma_{\ln \delta_F}^2 + \sigma_{\ln S_F}^2}}$ 可计算得到可靠性系数，根据 z_R 查正态分布表可得可靠度 $R(t)$。

例 6-5　设计一级斜齿圆柱齿轮减速器，已知输入功率 $P_1 = 50$ kW，转速 $n_1 = 960$ r/min，传动比 $i=3$，由电动机驱动，工作寿命 15 年，两班制，工作时有轻微振动，要求可靠度 $R(t) = 0.999$。

解：(1) 选择材料、精度等级

齿轮材料：小齿轮 40MnB，48 ~ 55 HRC，表面淬火；大齿轮 35SiMn，40 ~ 50 HRC，表面淬火

精度等级 8 级

由表 6-12 得，齿轮接触疲劳极限为

$\sigma_{\mathrm{Hlim1}} = 9.5\mathrm{HRC} + 687 = 9.5 \times 50 + 687 = 1\,162\ (\mathrm{MPa})$

$\sigma_{\mathrm{Hlim2}} = 9.5\mathrm{HRC} + 687 = 9.5 \times 45 + 687 = 1\,114.5\ (\mathrm{MPa})$

(2)初选齿数和螺旋角

齿数 $z_1 = 25, z_2 = i \times z_1 = 3 \times 25 = 75$

螺旋角初选 $\beta = 12^\circ$

(3)初估小齿轮分度圆直径、圆周速度

由表 6-7 得，使用工况系数 $K_{\mathrm{A}} = 1.25$

$$T_1 = 9.55 \times 10^6 \times \frac{P_1}{n_1} = 9.55 \times 10^6 \times \frac{50}{960} = 4.974 \times 10^5 (\mathrm{N \cdot mm})$$

$$Z_\beta = \sqrt{\cos\beta} = \sqrt{\cos 12^\circ} = 0.989$$

齿宽系数取 $\varphi_{\mathrm{d}} = 1$

$$d_1 \geqslant 2.32 \sqrt[3]{\frac{K_{\mathrm{A}} T_1}{\varphi_{\mathrm{d}}} \cdot \frac{u+1}{u} \cdot \left(\frac{Z_{\mathrm{E}} Z_\beta}{[\sigma_{\mathrm{H}}]}\right)^2}$$

$$= 2.32 \times \sqrt[3]{\frac{1.25 \times 4.974 \times 10^5}{1} \cdot \frac{3+1}{3} \cdot \left(\frac{189.8 \times 0.989}{1\,114.5}\right)^2}$$

$$= 66.468\,3\ (\mathrm{mm})$$

$$v = \frac{\pi n_1 d_1}{60 \times 1\,000} = \frac{\pi \times 960 \times 66.468\,3}{60 \times 1\,000} = 3.341\ (\mathrm{m/s})$$

(4)计算圆周力均值

$$\mu_{F_t} = \frac{1\,000 P_1}{v} = \frac{1\,000 \times 50}{3.341} = 14\,965.58\ (\mathrm{N})$$

变异系数取 $C_{F_t} = 0.03$

(5)计算载荷系数 K_{F}

$K_{\mathrm{F}} = K_{\mathrm{A}} K_{\mathrm{V}} K_{\mathrm{F\alpha}} K_{\mathrm{F\beta}}$

由表 6-8 得，动载系数 K_{V} 为

$K_{\mathrm{V}} = 1 + 0.000\,63 v z_1 = 1 + 0.000\,63 \times 3.341 \times 25 = 1.052\,6$

动载系数变异系数

$$C_{K_{\mathrm{V}}} = \frac{\mu_{K_{\mathrm{V}}} - 1}{3\mu_{K_{\mathrm{V}}}} = \frac{1.052\,6 - 1}{3 \times 1} = 0.017\,53$$

齿间载荷分配系数 $K_{\mathrm{F\alpha}}$，由式(6-51)得

$$\varepsilon_\alpha = \left[1.88 - 3.2\left(\frac{1}{z_1} + \frac{1}{z_2}\right)\right] \cos\beta = \left[1.88 - 3.2 \times \left(\frac{1}{25} + \frac{1}{75}\right)\right] \cos 12^\circ = 1.672$$

$$K_{\mathrm{F\alpha}} = 1 + \frac{(n-5)(\varepsilon_\alpha - 1)}{4} = 1 + \frac{(8-5) \times (1.672 - 1)}{4} = 1.504$$

变异系数

$$C_{K_{F\alpha}} = \frac{\mu_{K_{F\alpha}} - 1}{3\mu_{K_{F\alpha}}} = \frac{1.504 - 1}{3 \times 1.504} = 0.1117$$

齿向载荷分布系数 K_{F_β}，由表6-10得

$$\begin{aligned} K_{H\beta} &= 1.09 + 0.16 \times (1 + 0.6 \times \varphi_d^2) \times \varphi_d^2 + 0.31b \times 10^{-3} \\ &= 1.09 + 0.16 \times (1 + 0.6 \times 1^2) \times 1^2 + 0.31 \times 66.4683 \times 10^{-3} \\ &= 1.3666 \end{aligned}$$

上式中，$\varphi_d = \dfrac{b}{d_1}$，当 $\varphi_d = 1$ 时 $b = d_1$。

由式(6-53)得

$$K_{F\beta} = 1.5K_{H\beta} - 0.5 = 1.5 \times 1.3666 - 0.5 = 1.5499$$

变异系数

$$C_{K_{F\beta}} = \frac{n+1}{10} \times \frac{\mu_{K_{F_\beta}} - 1.0526}{3\mu_{K_{F_\beta}}} = \frac{8+1}{10} \times \frac{1.5499 - 1.0526}{3 \times 1.5499} = 0.09626$$

载荷系数的均值

$$\mu_{K_F} = \mu_{K_A}\mu_{K_V}\mu_{K_{F\alpha}}\mu_{K_{F\beta}} = 1.25 \times 1.0526 \times 1.504 \times 1.5499 = 3.067$$

载荷系数的变异系数

$$C_{K_F} = \sqrt{C_{K_A}^2 + C_{K_V}^2 + C_{K_{F\alpha}}^2 + C_{K_{F\beta}}^2} = \sqrt{0 + 0.01753^2 + 0.1117^2 + 0.09626^2} = 0.1485$$

(6)齿形系数与应力校正系数

当量齿数

$$z_{1v} = \frac{z_1}{\cos^3\beta} = \frac{25}{\cos^3 12^\circ} = 26.71$$

$$z_{2v} = \frac{z_2}{\cos^3\beta} = \frac{75}{\cos^3 12^\circ} = 80.14$$

由表6-15得齿形系数均值 $\mu_{Y_{Fa1}} = 2.62$，$\mu_{Y_{Fa2}} = 2.23$，变异系数取 $C_{Y_{Fa}} = 0.03$。

应力校正系数均值 $\mu_{Y_{Sa1}} = 1.59$，$\mu_{Y_{Sa2}} = 1.77$，变异系数取 $C_{Y_{Sa}} = 0.04$。

(7)螺旋角系数

$$\varepsilon_\beta = \frac{b\sin\beta}{\pi m_n} = \frac{\varphi_d m_n z_1}{\cos\beta} \cdot \frac{\sin\beta}{\pi m_n} = \frac{\varphi_d z_1}{\pi}\tan\beta = \frac{1 \times 25}{\pi}\tan 12^\circ = 1.6915$$

$$\mu_{Y_\beta} = 1 - \varepsilon_\beta \frac{\beta}{120^\circ} = 1 - 1.6915 \times \frac{12^\circ}{120^\circ} = 0.831\text{，变异系数 } C_{Y_\beta} = 0$$

(8)重合度系数

$$\alpha_t = \arctan\frac{\tan\alpha_n}{\cos\beta} = \arctan\frac{\tan 20^\circ}{\cos 12^\circ} = \arctan 0.3721 = 20.41^\circ$$

$$\beta_b = \arctan(\tan\beta\cos\alpha_t) = \arctan(\tan 12^\circ\cos 20.41^\circ) = \arctan 0.199213 = 11.267^\circ$$

当量齿轮的重合度 $\varepsilon_{\alpha v} = \dfrac{\varepsilon_\alpha}{\cos^2\beta_b} = \dfrac{1.672}{\cos^2 11.267^\circ} = 1.73836$

$$\mu_{Y_\varepsilon}=0.25+\frac{0.75}{\varepsilon_{\alpha v}}=0.25+\frac{0.75}{1.738\ 36}=0.681\ 4$$

(9)齿根弯曲工作应力均值

$$\mu_{S_{F1}}=\frac{\mu_{K_F}\mu_{F_t}}{bm_n}\mu_{Y_{Fa1}}\mu_{Y_{Sa1}}\mu_{Y_\varepsilon}\mu_{Y_\beta}=\frac{\mu_{K_F}\mu_{F_t}}{(\varphi_d m_n z_1/\cos\beta)m_n}\mu_{Y_{Fa1}}\mu_{Y_{Sa1}}\mu_{Y_\varepsilon}\mu_{Y_\beta}$$

$$=\frac{\mu_{K_F}\mu_{F_t}\cos\beta}{\varphi_d m_n^2 z_1}\mu_{Y_{Fa1}}\mu_{Y_{Sa1}}\mu_{Y_\varepsilon}\mu_{Y_\beta}$$

$$=\frac{3.067\times 14\ 965.58\times\cos 12^\circ}{m_n^2\times 25}\times 2.62\times 1.59\times 0.681\ 4\times 0.831$$

$$=\frac{4\ 236.17}{m_n^2}\ (\mathrm{MPa})$$

$$\mu_{S_{F2}}=\frac{\mu_{K_F}\mu_{F_t}}{bm_n}\mu_{Y_{Fa2}}\mu_{Y_{Sa2}}\mu_{Y_\varepsilon}\mu_{Y_\beta}=\frac{\mu_{K_F}\mu_{F_t}}{(\varphi_d m_n z_1/\cos\beta)m_n}\mu_{Y_{Fa2}}\mu_{Y_{Sa2}}\mu_{Y_\varepsilon}\mu_{Y_\beta}$$

$$=\frac{\mu_{K_F}\mu_{F_t}\cos\beta}{\varphi_d m_n^2 z_1}\mu_{Y_{Fa2}}\mu_{Y_{Sa2}}\mu_{Y_\varepsilon}\mu_{Y_\beta}$$

$$=\frac{3.067\times 14\ 965.58\times\cos 12^\circ}{m_n^2\times 25}\times 2.23\times 1.77\times 0.681\ 4\times 0.831$$

$$=\frac{4\ 013.77}{m_n^2}\ (\mathrm{MPa})$$

(10)齿根弯曲工作应力变异系数

$$C_{S_F}=\sqrt{C_{K_F}^2+C_{F_t}^2+C_{Y_{Fa}}^2+C_{Y_{Sa}}^2}=\sqrt{0.148\ 5^2+0.03^2+0.03^2+0.04^2}=0.159\ 5$$

(11)齿根弯曲工作应力对数的均值和方差

$$\sigma_{\ln S_{F1}}^2=\ln(C_{S_F}^2+1)=\ln(0.159\ 5^2+1)=0.025$$

$$\mu_{\ln S_{F1}}=\ln\mu_{S_{F1}}-\frac{1}{2}\sigma_{\ln S_{F1}}^2=\ln\frac{4\ 236.17}{m_n^2}-\frac{1}{2}\times 0.025=8.338\ 9-2\ln m_n$$

$$\sigma_{\ln S_{F2}}^2=\ln(C_{S_F}^2+1)=\ln(0.159\ 5^2+1)=0.025$$

$$\mu_{\ln S_{F2}}=\ln\mu_{S_{F2}}-\frac{1}{2}\sigma_{\ln S_{F2}}^2=\ln\frac{4\ 013.77}{m_n^2}-\frac{1}{2}\times 0.025=8.285\ 0-2\ln m_n$$

(12)弯曲疲劳强度计算寿命系数

应力循环次数为

$$N_{L1}=60\mathrm{n}_1 jL_h=60\times 960\times 1\times 15\times 300\times 16=4.147\times 10^9$$

$$N_{L2}=\frac{N_{L1}}{u}=\frac{4.147\times 10^9}{3}=1.382\times 10^9$$

由表 6-16 得 $\mu_{K_{FN1}}=\mu_{K_{FN2}}=1$

变异系数为 $C_{K_{FN1}}=C_{K_{FN1}}=0.04$

(13)试验齿轮弯曲疲劳极限均值及变异系数

由表 6-12 得试验齿轮弯曲疲劳极限均值为

$$\sigma_{Flim1}=5.3\mathrm{HRC}+428=5.3\times 50+428=693\ (\mathrm{MPa})$$

$$\sigma_{Flim2}=5.3\mathrm{HRC}+428=5.3\times 45+428=666.5\ (\mathrm{MPa})$$

试验齿轮弯曲疲劳极限变异系数取 $C_{\sigma_{\mathrm{Flim1}}} = C_{\sigma_{\mathrm{Flim2}}} = 0.09$

(14)弯曲疲劳强度均值及变异系数

$$\mu_{\delta_{F1}} = \mu_{K_{FN1}}\mu_{\sigma_{\mathrm{Flim1}}} = 1 \times 693 = 693\ (\mathrm{MPa})$$

$$\mu_{\delta_{F2}} = \mu_{K_{FN2}}\mu_{\sigma_{\mathrm{Flim2}}} = 1 \times 666.5 = 666.5\ (\mathrm{MPa})$$

$$C_{\delta_{F1}} = \sqrt{C_{K_{FN1}}^2 + C_{\sigma_{\mathrm{Flim1}}}^2} = \sqrt{0.04^2 + 0.09^2} = 0.098\,5$$

$$C_{\delta_{F2}} = \sqrt{C_{K_{FN2}}^2 + C_{\sigma_{\mathrm{Flim2}}}^2} = \sqrt{0.04^2 + 0.09^2} = 0.098\,5$$

(15)弯曲疲劳强度对数的均值及方差

$$\sigma_{\ln\delta_{F1}}^2 = \ln(C_{\delta_{F1}}^2 + 1) = \ln(0.098\,5^2 + 1) = 0.009\,65$$

$$\mu_{\ln\delta_{F1}} = \ln\mu_{\delta_{F1}} - \frac{1}{2}\sigma_{\ln\delta_{F1}}^2 = \ln 693 - \frac{1}{2} \times 0.009\,65 = 6.536\ (\mathrm{MPa})$$

$$\sigma_{\ln\delta_{F2}}^2 = \ln(C_{\delta_{F2}}^2 + 1) = \ln(0.098\,5^2 + 1) = 0.009\,65$$

$$\mu_{\ln\delta_{F2}} = \ln\mu_{\delta_{F2}} - \frac{1}{2}\sigma_{\ln\delta_{F2}}^2 = \ln 666.5 - \frac{1}{2} \times 0.009\,65 = 6.497\ (\mathrm{MPa})$$

(16)由联结方程计算可靠度

当可靠度 $R=0.999$ 时，$z_R=3.09$

由 $z_R = \dfrac{\mu_{\ln\delta_F} - \mu_{\ln S_F}}{\sqrt{\sigma_{\ln\delta_F}^2 + \sigma_{\ln S_F}^2}}$ 得

$$\frac{\mu_{\ln\delta_{F1}} - \mu_{\ln S_{F1}}}{\sqrt{\sigma_{\ln\delta_{F1}}^2 + \sigma_{\ln S_{F1}}^2}} = \frac{6.536 - 8.338\,9 + 2\ln m_n}{\sqrt{0.009\,65 + 0.025}} = 3.09\text{，解得 } m_n = 3.28$$

$$\frac{\mu_{\ln\delta_{F2}} - \mu_{\ln S_{F2}}}{\sqrt{\sigma_{\ln\delta_{F2}}^2 + \sigma_{\ln S_{F2}}^2}} = \frac{6.497 - 8.285\,0 + 2\ln m_n}{\sqrt{0.009\,65 + 0.025}} = 3.09\text{，解得 } m_n = 3.26$$

取模数 $m_n = 3.5\ \mathrm{mm}$

中心距

$$a = \frac{m_n(z_1 + z_2)}{2}\cos\beta = \frac{3.5 \times (25 + 75)}{2 \times \cos 12^\circ} = 178.91\ (\mathrm{mm})$$

取中心距 $a = 180\ \mathrm{mm}$

螺旋角

$$\beta = \arccos\left[\frac{m_n(z_1 + z_2)}{2a}\right] = \arccos\left[\frac{3.5 \times (25 + 75)}{2 \times 180}\right] = 13.536^\circ$$

分度圆直径

$$d_1 = m_n z_1 \cos\beta = 3.5 \times 25 \times \cos 13.536^\circ = 85\ (\mathrm{mm})$$

$$d_2 = d_1 u = 85 \times 3 = 255\ (\mathrm{mm})$$

6.3　给定载荷下可靠寿命的预测

可靠寿命定义为满足一定可靠度要求的寿命，确定可靠寿命的目的是要将产品在使用期内发生破坏的概率限制在规定的最小范围内。因此,对产品进行可靠寿命的预测是可靠性工程的重要内容之一。承受对称或不对称循环的等幅变应力的机械零件的疲劳寿命,其分布函数一般服从对数正态分布或威布尔分布。

6.3.1 疲劳寿命服从对数正态分布

在对称循环等幅变应力作用下的零件或试件,其疲劳寿命达到破坏的循环次数 N 通常服从对数正态分布,其失效概率函数为

$$F(N)=\Phi(z)=\Phi\left(\frac{\ln N-\mu}{\sigma}\right)=\int_{-\infty}^{z}\frac{1}{\sqrt{2\pi}}\exp\left[-\frac{1}{2}z^2\right]\mathrm{d}z \tag{6-64}$$

可靠度函数为

$$R(N)=1-F(N)=1-\Phi(z)=1-\Phi\left(\frac{\ln N-\mu}{\sigma}\right) \tag{6-65}$$

$$z_R=\frac{\ln N-\mu}{\sigma}$$

故

$$\ln N=z_R\sigma+\mu$$

其中

$$\begin{cases}\mu=\mu_{\ln N}=\ln\mu_N-\dfrac{1}{2}\sigma_{\ln N}^2\\[2ex]\sigma^2=\sigma_{\ln N}^2=\ln\left[\left(\dfrac{\sigma_N}{\mu_N}\right)^2+1\right]\end{cases} \tag{6-66}$$

则可靠度为 R 时的可靠寿命 N_R 为

$$N_R=\exp(z_R\sigma+\mu) \tag{6-67}$$

例 6-6 某零件在对称循环等幅变应力 $S=700$ MPa 的载荷工况下工作。根据该零件的疲劳寿命试验数据,知其达到破坏的循环次数服从对数正态分布,且其均值和标准差分别为 $\mu_N=22\ 026$,$\sigma_N=3\ 771$,求该零件可靠度为 0.999 时的可靠寿命 N_R。

解: 当可靠度 $R=0.999$ 时,$z_R=3.09$

由式(6-66)得

$$\sigma^2=\ln\left[\left(\frac{\sigma_N}{\mu_N}\right)^2+1\right]=\ln\left[\left(\frac{3\ 771}{22\ 026}\right)^2+1\right]=0.028\ 89$$

$$\mu=\ln\mu_N-\frac{1}{2}\sigma_{\ln N}^2=\ln 22\ 026-\frac{1}{2}\times 0.028\ 89=10$$

$$\sigma=\sqrt{\sigma^2}=\sqrt{0.028\ 89}=0.17$$

由式(6-67)得

$$N_R=\exp(z_R\sigma+\mu)=\exp(3.09\times 0.17+10)=37\ 246(\text{次})$$

6.3.2 疲劳寿命服从威布尔分布

威布尔分布常用来描述零件的疲劳寿命。它是依据最弱环模型建立起来的一种分布。凡是由于局部失效而引起的全局功能失效,都服从威布尔分布,尤其适合于疲劳寿命的分布。

当疲劳寿命服从威布尔分布时,其失效概率函数为

$$F(N)=1-\exp\left[-\left(\frac{N-\gamma}{\eta}\right)^{m}\right] \tag{6-68}$$

可靠度函数为

$$R(N)=\exp\left[-\left(\frac{N-\gamma}{\eta}\right)^{m}\right]\quad (N\geqslant\gamma) \tag{6-69}$$

则可靠度为 R 时的可靠寿命为

$$N_R=\gamma+\eta\left(\ln\frac{1}{R}\right)^{\frac{1}{m}} \tag{6-70}$$

6.3.3　滚动轴承的疲劳寿命与可靠度

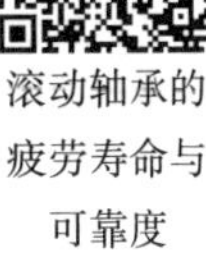

滚动轴承的疲劳寿命与可靠度

滚动轴承的主要失效形式为疲劳点蚀、磨损和塑性变形。滚动轴承是最早具有可靠性指标的机械零件，在选择滚动轴承时，常以基本额定寿命作为计算标准。基本额定寿命就是指一组轴承中 10% 的轴承失效，而 90% 的轴承不发生失效时的转数(以 10^6 r 为单位)或工作小时数。

1. 滚动轴承寿命与可靠度之间的关系

大量寿命试验和理论分析验证，滚动轴承在等幅变应力作用下，其疲劳寿命服从威布尔分布，常用的是二参数威布尔分布，轴承疲劳寿命 N 的失效概率为

$$F(N)=1-\exp\left[-\left(\frac{N}{\eta}\right)^{m}\right] \tag{6-71}$$

式中，N——循环次数，通常以 10^6 r 为单位；

m——威布尔分布的形状参数，大量统计资料表明，对于球轴承 $m=\frac{10}{9}$，对于圆柱滚子轴承 $m=\frac{3}{2}$，对于圆锥滚子轴承 $m=\frac{4}{3}$。

轴承疲劳寿命 N 的可靠度为

$$R(N)=\exp\left[-\left(\frac{N}{\eta}\right)^{m}\right] \tag{6-72}$$

则可靠度 $R(N)$ 对应的疲劳寿命 N 为

$$N=\eta\left[-\ln R(N)\right]^{\frac{1}{m}} \tag{6-73}$$

在工程实践中，滚动轴承均按可靠度为 90% 时的额定寿命 L_{10} 作为依据，则

$$L_{10}=N_{90}=\eta\left[-\ln 0.9\right]^{\frac{1}{m}} \tag{6-74}$$

由式(6-73)、式(6-74)得可靠度为任意给定值 $R(N)$ 时的轴承寿命为

$$N=L_{1-R}=L_{10}\left[\frac{\ln R(N)}{\ln 0.9}\right]^{\frac{1}{m}} \tag{6-75}$$

令

$$a=\left[\frac{\ln R(N)}{\ln 0.9}\right]^{\frac{1}{m}} \tag{6-76}$$

则式(6-75)可简化为

$$L_{1-R}=aL_{10} \tag{6-77}$$

式中，a——滚动轴承寿命可靠性系数，其值如表6-16所示。

表6-16 滚动轴承寿命可靠性系数 a 值

可靠度 $R(t)$/%	50	80	85	90	92	95	96	97	98	99
轴承寿命	L_{50}	L_{20}	L_{15}	L_{10}	L_8	L_5	L_4	L_3	L_2	L_1
球轴承	5.45	1.96	1.48	1.00	0.81	0.62	0.53	0.44	0.33	0.21
滚子轴承	3.51	1.65	1.34	1.00	0.86					
圆锥滚子轴承	4.11	1.75	1.38	1.00	0.84					

2. 滚动轴承的额定动载荷与可靠度之间的关系

在轴承设计中，根据疲劳寿命曲线推出的轴承额定动载荷与寿命之间的关系为

$$L_{10}=\left(\frac{C}{P}\right)^{\varepsilon}\times 10^{6} \tag{6-78}$$

式中，C—— 额定动载荷，N；

P—— 当量动载荷，N；

ε—— 疲劳寿命指数，对于球轴承 $\varepsilon=3$，对于滚子轴承 $\varepsilon=\dfrac{10}{3}$。

若用小时表示，则式(6-78)可转换成

$$L_{10}=\frac{10^{6}}{60n}\left(\frac{C}{P}\right)^{\varepsilon} \tag{6-79}$$

考虑到不同的可靠度、不同的轴承材料和润滑条件时，式(6-79)修正为

$$L_{1-R}=abc\left(\frac{C}{P}\right)^{\varepsilon}\frac{10^{6}}{60n} \tag{6-80}$$

式中，a—— 寿命可靠性系数，见表 6 - 16；

b—— 材料系数，对于普通轴承钢，$b=1$；

c—— 润滑系数，一般条件下取 $c=1$。

当 $b=c=1$ 时，由式(6-80)可得

$$C=\left(\frac{1}{a}\right)^{\frac{1}{\varepsilon}}\left(\frac{60nL_{1-R}}{10^{6}}\right)^{\frac{1}{\varepsilon}}P \tag{6-81}$$

式(6-81)可简化为

$$C=K\left(\frac{60nL_{1-R}}{10^{6}}\right)^{\frac{1}{\varepsilon}}P \tag{6-82}$$

式中，K——额定动载荷可靠性系数，其值见表6-17。

表 6-17　滚动轴承额定动载荷可靠性系数

<table>
<tr><td>可靠度 $R(t)/\%$</td><td>50</td><td>80</td><td>85</td><td>90</td><td>92</td><td>95</td><td>96</td><td>97</td><td>98</td><td>99</td></tr>
<tr><td>球轴承</td><td>0.568 3</td><td>0.798 4</td><td>0.878 7</td><td>1.00</td><td>1.073</td><td rowspan="3">1.155</td><td rowspan="3">1.209</td><td rowspan="3">1.282</td><td rowspan="3">1.391</td><td rowspan="3">1.60</td></tr>
<tr><td>滚子轴承</td><td>0.686 1</td><td>0.860 6</td><td>0.917 0</td><td>1.00</td><td>1.048</td></tr>
<tr><td>圆锥滚子轴承</td><td>0.654 5</td><td>0.844 6</td><td>0.907 1</td><td>1.00</td><td>1.054</td></tr>
</table>

例 6-7　有一深沟球轴承，$d=35$ mm，受径向压力 $F_r=6\ 000$ N 作用，转速 $n=400$ r/min，工作寿命 $t=5\ 000$ h。

(1) 若要求可靠度 $R(t)=0.9$，试选择合适的轴承；

(2) 若要求可靠度 $R(t)=0.95$，试选择合适的轴承。

解：(1) 由表 6-17 得，该轴承额定动载荷可靠性系数 $K=1$

由式(6-82)得该轴承额定动载荷

$$C=K\left(\frac{60nL_{1-R}}{10^6}\right)^{\frac{1}{\varepsilon}}P=1\times\left(\frac{60\times400\times5\ 000}{10^6}\right)^{\frac{1}{3}}\times6\ 000=29\ 594.545\ (\text{N})$$

查轴承型号表，选取轴承型号为 6307。

(2) 由表 6-17 得，该轴承额定动载荷可靠性系数 $K=1.155$

由式(6-82)得该轴承额定动载荷

$$C=K\left(\frac{60nL_{1-R}}{10^6}\right)^{\frac{1}{\varepsilon}}P=1.155\times\left(\frac{60\times400\times5\ 000}{10^6}\right)^{\frac{1}{3}}\times6\ 000=34\ 181.699\ (\text{N})$$

查轴承型号表，选取轴承型号为 6407。

思考：若只有轴承 6307，而要求可靠度为 0.95，则可允许承担的径向载荷多大？

查轴承型号表可得，轴承 6307 的基本额定动载荷为 33 200 N。

由式(6-82)得，可承担径向载荷为

$$P=\frac{C}{K\left(\frac{60nL_{1-R}}{10^6}\right)^{\frac{1}{\varepsilon}}}=\frac{33\ 200}{1.155\times\left(\frac{60\times400\times5\ 000}{10^6}\right)^{\frac{1}{3}}}=5\ 827.68\ (\text{N})$$

习题

6-1　某零件的作用载荷为脉动循环变应力，当应力水平 $S_1=13\ \text{kN/cm}^2$，$S_2=22\ \text{kN/cm}^2$ 时，其失效循环次数分别为 $N_1=1.3\times10^5$ 次，$N_2=0.6\times10^4$ 次。若该零件在应力水平 $S=16\ \text{kN/cm}^2$ 的条件下工作，试求其疲劳寿命。

6-2　对 30CrMnSiA 钢制试样，其理论应力集中系数为 3，试绘制：

(1) 在寿命 $N=1\times10^5$ 次的均值疲劳极限线图；

(2) 可靠度 $R=0.999$ 的疲劳极限图。

6-3　某零件的强度和应力均服从正态分布，其危险截面上的工作应力 $\mu_S=438$ MPa，$\sigma_S=30$ MPa，由试验所得的 $P-S-N$ 曲线查得在 $N=1\times10^5$ 次的时候，$\mu_{S_{-1}}=$

530 MPa，$\mu_{S_{-1}}-3\sigma_{S_{-1}}=450$ MPa。试求在 $N=1\times10^5$ 处不产生疲劳失效的可靠度。

6-4 某试件在最大应力 $S_{max}=20$ MPa 和 $\gamma=0.1$ 的变应力作用下，测得一组试件的疲劳寿命为 124，134，135，138，140，147，154，160，166，181（千次），试估计该试件的可靠度为 0.999、0.9、0.5 时总体的安全寿命 $N_{0.999}$、$N_{0.9}$、$N_{0.5}$。

6-5 试件以 10 个一组分别采用不同的最大应力 S_1、S_2、S_3、S_4进行疲劳试验，其应力循环不对称系数 $\gamma=0.1$，测得的对数疲劳寿命如表 6-18 所示。已知对数疲劳寿命服从正态分布，试绘制：

（1）此 4 个不同应力水平下的 $P-N$ 曲线；

（2）$R=0.999$、0.9、0.5 三种可靠度下的 $P-S-N$ 曲线。

表 6-18 题 6-5 试件对数疲劳寿命表

序号	对数疲劳寿命 $T_i=\ln N_i$				可靠度 R/%
	$S_1=200$ MPa	$S_2=170$ MPa	$S_3=140$ MPa	$S_4=120$ MPa	
1	1.914	2.093	2.325	2.721	90.91
2	1.914	2.127	2.360	2.851	81.82
3	1.929	2.130	2.435	2.859	72.73
4	1.964	2.140	2.441	2.938	63.64
5	1.964	2.146	2.470	3.012	54.55
6	1.982	2.167	2.471	3.015	45.45
7	1.982	2.188	2.501	3.082	36.36
8	1.996	2.204	2.459	3.136	27.27
9	2.029	2.220	2.582	3.138	18.18
10	2.063	2.248	2.612	3.165	9.09

6-6 某转轴承受 $n=30$ 级的等幅变应力，应力水平 $S=500$ MPa、10 MPa、790 MPa，循环次数 $N_i=10\ 000$、200、4 200 时，对数疲劳寿命均值 $\mu_{\ln N}=11.2$、0.1、8.3，对数疲劳寿命标准差 $\sigma_{\ln N}=0.208$、0.001、0.179。试求该转轴在这 30 级应力下工作了 $N_m=\sum_{i=1}^{n}N_i=213\ 000$ 次循环的可靠度。

第 7 章　机械系统可靠性设计

系统可靠性在可靠性工程中是经常遇到的。对系统进行可靠性分析，在整个可靠性理论与实践中占有很重要的地位。

随着科学技术的发展，系统的复杂程度越来越高，而系统越复杂则其发生[illegible]可能性就越大。例如，若组成系统的零部件的可靠度都等于 99.9%，那么由 40 个[illegible]件组成的串联系统的可靠度约等于 96%，而由 400 个零部件组成的串联系统的可靠度约等于 67%。某些复杂系统包括成千上万个零部件（如导弹和宇宙飞船等），那么，为了保证系统的可靠度，就得对零部件的可靠度提出更高的要求，从而迫使人们必须提高组成系统的零部件的可靠度。但受材料及工艺水平的限制，零部件的可靠度可能无法达到要求，或者即使达到要求，也会导致系统成本大大增加。这就使系统的可靠性问题显得特别突出，人们也给予了应有的重视和研究。

7.1　系统可靠性设计概论

系统可靠性
设计概论

7.1.1　系统可靠性与单元可靠性

系统是由某些相互协调工作的零部件、子系统组成的为了完成某一特定功能的综合体。系统与[illegible]元的概念是相对的，由具体研究对象确定。例如，研究汽车系统，其传动、车架、悬架、转向、制动等部分均为组成汽车系统的单元；当研究传动系统时，其中的减速器、差速器、车轮则为其中的一个单元。系统的单元可以是子[illegible]统、部件或零件。

系统可以分为不可修复系统和可修复系统，不可修复系统是因为技术上无法修复或经济上不值得修复的一次性使用产品，当系统出现失效时，直接报废；可修复系统一旦出现故障，通过修复而恢复其正常的功能。大多数机械设备属于可修复系统。

系统的可靠性不仅与组成该系统的各单元可靠性有关，而且与组成该系统的各单元的组合方式和相互匹配有关，组合方式不同，系统的可靠性模型也不同。系统在工作过程中，其可靠性会逐步降低。

机械系统可靠性设计的目的有两个：①在满足规定可靠性指标、完成预定功能的前提下，使系统的技术性能、质量指标、制造成本及使用寿命达到最优化；②在满足性能、重量、成本、寿命的前提下，设计出高可靠性的系统。因此，机械系统可靠性设计可归纳为两种类型：

（1）可靠性预测。按照已知零部件或单元的可靠性数据，根据各单元的组合方式计算系统的可靠性指标。

（2）可靠性分配。按照已给定的系统可靠性指标，依据各单元的组合方式，对组成系统的各单元进行可靠性分配。

很多情况下，上述两种类型需要联合使用，首先要根据各单元的可靠性、计算预测系统的可靠性，看它是否满足规定的系统可靠性指标，若不能满足要求，则还需要将系统规定的可靠性指标重新分配到组成系统的各个单元，然后对系统进行可靠性指标验证。

7.1.2 系统可靠性模型

为了对机械系统的可靠性进行计算和设计，需要建立系统可靠性模型。常用的方法是首先明确系统的工作情况以及系统功能与单元功能之间的关系，然后建立系统可靠性框图，按照已经建立好的系统可靠性框图，建立系统与单元之间的可靠性逻辑关系和数量关系，即建立相应的数学模型。数学模型用数学表达式来表示系统可靠性与单元可靠性之间的函数关系，以此来预测系统可靠性或进行系统可靠性设计。

系统的可靠性框图是描述系统的功能和组成系统的单元之间的可靠性功能关系，用方框表示单元功能，每一个方框表示一个单元，方框之间用短线连接起来，表示系统为完成规定功能各单元之间的逻辑关系，为计算系统可靠度提供数学模型。例如由两个阀门及一根导管组成的简单系统，其结构如图 7-1 所示。对于该系统，如果要求该系统能可靠地疏通，则阀门打开属于正常工作状态，阀门 1 和阀门 2 必须同时处于正常工作状态才能使系统正常工作，该系统的可靠性框图属串联关系，如图 7-2 所示。如果要求该系统能可靠地截流，则阀门关上属于正常工作状态，阀门 1 和阀门 2 只要有一个能正常工作，系统就能正常工作，其系统的可靠性框图属并联关系，如图 7-3 所示。

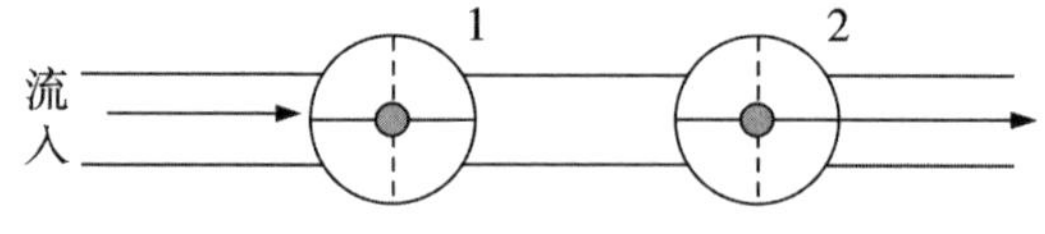

图 7-1 管子阀门系统结构

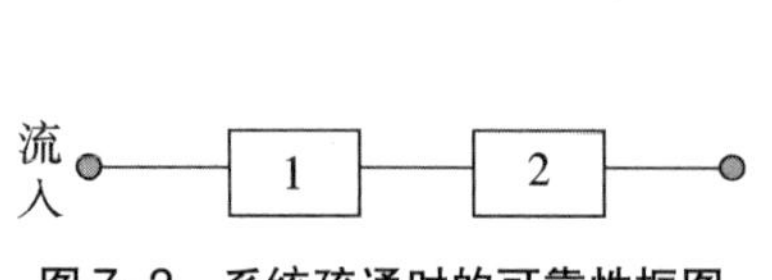

图 7-2 系统疏通时的可靠性框图

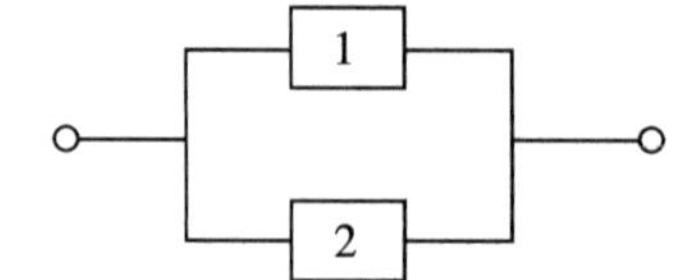

图 7-3 系统截流时的可靠性框图

由于系统可靠性框图只表明各单元功能与系统功能的逻辑关系，不表明各单元之间结构上的关系，因此各单元之间在系统可靠性框图中的排列次序无关紧要。

7.2 不可修复系统可靠性预测

不可修复系统可靠性预测

可靠性预测是在设计阶段进行的定量估计未来产品的可靠性的方法。它运用以往的工程经验、故障数据，尤其以元器件、零部件的失效率作为依据，预报产品实际可能达到的可靠度。

对于机械类产品而言，其可靠性预测具有不同于电子类产品的一些特点：

(1)产品往往为特定用途而设计，其通用性不强，标准化程度不高；

(2)产品的故障率通常不是定值，故障率会随疲劳、损耗及应力引起的故障而增加；

(3)机械产品的可靠性与电子产品可靠性相比，对载荷、使用方式和利用率更加敏感。

由于机械类产品的这些特点，其故障率往往是非常分散的，利用已知的数据库中的统计数据进行预测会不准确，精度也无法保证，因此有必要对产品的可靠性进行比较深入的研究，在产品的设计阶段进行较为精确的可靠性预测。可靠性预测分为单元可靠性预测和系统可靠性预测。

在下面介绍的常用典型系统可靠性计算中，为简化计算，假设系统及其组成单元均可能处于两种状态——正常和失效，另外各单元所处的状态是相互独立的。

7.2.1 单元可靠性预测

系统是由许多单元组成的，因此系统可靠性预测是以单元可靠性为基础的，在可靠性预测中首先进行单元(特别是系统中的关键零部件)的可靠性预测。

预测单元的可靠度，首先确定单一的基本失效率 λ_G，它们是在一定的环境条件下(包括一定的试验条件、使用条件)得到的，设计时可从手册、资料中查得。世界各发达国家均设有可靠性数据收集部门，专门收集、整理、提供各种可靠性数据，在有条件的情况下也可进行有关试验，得到某些元器件或零部件的失效率。表 7-1 给出了一些机械零部件的基本失效率。

单元的基本失效率 λ_G 确定以后，就根据其使用条件确定其应用失效率，即单元在现场使用中的失效率。它既可以使用现场实测的失效率数据，也可以根据不同的使用环境选取相应的修正系数 K_F 值，按下式对基本失效率进行修正：

$$\lambda = K_F \lambda_G \tag{7-1}$$

表 7-1　一些机械零部件的基本失效率 λ_G　　　单位:10^{-5}/h

零部件		λ_G
向心球轴承	低速轻载	0.003 ~ 0.17
	高速轻载	0.05 ~ 0.35
	高速中载	0.2 ~ 2
	高速重载	1 ~ 8
滚子轴承		0.2 ~ 2.5
齿轮	轻载	0.[illegible] ~ 0.1
	普通载荷	0.01 ~ 0.3
	重载	0.1 ~ 0.5
普通轴		0.01 ~ 0.05
轮毂销钉或键		0.000 5 ~ 0.05
螺钉、螺栓		0.000 5 ~ 0.012
拉簧、压簧		0.5 ~ 7

零部件		λ_G
密封元件	O 形密封圈	0.002 ~ 0.006
	酚醛塑料	0.005 ~ 0.25
	橡胶密封圈	0.002 ~ 0.10
联轴器	挠性	0.1 ~ 1
	刚性	10 ~ 60
齿轮箱体	仪表用	0.000 5 ~ 0.004
	普通用	0.002 5 ~ 0.02
凸齿轮	轻载	0.000 2 ~ 0.1
	有载推动	1 ~ 2

表 7-2 给出的失效率修正系数只是一些选择范围,具体环境下的数据应查阅有关资料。

表 7-2　失效率修正系数 K_F 值

环境条件					
实验室设备	固定底面设备	活动地面设备	船载设备	飞机设备	导弹设备
1 ~ 2	5 ~ 20	10 ~ 30	15 ~ 40	25 ~ 100	200 ~ 1 000

在机械系统中,单元多为零部件,而机械产品中的零部件都是经过磨合阶段才能正常工作,因此其失效率基本保持不变,处于偶然失效期时可靠度函数服从指数分布,即

$$R(t) = e^{-\lambda t} \tag{7-2}$$

在完成了组成系统的单元的可靠性预测后,就可进行系统的可靠性预测。

7.2.2　串联系统可靠性预测

串联系统的特征是只有所有单元都正常工作,系统才能正常工作,其中任一个单元失效,系统就失效。由 n 个单元组成的串联系统的可靠性框图如图 7-4 所示。

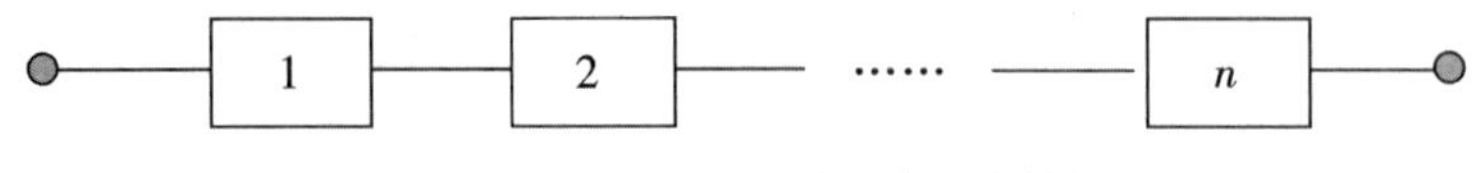

图 7-4　n 个单元的串联系统可靠性框图

设系统正常工作时间(寿命)这一随机变量为 t,组成该系统的第 i 个单元的正常工作时间为随机变量 $t_i(i=1,2,3,\cdots,n)$,则在串联系统中,要使系统能正常运行,就必须要求 n 个单元都能同时正常工作,且要求每一个单元的正常工作时间 $t_i(i=1,2,3,\cdots,n)$ 都大于系统正常工作时间 t,因此按概率的乘法定理即可靠度的定义,系统可靠度可表示为

$$R_s(t)=P(t_1>t)P(t_2>t)\cdots P(t_n>t)=R_1(t)R_2(t)\cdots R_n(t)=\prod_{i=1}^{n}R_i(t) \quad (7-3)$$

由式(7-3)可见,串联系统可靠度 $R_s(t)$ 与组成系统的单元数量 n 及单元的可靠度 $R_i(t)$ 有关。图7-5描述了单元可靠度相同的情况下,单元数及单元可靠度对系统可靠度的影响,随着单元数量的增加和单元可靠度的减小,串联系统的可靠度将迅速降低。

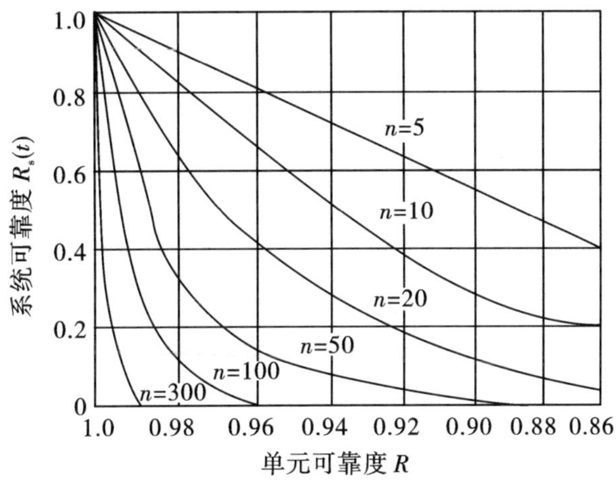

图7-5　等可靠度的 n 个相同单元的串联系统的可靠度 $R_s(t)$

若各单元失效率为常数 $\lambda_i(t)$,则系统的可靠度为

$$R_s(t)=\prod_{i=1}^{n}R_i(t)=\prod_{i=1}^{n}e^{-\lambda_i t}=e^{-\sum_{i=1}^{n}\lambda_i t}=e^{-\lambda_s t} \quad (7-4)$$

式(7-4)表明,串联系统的失效率 $\lambda_s(t)$ 是 n 个单元失效率 $\lambda_i(t)(i=1,2,\cdots,n)$ 之和,即

$$\lambda_s(t)=\lambda_1(t)+\lambda_2(t)+\cdots+\lambda_n(t) \quad (7-5)$$

则串联系统的失效率也为常数,其寿命也服从指数分布,串联系统的平均寿命为

$$\theta_s=\frac{1}{\lambda_s(t)} \quad (7-6)$$

例7-1　已知某串联系统由3个服从指数分布的单元组成,3个单元的失效率分别为 $\lambda_1=0.000\ 3/\text{h}$,$\lambda_2=0.000\ 1/\text{h}$,$\lambda_3=0.000\ 2/\text{h}$,工作时间 $t=1\ 000$ h。试求系统失效率、平均寿命和可靠度。

解:系统的失效率

$$\lambda_s=\lambda_1+\lambda_2+\lambda_3=0.000\ 3/\text{h}+0.000\ 1/\text{h}+0.000\ 2/\text{h}=0.000\ 6/\text{h}$$

系统的平均寿命 $\theta_s=\dfrac{1}{\lambda_s(t)}=\dfrac{1}{0.000\ 6}=1\ 666.67\ (\text{h})$

系统的可靠度 $R_s(t)=e^{-\lambda_s t}=e^{-0.0006\times 1000}=0.5488$

7.2.3 并联系统可靠性预测

并联系统的特征是其中任一个单元正常工作,系统就能正常工作,只有组成系统的所有单元全部失效,系统才失效。由 n 个单元组成的并联系统的可靠性框图如图 7-6 所示。

设在并联系统中各单一的可靠度为 $R_i(t)(i=1,2,\cdots,n)$,则各单元的失效概率为 $[1-R_i(t)](i=1,2,\cdots,n)$。若单元的失效是相互独立的,则由 n 个单元组成的并联系统的失效概率 $F_s(t)$ 可根据概率乘法定理表达为

$$F_s(t)=\prod_{i=1}^{n}F_i(t)=\prod_{i=1}^{n}[1-R_i(t)] \tag{7-7}$$

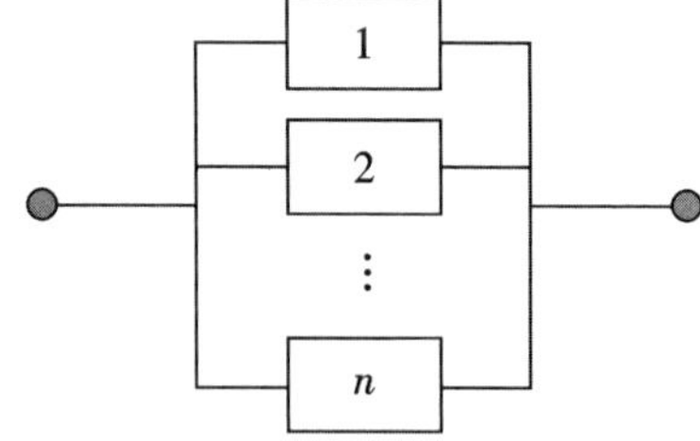

图 7-6　并联系统可靠性框图

并联系统的可靠度为

$$R_s(t)=1-F_s(t)=1-\prod_{i=1}^{n}[1-R_i(t)] \tag{7-8}$$

由式(7-8)可见,并联系统的可靠度大于系统中任何一个单元的可靠度,且并联单元数越多,系统的可靠度越大。图 7-7 描述了单元可靠度相同的情况下,单元数及单元可靠度对系统可靠度的影响。由图 7-7 可知,随着单元数 n 及单元可靠度 R 的增大,系统可靠度 R_s 增大。

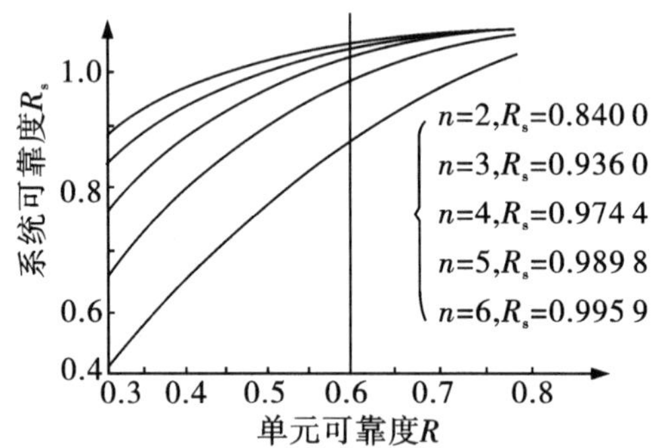

图 7-7　并联系统可靠度与单元数及单元可靠度的关系

系统的失效率为

$$\lambda_s(t)=\frac{F_s'(t)}{R_s(t)}=-\frac{R_s'(t)}{R_s(t)} \tag{7-9}$$

在机械系统中,应用较多的是 $n=2$ 的情况,当单元失效率相同时,并联系统的可靠度为

$$R_s(t)=1-F_s(t)=1-(1-R)^2=2R-R^2 \tag{7-10}$$

若各单元寿命服从指数分布,则系统的可靠度为

$$R_s=2R-R^2=e^{-\lambda t}(2-e^{-\lambda t}) \tag{7-11}$$

系统的失效率为

$$\lambda_s(t)=-\frac{R'_s(t)}{R_s(t)}=-\frac{2\lambda e^{-\lambda t}(e^{-\lambda t}-1)}{e^{-\lambda t}(2-e^{-\lambda t})}=2\lambda\frac{e^{-\lambda t}-1}{2-e^{-\lambda t}} \tag{7-12}$$

系统失效率曲线如图 7-8 所示。由图 7-8 可见,当单元的失效率为常数时,并联系统的失效率不是常数,而随着时间 t 的增加而增大,$\lambda_s(t)$ 将趋于 λ,因此并联系统的寿命不再服从指数分布。

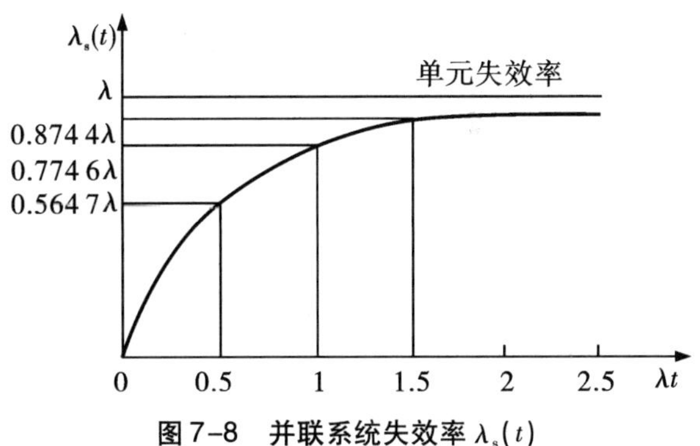

图 7-8　并联系统失效率 $\lambda_s(t)$

系统工作的平均寿命 θ_s 为

$$\theta_s=\int_0^\infty R_s(t)\,dt=\int_0^\infty e^{-\lambda t}(2-e^{-\lambda t})\,dt=\frac{2}{\lambda}-\frac{1}{2\lambda}=\frac{3}{2\lambda}=1.5\theta \tag{7-13}$$

式中,λ—— 单元的失效率;

θ ——单元的平均寿命。

当两个单元失效率不相等,即 $R_1\neq R_2$ 时,系统的可靠度为

$$R_s=1-(1-R_1)(1-R_2)=1-(1-e^{-\lambda_1 t})(1-e^{-\lambda_2 t})=e^{-\lambda_1 t}+e^{-\lambda_2 t}-e^{-(\lambda_1+\lambda_2)t} \tag{7-14}$$

系统的失效率为

$$\lambda_s(t)=-\frac{R'_s(t)}{R_s(t)}=\frac{\lambda_1 e^{-\lambda_1 t}+\lambda_2 e^{-\lambda_2 t}-(\lambda_1+\lambda_2)e^{-(\lambda_1+\lambda_2)t}}{e^{-\lambda_1 t}+e^{-\lambda_2 t}-e^{-(\lambda_1+\lambda_2)t}} \tag{7-15}$$

系统的平均寿命为

$$\theta_s=\int_0^\infty R_s(t)\,dt=\int_0^\infty[e^{-\lambda_1 t}+e^{-\lambda_2 t}-e^{-(\lambda_1+\lambda_2)t}]\,dt=\frac{1}{\lambda_1}+\frac{1}{\lambda_2}-\frac{1}{\lambda_1+\lambda_2} \tag{7-16}$$

7.2.4　混联系统可靠性预测

一般混联系统是由若干个串联和并联子系统混合组成的系统,其可靠性逻辑框图如图 7-9(a)所示。

混联系统的可靠性预测可以把该系统转化为等效的串联系统或等效的并联系统进行计算,如图 7-9(b)、(c)所示。其计算步骤如下:

(1)计算子系统 s_1、s_2的可靠度 R_{s_1}、R_{s_2}

$R_{s_1}(t)=R_1(t)R_2(t)R_3(t)$

$R_{s_2}(t)=R_4(t)R_5(t)$

(2)计算子系统 s_3、s_4的可靠度 R_{s_3}、R_{s_4}

$R_{s_3}(t)=1-[1-R_{s_1}(t)][1-R_{s_2}(t)]$

$R_{s_4}(t)=1-[1-R_6(t)][1-R_7(t)]$

(3)计算等效串联系统的可靠度

$R_s(t)=R_{s_3}(t)R_{s_4}(t)R_8(t)$

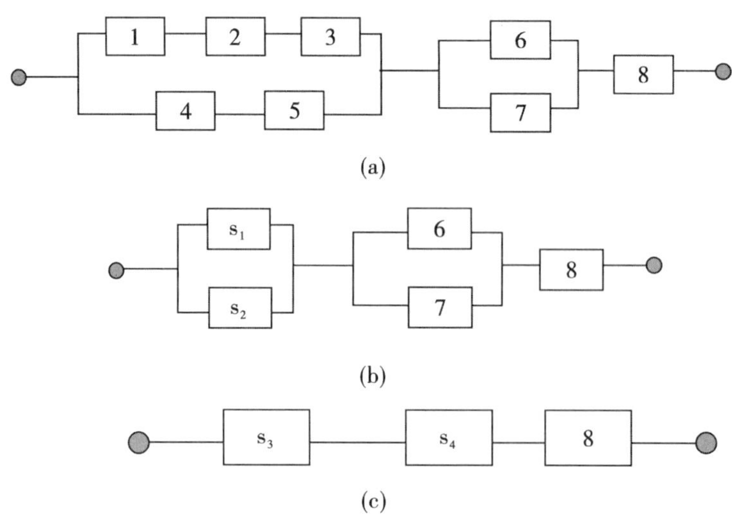

图 7-9 混联系统可靠性框图及简化过程

例 7-2 若在 $m=n=5$ 的并-串联系统(图 7-10)与串-并联系统(图 7-11)中,单元可靠度均为 $R(t)=0.75$,试分别求出这两个系统的可靠度。

解:(1)对于并-串联系统

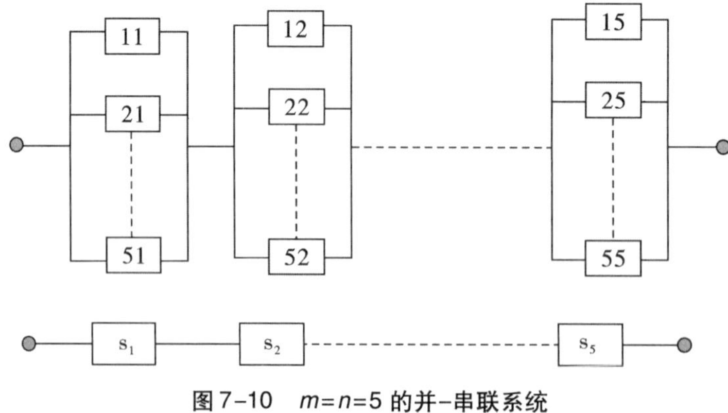

图 7-10 $m=n=5$ 的并-串联系统

$R_{s_1}(t)=R_{s_2}(t)=\cdots=R_{s_5}(t)=1-[1-R(t)]^5$

$R_s(t)=\{1-[1-R(t)]^5\}^5=[1-(1-0.75)^5]^5=0.995\ 13$

(2)对于串-并联系统

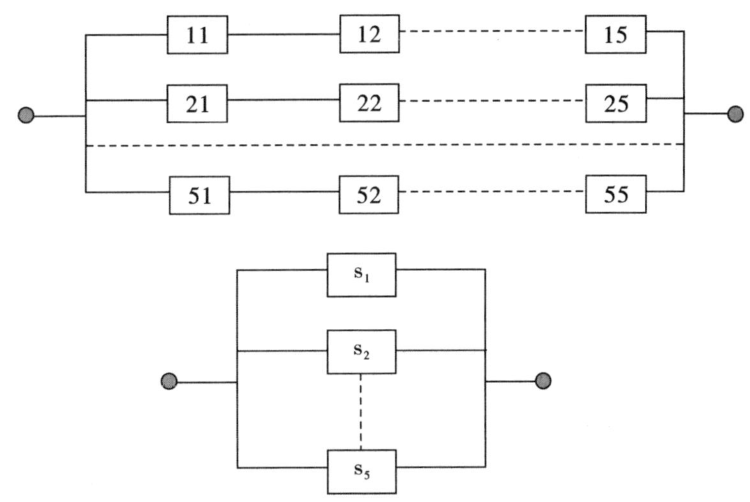

图 7-11　$m=n=5$ 的串-并联系统

$$R_s(t)=1-[1-R^5(t)]^5=1-[1-0.75^5]^5=0.741\ 92$$

由上述求解可得出结论:单元数目和单元可靠度相同的情况下,先并联再串联系统的可靠度大于先串联再并联系统的可靠度。

7.2.5　表决系统可靠性预测

在组成系统的 n 个单元中,至少 k 个单元正常工作,系统才能正常工作,当失效单元数大于 $n-k$ 时,系统就失效,这样的系统称为 k/n 表决系统。其可靠性框图如图 7-12 所示。

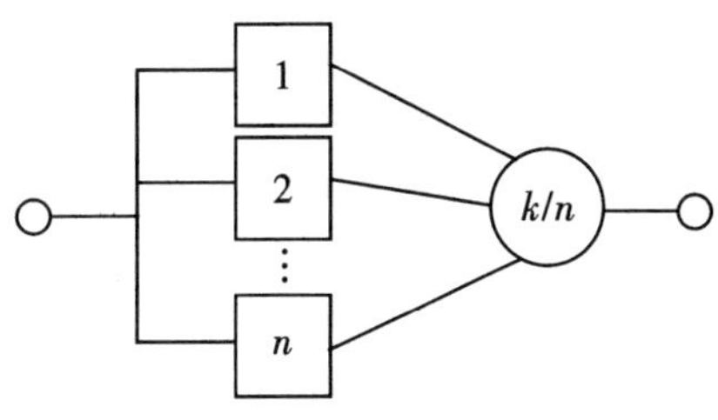

图 7-12　k/n 表决系统

当 $k=1$ 时,$1/n$ 表决系统就是并联系统;当 $k=n$ 时,n/n 表决系统就是串联系统。因此,并联系统和串联系统是表决系统的两个特例。

图 7-13 所示为一个超静定铰接桁架。在此系统中,构件 1、2、9、10 是必要构件,它们中任何一个失效都会导致该桁架系统失效。构件 3、4、5、6、7、8 这 6 个构件中只要有 5 个构件正常工作,系统就可以正常工作,它们中间若失效构件数大于 1,系统就会失效,这个系统就称为 5/6 表决系统。

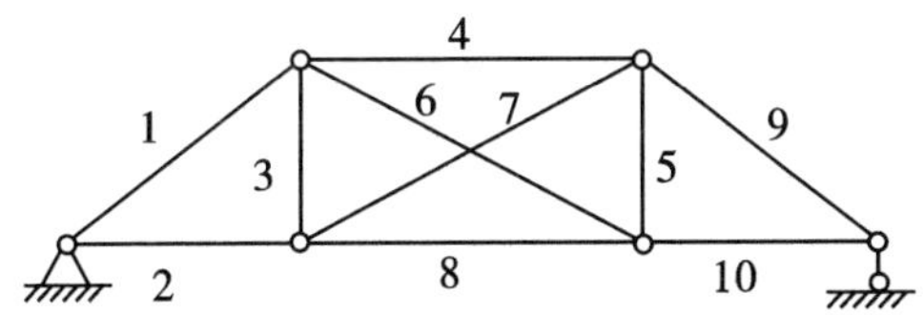

图 7-13　超静定铰接桁架

7.2.5.1 2/3 表决系统

机械系统中常用的是2/3 表决系统,其可靠性框图如图 7-14 所示。

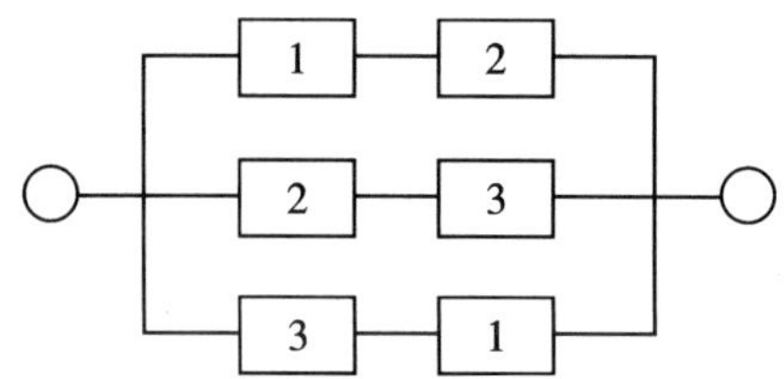

图 7-14 2/3 表决系统可靠性框图

由图 7-14 可知,该2/3 表决系统要正常工作,有四种情况:

(1)单元1 和单元2 正常工作,单元3 失效;

(2)单元2 和单元3 正常工作,单元1 失效;

(3)单元1 和单元3 正常工作,单元2 失效;

(4)单元1、单元2 和单元3 都正常工作。

若单元1、单元2 和单元3 的可靠度分别为 $R_1(t)$、$R_2(t)$、$R_3(t)$,则按概率乘法定理及加法定理,可求得系统的可靠度为

$$R_s(t)=R_1(t)R_2(t)[1-R_3(t)]+[1-R_1(t)]R_2(t)R_3(t)+R_1(t)[1-R_2(t)]R_3(t)+R_1(t)R_2(t)R_3(t) \tag{7-17}$$

当单元寿命为指数分布时,系统的可靠度为

$$\begin{aligned}R_s(t)&=e^{-\lambda_1 t}e^{-\lambda_2 t}[1-e^{-\lambda_3 t}]+[1-e^{-\lambda_1 t}]e^{-\lambda_2 t}e^{-\lambda_3 t}+e^{-\lambda_1 t}[1-e^{-\lambda_2 t}]e^{-\lambda_3 t}+e^{-\lambda_1 t}e^{-\lambda_2 t}e^{-\lambda_3 t}\\&=e^{-(\lambda_1+\lambda_2+\lambda_3)t}(e^{-\lambda_1 t}+e^{\lambda_2 t}+e^{\lambda_3 t}-2)\end{aligned} \tag{7-18}$$

系统的平均寿命为

$$\begin{aligned}\theta_s&=\int_0^\infty R_s(t)\,dt=\int_0^\infty e^{-(\lambda_1+\lambda_2+\lambda_3)t}(e^{-\lambda_1 t}+e^{\lambda_2 t}+e^{\lambda_3 t}-2)\,dt\\&=\frac{1}{\lambda_1(t)+\lambda_2(t)}+\frac{1}{\lambda_2(t)+\lambda_3(t)}+\frac{1}{\lambda_3(t)+\lambda_1(t)}-\frac{1}{\lambda_1(t)+\lambda_2(t)+\lambda_3(t)}\end{aligned} \tag{7-19}$$

当 $R_1(t)=R_2(t)=R_3(t)=R(t)$ 时,系统可靠度为

$$R_s(t)=3R^2(t)-2R^3(t) \tag{7-20}$$

当系统单元可靠度相同,且可靠度相等时,系统的平均寿命为

$$\begin{aligned}\theta_s&=\int_0^\infty R_s(t)\,dt=\int_0^\infty [3R^2(t)-2R^3(t)]\,dt\\&=\int_0^\infty [3e^{-2\lambda t}-2e^{-3\lambda t}]\,dt=\frac{3}{2\lambda(t)}-\frac{2}{3\lambda(t)}=\frac{5}{6}\times\frac{1}{\lambda(t)}=\frac{5}{6}\theta\end{aligned} \tag{7-21}$$

7.2.5.2 *k/n* 表决系统

在 k/n 表决系统中,当各个单元可靠度相同,即 $R_1(t)=R_2(t)=\cdots=R_n(t)=R$ 时,系统可靠度为

$$R_s = R^n + C_n^1 R^{n-1}(1-R) + C_n^2 R^{n-2}(1-R)^2 + \cdots + C_n^{n-k} R^k (1-R)^{n-k} \quad (7-22)$$

当单元寿命服从指数分布,且各个单元失效率相同,即 $\lambda_1(t)=\lambda_2(t)=\cdots=\lambda_n(t)=\lambda$ 时,系统平均寿命为

$$\theta_s = \int_0^\infty R_s(t)\,dt = \frac{1}{n\lambda} + \frac{1}{(n-1)\lambda} + \frac{1}{(n-2)\lambda} + \cdots + \frac{1}{k\lambda} \quad (7-23)$$

当 $k=1$ 时,系统为并联系统,其可靠度为

$$R_s = R^n + C_n^1 R^{n-1}(1-R) + C_n^2 R^{n-2}(1-R)^2 + \cdots + C_n^{n-1} R (1-R)^{n-1} \quad (7-24)$$

系统平均寿命为

$$\theta_s = \int_0^\infty R_s(t)\,dt = \frac{1}{n\lambda} + \frac{1}{(n-1)\lambda} + \frac{1}{(n-2)\lambda} + \cdots + \frac{1}{\lambda} = \left(1 + \frac{1}{2} + \cdots + \frac{1}{n}\right)\theta \quad (7-25)$$

例 7-3　设每个单元的可靠度 $R=e^{-\lambda t}$,单元失效率 $\lambda=0.001/h$,工作时间 $t=100$ h,求:

(1)三单元串联系统的可靠度 R_{s_1} 和平均寿命 θ_{s_1};

(2)三单元并联系统的可靠度 R_{s_2} 和平均寿命 θ_{s_2};

(3)2/3 表决系统的可靠度 R_{s_3} 和平均寿命 θ_{s_3}。

解:(1)当 $t=100$ h 时,单元可靠度 $R(100)=e^{-0.001\times100}=0.904\,8$

三单元串联系统的可靠度 $R_{s_1}=R^3=0.904\,8^3=0.741\,2$

三单元串联系统的平均寿命 $\theta_{s_1}=\dfrac{1}{3\lambda}=\dfrac{1}{3\times0.001}=333.33$ (h)

(3)单元并联系统的可靠度 $R_{s_2}=1-(1-R)^3=1-(1-0.904\,8)^3=0.999$

三单元并联系统的平均寿命 $\theta_{s_2}=\left(1+\dfrac{1}{2}+\dfrac{1}{3}\right)\times\dfrac{1}{0.001}=1\,833.33$ (h)

(3)2/3 表决系统的可靠度

$R_s(t)=3R^2(t)-2R^3(t)=3\times0.904\,8^2-2\times0.904\,8^3=0.974\,5$

平均寿命 $\theta_s=\dfrac{3}{2\lambda}-\dfrac{2}{3\lambda}=\dfrac{5}{6}\times\dfrac{1}{0.001}=833.33$ (h)

由上述求解过程可得出如下结论:

(1)表决系统的可靠度大于串联系统的可靠度,并联系统的可靠度大于表决系统的可靠度。

(2)表决系统的平均寿命大于串联系统的平均寿命,并联系统的平均寿命大于表决系统平均寿命。

7.2.6　储备系统可靠性预测

并联系统中只有一个单元工作,其他单元不工作而作为储备,当工作单元失效时,通过转化装置使储备单元逐个替换,将失效单元换下,使系统工作不至于中断,直到所有单元都发生故障时,系统才失效,则这种系统称为储备系统。其可靠性框图如图 7-15 所示。

在由 n 个单元构成的储备系统中,如果故障监测和转换装置的可靠度很高(接近

100%,使其不影响系统可靠度),在给定的时间 t 内,只要累计的失效单元数不到 n 个,则系统就不会失效。

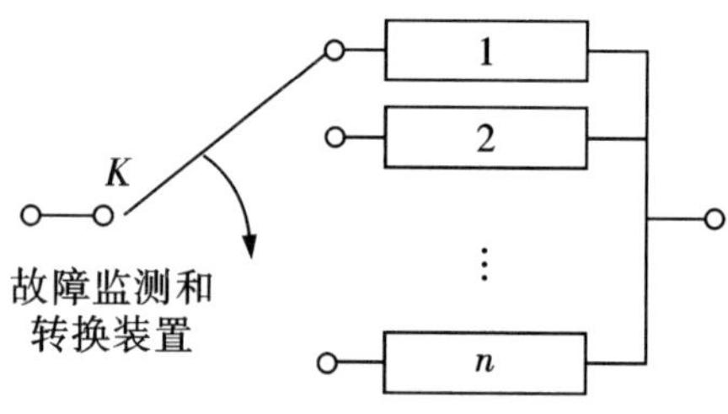

图 7-15 储备系统可靠性框图

若各单元的失效率 $\lambda_1(t) = \lambda_2(t) = \cdots = \lambda_n(t) = \lambda$,则储备系统的可靠度可用泊松分布的部分求和公式来计算,即

$$R_s(t) = P(k < n) = \sum_{k=0}^{n-1} \frac{(\lambda t)^k}{k!} e^{-\lambda t} \quad (7\text{-}26)$$

当 $n=2$ 时,该储备系统的可靠度为

$$R_s(t) = e^{-\lambda t}(1 + \lambda t) \quad (7\text{-}27)$$

平均寿命为

$$\theta_s = \int_0^{+\infty} R_s(t)\,dt = \int_0^{+\infty} e^{-\lambda t}(1 + \lambda t)\,dt = \frac{2}{\lambda} = 2\theta \quad (7\text{-}28)$$

7.2.7 复杂系统可靠性预测

在工程实际中,有些系统并不是由简单的串并联系统组合而成,如图 7-16 所示的电桥,系统由 A、B、C、D、E 五个部分组成,当开关 E 打开时,电机 A 向设备 B 供电,电机 C 向设备 D 供电。如果电机 C 发生故障,合上开关 E,由电机 A 向设备 B 和 D 供电。该系统不能使用典型的数学模型加以计算,只能用分析其“正常”与“失效”的各种状态的布尔真值表法来计算其可靠度,故此方法又称为状态穷举法。它是一种比较直观的、用于复杂系统的可靠度计算方法。

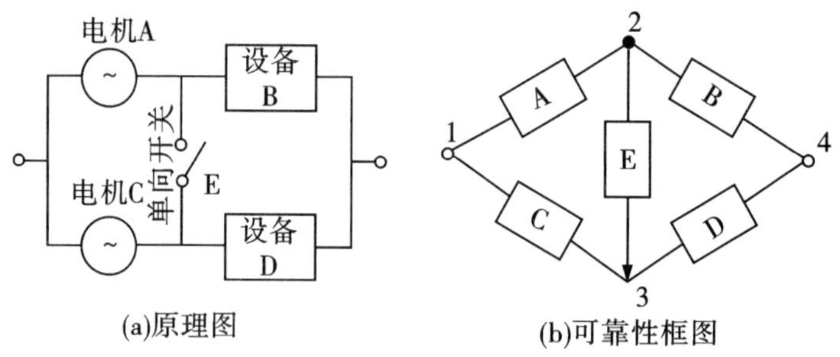

图 7-16 电桥式系统原理图及可靠性框图

设系统有 n 个单元组成,且各单元均有“正常”(用 1 表示)与“失效”(用 0 表示)两种状态,这样,系统就有 2^n 种状态,对这 2^n 种状态做逐一分析,即可得出该系统可正常工作的状态有哪些,并可计算其正常工作的概率。然后,将该系统所有正常工作的概率相加,即可得到该系统的可靠度。

如图 7-16 所示的电桥式复杂系统,由单元 A、B、C、D、E 组成,各有“正常”与“失效”两种状态,共有 $2^5 = 32$ 种状态。将这 32 种状态列成布尔真值表,见表 7-3。序号从 1 到 32,五个单元下面对应的“1”和“0”对应于该单元的“正常”和“失效”两种状态,当系统状态为失效时用“F”表示,当系统状态为正常时用“S”表示。

设单元 A、B、C、D、E 的可靠度分别为 $R_A = R_C = 0.8$，$R_B = R_D = 0.75$，$R_E = 0.9$，计算每一种状态发生的概率，然后填入表内。单元为 0 状态时，以 $(1 - R_i)$ 代入，单元为 1 状态时，以 R_i 代入，得到各个系统状态正常的概率 R_{s_i}。

表 7–3　电桥式系统的布尔真值表

序号 i	单元及工作状态					系统状态	正常概率 R_{s_i}	序号 i	单元及工作状态					系统状态	正常概率 R_{s_i}
	A	B	C	D	E				A	B	C	D	E		
1	0	0	0	0	0	F		17	1	0	0	0	0	F	
2	0	0	0	0	1	F		18	1	0	0	0	1	F	
3	0	0	0	1	0	F		19	1	0	0	1	0	F	
4	0	0	0	1	1	F		20	1	0	0	1	1	S	0.027
5	0	0	1	0	0	F		21	1	0	1	0	0	F	
6	0	0	1	0	1	F		22	1	0	1	0	1	F	
7	0	0	1	1	0	S	0.003	23	1	0	1	1	0	S	0.012
8	0	0	1	1	1	S	0.027	24	1	0	1	1	1	S	0.108
9	0	1	0	0	0	F		25	1	1	0	0	0	S	0.003
10	0	1	0	0	1	F		26	1	1	0	0	1	S	0.027
11	0	1	0	1	0	F		27	1	1	0	1	0	S	0.009
12	0	1	0	1	1	F		28	1	1	0	1	1	S	0.081
13	0	1	1	0	0	F		29	1	1	1	0	0	S	0.012
14	0	1	1	0	1	S	0.027	30	1	1	1	0	1	S	0.108
15	0	1	1	1	0	S	0.009	31	1	1	1	1	0	S	0.036
16	0	1	1	1	1	S	0.081	32	1	1	1	1	1	S	0.324

例如，表内 7 号状态发生的概率为

$$R_{s_7} = (1 - R_A)(1 - R_B)R_C R_D(1 - R_E)$$
$$= (1 - 0.8) \times (1 - 0.75) \times 0.8 \times 0.75 \times (1 - 0.9) = 0.003$$

依次求出非零的 R_{s_i} 值，并列入表中，将系统所有正常状态的工作概率相加，即可得到系统的可靠度为

$$R_s = \sum_{i=1}^{32} R_{s_i} = 0.003 + 0.027 + 0.027 + 0.009 + \cdots + 0.036 + 0.0324 = 0.894$$

布尔真值表法原理简单，容易掌握，但当系统中单元数 n 比较大时，计算量较大，需要借助计算机来计算。另外，布尔真值表法只能求出系统在某时刻的可靠度，而不能求解作为时间函数的可靠度函数。

7.3 可修复系统可靠性预测

系统发生故障后，一般要寻找故障部位，对其进行修理或更换，例如，汽车、飞机、通信系统等大多数复杂系统，一旦发生故障常常是修理而不是置换。尤其是机械系统，大部分都属于可修复系统。由于故障发生的原因、部位、程度不同，系统所处的环境不同，以及维修设备及修理人员水平不同，因此修复所用的时间是一个随机变量。人们需要研究修复时间这一随机变量的变化规律，修复时间的长短和修复质量高低都将影响设备（产品）的可靠性水平。因此，研究可修复系统的可靠性，不但包含系统的狭义可靠性，而且包括维修因素在内的广义可靠性。可修复系统可靠性特征量主要有首次平均无故障工作时间、平均无故障工作时间、平均修复时间、修复率及系统的有效度等。

显然，由于可修复系统的修复过程存在，对可修复系统的可靠性分析研究要比不可修复系统复杂得多。

7.3.1 马尔可夫模型

马尔可夫模型及转移矩阵

7.3.1.1 马尔可夫过程

马尔可夫过程是一类随机过程，由俄国数学家马尔可夫于 1907 年提出，用来研究系统“状态”与“状态”之间的相互转移关系。该过程具有如下的特性：假如系统完全由定义为“状态”的变量的取值来描述，则说系统处于一个“状态”。时间和状态都是离散的马尔可夫过程称为马尔可夫链，马尔可夫链是随机变量 $X(t_1), X(t_2), \cdots, X(t_n)$ 的一个数列，而随机变量 $X(t_i)(i=1,2,\cdots,n)$ 的值则是系统在对应 $t_i(i=1,2,3,\cdots,n)$ 时刻的状态。如果系统 t_n时刻的状态只与 t_n时刻之前的有限个状态有关，则这样的随机过程称为马尔可夫过程。如果系统 t_n时刻的状态只与 t_{n-1} 时刻的状态有关，这样的随机过程称为一步马尔可夫过程，也称为一阶马尔可夫模型，即

$$P\{X(t_n) \mid X(t_{n-1})\} = P\{X(t_n) \mid X(t_1), X(t_2), \cdots, X(t_{n-1})\} \tag{7-29}$$

式中，$X(t_n)$ 表示处于时间 t_n的状态，说明 $X(t_1), X(t_2), \cdots, X(t_{n-1})$ 这 $n-1$ 个状态下的条件概率等于 $X(t_{n-1})$ 状态下的条件概率。只要前一个状态 $X(t_{n-1})$ 一经确定，则 $X(t_n)$ 状态的概率就可以确定了。

7.3.1.2 转移矩阵

系统从一个状态转移到另一个状态的过程称为状态转移。例如，对于某一设备系统，相对于运行这一状况，存在正常（S）状态和故障（F）状态，处于 S 状态的系统由于故障会转移到 F 状态，相反，处于 F 状态的系统经过修复又会从 F 状态转移到 S 状态。状态转移图如图 7-17 所示。状态转移的过程完全是随机的，也就是说，它们的转移不能以确定的规律转移，而只能按照某种概率转移。

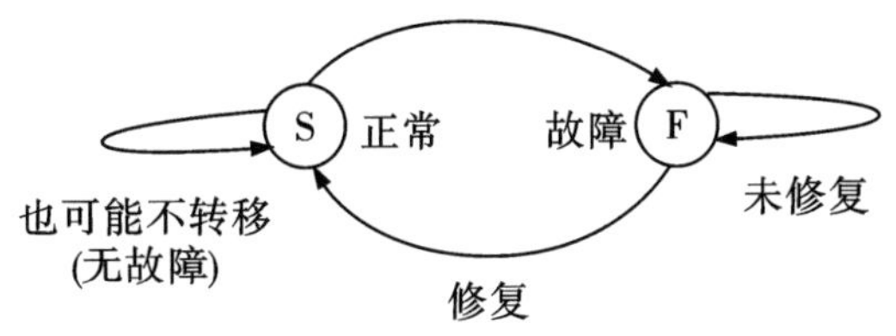

图 7-17　状态转移图

对于有 n 个状态的一阶马尔科夫模型，共有 n^2 个状态转移，因为任何一个状态都有可能是所有状态的下一个转移状态。每一个状态转移都有一个概率值，从一个状态转移到另一个状态的概率，称为状态转移概率。所有的 n^2 个概率可以用一个状态转移矩阵表示：

$$\boldsymbol{P}=\begin{bmatrix} P_{11} & P_{12} & \cdots & P_{1n} \\ P_{21} & P_{22} & \cdots & P_{2n} \\ \cdots & \cdots & \cdots & \cdots \\ P_{n1} & P_{n2} & \cdots & P_{nn} \end{bmatrix} \tag{7-30}$$

式(7-30)中：

(1) P_{ij} 是转移概率，表示在 t 时刻是状态 i，在下一时刻 $t+1$ 时处于状态 j 的概率。

(2)矩阵中各行是一个概率向量，且各行元素之和为 1，即

$$\sum_{j=1}^{n} P_{ij}=1 \quad (i=1,2,\cdots,n)$$

有了转移矩阵，就可以用它来研究关于状态转移的问题。如果系统的初始状态是 e_i，经过 n 次转移后处于 e_j 状态的概率是此转移期间所有通道 v 的概率和，记为 $P_{ij}^{(n)}$，则

$$P_{ij}^{(n)}=\sum_{v} P_{iv}P_{vj}^{(n-1)} \tag{7-31}$$

设以 $P_{ij}^{(n)}$ 为元素组成的矩阵为 $\boldsymbol{P}^{(n)}$，以 $P_{ij}^{(1)}$ 为元素组成的矩阵为 $\boldsymbol{P}$，则

$$\boldsymbol{P}^{(n)}=\boldsymbol{P}^{n} \tag{7-32}$$

例 7-4　有一台机器，运行到某一时刻 t 时，可能有的状态有 e_1(正常运行)和 e_2(发生故障)。机器的可靠度 $R(t)=\dfrac{4}{5}$，维修度 $M(\tau)=\dfrac{3}{5}$。试绘制其状态转移图，并写出其状态转移矩阵。

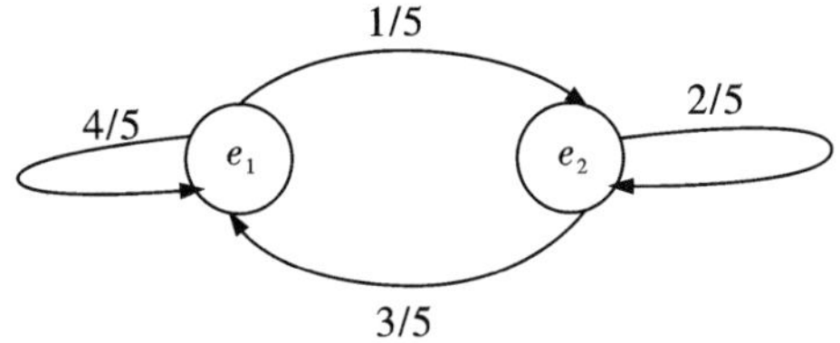

图 7-18　例 7-4 状态转移图

解：$P_{11}=R(t)=\dfrac{4}{5}$

$P_{12}=F(t)=1-R(t)=\dfrac{1}{5}$

$P_{21}=M(\tau)=\dfrac{3}{5}$

$P_{22}=1-M(\tau)=1-\dfrac{3}{5}=\dfrac{2}{5}$

状态转移矩阵为

$$\boldsymbol{P}=\begin{bmatrix}P_{11} & P_{12}\\ P_{21} & P_{22}\end{bmatrix}=\begin{bmatrix}\dfrac{4}{5} & \dfrac{1}{5}\\ \dfrac{3}{5} & \dfrac{2}{5}\end{bmatrix}$$

例 7–5 已知 e_1,e_2,e_3 三个状态，其状态转移图如图 7–19 所示。初始状态为 $E(0)=(1,0,0)$，求由 e_1 出发经过两次转移后各状态的概率。

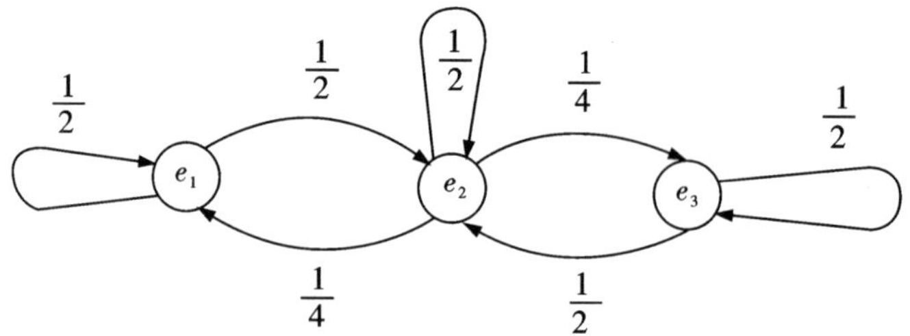

图 7–19 例 7–5 状态转移图

解：方法一

由 $P_{ij}^{(n)}=\sum\limits_{v}P_{iv}P_{vj}^{(n-1)}(v=1,2,3)$，$n=2$，得

$P_{11}^{(2)}=P_{11}P_{11}^{(1)}+P_{12}P_{21}^{(1)}+P_{13}P_{31}^{(1)}=\dfrac{1}{2}\times\dfrac{1}{2}+\dfrac{1}{2}\times\dfrac{1}{4}+0\times0=\dfrac{3}{8}$

$P_{12}^{(2)}=P_{11}P_{12}^{(1)}+P_{12}P_{22}^{(1)}+P_{13}P_{32}^{(1)}=\dfrac{1}{2}\times\dfrac{1}{2}+\dfrac{1}{2}\times\dfrac{1}{2}+0\times\dfrac{1}{2}=\dfrac{4}{8}$

$P_{13}^{(2)}=P_{11}P_{13}^{(1)}+P_{12}P_{23}^{(1)}+P_{13}P_{33}^{(1)}=\dfrac{1}{2}\times0+\dfrac{1}{2}\times\dfrac{1}{4}+0\times\dfrac{1}{2}=\dfrac{1}{8}$

方法二

由 $\boldsymbol{P}^{(n)}=\boldsymbol{P}^n$，$n=2$ 得 $\boldsymbol{P}^{(2)}=\boldsymbol{P}^2$

状态转移矩阵为

$$\boldsymbol{P}=\begin{bmatrix}\dfrac{1}{2} & \dfrac{1}{2} & 0\\ \dfrac{1}{4} & \dfrac{1}{2} & \dfrac{1}{4}\\ 0 & \dfrac{1}{2} & \dfrac{1}{2}\end{bmatrix}$$

$$P^{(2)}=P^2=\begin{bmatrix}\frac{1}{2}&\frac{1}{2}&0\\ \frac{1}{4}&\frac{1}{2}&\frac{1}{4}\\ 0&\frac{1}{2}&\frac{1}{2}\end{bmatrix}\begin{bmatrix}\frac{1}{2}&\frac{1}{2}&0\\ \frac{1}{4}&\frac{1}{2}&\frac{1}{4}\\ 0&\frac{1}{2}&\frac{1}{2}\end{bmatrix}=\begin{bmatrix}\frac{3}{8}&\frac{4}{8}&\frac{1}{8}\\ \frac{2}{8}&\frac{4}{8}&\frac{2}{8}\\ \frac{1}{8}&\frac{4}{8}&\frac{3}{8}\end{bmatrix}$$

由状态 e_1 出发,经过两次转移后,处于 e_1,e_2,e_3 三个状态的概率就是矩阵 P^2 中第一行各元素,即

$$P_{11}^{(2)}=\frac{3}{8},\quad P_{12}^{(2)}=\frac{4}{8},\quad P_{13}^{(2)}=\frac{1}{8}$$

7.3.1.3　极限概率

极限概率与吸收状态

一般地说,我们可以利用转移矩阵即系统的初始状态,求出任意转移后设备的状态,即

$$E(n)=E(0)P^n \tag{7-33}$$

式中,$E(0)$—— 设备初始状态向量;

P—— 一次转移矩阵;

P^n——n 次转移矩阵;

$E(n)$——n 次转移后设备所处状态向量;

n—— 转移次数。

例 7-6　已知某设备有 e_1,e_2 两个状态,其状态转移图如图 7-20 所示。

(1)如初始状态向量为 $E(0)=(1,0)$,求 n 次转移后设备处于各状态的概率;

(2)如初始状态向量为 $E(0)=(0,1)$,求 n 次转移后设备处于各状态的概率。

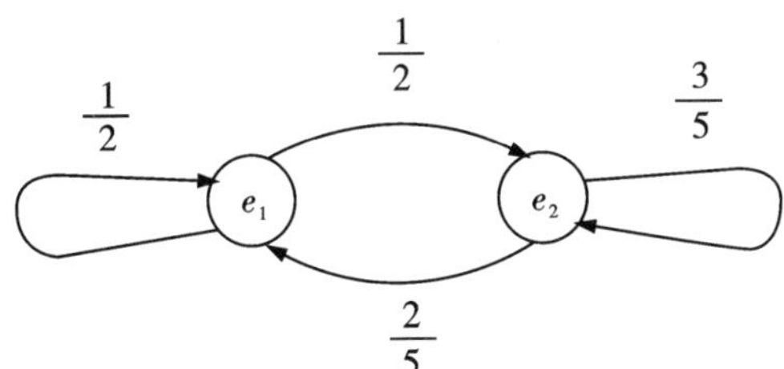

图 7-20　例 7-6 状态转移图

解:(1)由图 7-20 可知,转移矩阵为

$$P=\begin{bmatrix}\frac{1}{2}&\frac{1}{2}\\ \frac{2}{5}&\frac{3}{5}\end{bmatrix}$$

当 $n=1$ 时

$$\boldsymbol{E}(1)=\boldsymbol{E}(0)\boldsymbol{P}=[1\quad 0]\begin{bmatrix}\frac{1}{2} & \frac{1}{2}\\ \frac{2}{5} & \frac{3}{5}\end{bmatrix}=\left[\frac{1}{2}\quad \frac{1}{2}\right]$$

当 $n=2$ 时

$$\boldsymbol{E}(2)=\boldsymbol{E}(0)\boldsymbol{P}^2=\boldsymbol{E}(1)\boldsymbol{P}=\left[\frac{1}{2}\quad \frac{1}{2}\right]\begin{bmatrix}\frac{1}{2} & \frac{1}{2}\\ \frac{2}{5} & \frac{3}{5}\end{bmatrix}=\left[\frac{9}{20}\quad \frac{11}{20}\right]$$

依此类推,计算结果如表 7-4 所示。

表 7-4 $E(0)=(1,0)$ n 次转移后设备所处状态的概率

转移步数	0	1	2	3	4	5	…
e_1（正常状态）	1	0.5	0.45	0.445	0.444 5	0.444 45	…
e_2（故障状态）	0	0.5	0.55	0.555	0.555 5	0.555 55	…

(2)计算结果如表 7-5 所示。

表 7-5 $E(0)=(0,1)$ n 次转移后设备所处状态的概率

转移步数	0	1	2	3	4	5	…
e_1（正常状态）	0	0.4	0.44	0.444	0.444 4	0.444 44	…
e_2（故障状态）	1	0.6	0.56	0.556	0.555 6	0.555 56	…

由表 7-4、表 7-5 可知:

(1)随着转移步数的增加,状态趋于稳定。稳定状态的概率称为极限概率。比如,当 n 足够大时,e_1稳定状态的概率为 $\frac{4}{9}$,e_2稳定状态的概率为 $\frac{5}{9}$。

(2)当 n 趋于无穷大时,n 步转移矩阵 $\boldsymbol{P}^{(n)}$ 将收敛于一个概率矩阵,即

$$\boldsymbol{P}^{(n)}=\begin{bmatrix}\frac{4}{9} & \frac{5}{9}\\ \frac{4}{9} & \frac{5}{9}\end{bmatrix}$$

对于任何马尔可夫转移矩阵,它的极限状态概率与初始状态无关。

7.3.1.4 吸收状态的平均转移次数

当转移过程达到某一状态,再也不能向其他状态转移时,称此状态为吸收状态。为求在吸收状态时由 e_i 转移到 e_j 所需的平均转移次数,须先求 $\boldsymbol{M}$ 矩阵,即

$$\boldsymbol{M}=(\boldsymbol{I}-\boldsymbol{Q})^{-1} \tag{7-34}$$

式中，$\boldsymbol{I}$——单位矩阵；

$\boldsymbol{Q}$——由转移矩阵 $\boldsymbol{P}$ 中去掉吸收状态的行和列后的子矩阵。

这样求得的 $\boldsymbol{M}$ 矩阵称为基本矩阵，一般地讲，$\boldsymbol{M}$ 可写成

$$\boldsymbol{M} = (\boldsymbol{I} - \boldsymbol{Q})^{-1} = \begin{bmatrix} m_{11} & m_{12} & \cdots & m_{1k} \\ m_{21} & m_{22} & \cdots & m_{2k} \\ \vdots & \vdots & \vdots & \vdots \\ m_{l1} & m_{l2} & \cdots & m_{lk} \end{bmatrix} \tag{7-35}$$

其中，元素 m_{ij}表示在离散过程从状态 e_i出发到吸收状态时在 e_j状态的平均停留次数，对于连续过程是平均时间。因此，从状态 e_i出发到达吸收状态的平均转移次数（或平均时间）就可用它们的和表示，即

$$\sum_{j=1}^{k} m_{ij} \quad (i = 1,2,\cdots,l)$$

用矩阵可表示为

$$\begin{bmatrix} m_{11} & m_{12} & \cdots & m_{1k} \\ m_{21} & m_{22} & \cdots & m_{2k} \\ \vdots & \vdots & \vdots & \vdots \\ m_{l1} & m_{l2} & \cdots & m_{lk} \end{bmatrix} \begin{bmatrix} 1 \\ 1 \\ \vdots \\ 1 \end{bmatrix} = \begin{bmatrix} \sum_{j=1}^{k} m_{1j} \\ \sum_{j=1}^{k} m_{2j} \\ \vdots \\ \sum_{j=1}^{k} m_{lj} \end{bmatrix} \tag{7-36}$$

例 7-7　三个状态的状态转移图如图 7-21 所示，其中 e_1为正常状态，e_2为故障状态（可修复），e_3为吸收状态，失效后不再修理了。求达到吸收状态时平均转移次数及各状态的停留次数。

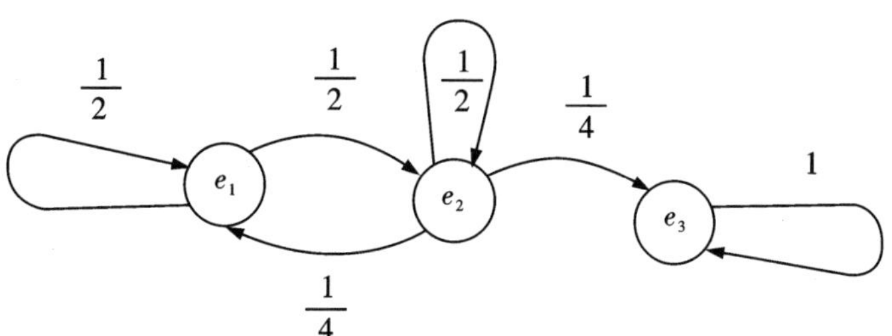

图 7-21　例 7-7 状态转移图

解：(1) 转移概率矩阵

$$\boldsymbol{P} = \begin{bmatrix} \frac{1}{2} & \frac{1}{2} & 0 \\ \frac{1}{4} & \frac{1}{2} & \frac{1}{4} \\ 0 & 0 & 1 \end{bmatrix}$$

其中，$P_{33}=1$ 表示吸收状态，故

$$Q=\begin{bmatrix}\frac{1}{2} & \frac{1}{2}\\ \frac{1}{4} & \frac{1}{2}\end{bmatrix}$$

(2)基本矩阵为

$$M=(I-Q)^{-1}=\left\{\begin{bmatrix}1 & 0\\ 0 & 1\end{bmatrix}-\begin{bmatrix}\frac{1}{2} & \frac{1}{2}\\ \frac{1}{4} & \frac{1}{2}\end{bmatrix}\right\}^{-1}=\begin{bmatrix}\frac{1}{2} & -\frac{1}{2}\\ -\frac{1}{4} & \frac{1}{2}\end{bmatrix}^{-1}=\begin{bmatrix}4 & 4\\ 2 & 4\end{bmatrix}$$

即由工作状态 e_1 出发到达吸收状态 e_3 时，在 e_1 状态停留次数为 $m_{11}=4$ 次，在 e_2 状态停留次数为 $m_{12}=4$ 次；由状态 e_2 出发到达吸收状态时，在 e_1 状态停留次数为 $m_{21}=2$ 次，在 e_2 状态停留次数为 $m_{22}=4$ 次。

(3)平均转移次数为

$$M\begin{bmatrix}1\\ 1\end{bmatrix}=\begin{bmatrix}4 & 4\\ 2 & 4\end{bmatrix}\begin{bmatrix}1\\ 1\end{bmatrix}=\begin{bmatrix}8\\ 6\end{bmatrix}$$

即由工作状态 e_1 出发平均经过 8 次转移到达吸收状态 e_3；由状态 e_2 出发平均经过 6 次转移到达吸收状态 e_3。

7.3.2 单部件可修复系统的有效度

单部件可修复系统的有效度

单部件是指由一个单元构成的设备或把整个设备当成一个单元来研究，或者把系统看成一个整体。认为设备只有两个状态：正常状态 e_1，故障状态 e_2，且假定其失效及维修均服从指数分布，即失效率 λ 为常数，修复率 μ 也为常数。其状态转移图如图 7-22 所示。

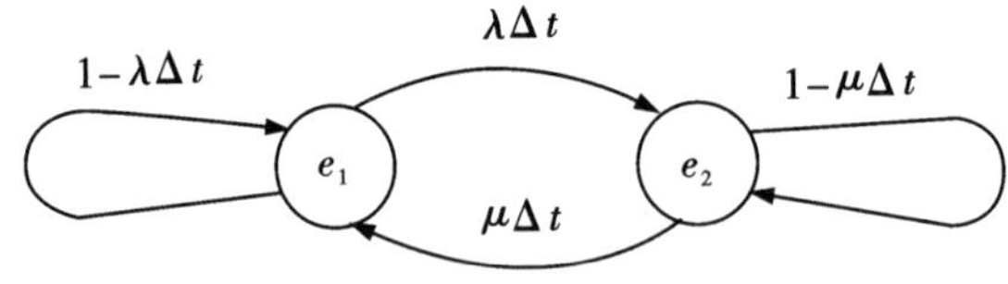

图 7-22 连续型状态转移图

对于连续型马尔可夫过程，其转移概率是 t 和 $t+\Delta t$ 之间极小的 Δt 时间内的概率。根据图 7-22，其转移矩阵为

$$P(\Delta t)=\begin{bmatrix}1-\lambda\Delta t & \lambda\Delta t\\ \mu\Delta t & 1-\mu\Delta t\end{bmatrix} \tag{7-37}$$

设系统在 t 时刻处于正常状态的概率为 $P_1(t)$，系统处于故障状态的概率为 $P_2(t)$，则系统在 $t+\Delta t$ 时刻处于正常状态的概率为

$$P_1(t+\Delta t)=P_1(t)P_{11}(\Delta t)+P_2(t)P_{21}(\Delta t)=(1-\lambda\Delta t)P_1(t)+\mu\Delta tP_2(t) \tag{7-38}$$

$t+\Delta t$ 时刻处于故障状态的概率为

$$P_2(t+\Delta t)=P_1(t)P_{12}(\Delta t)+P_2(t)P_{22}(\Delta t)=\lambda\Delta tP_1(t)+[1-\mu(\Delta t)]P_2(t) \tag{7-39}$$

对式(7-38)、式(7-39)进行整理可得

$$\begin{cases}P_1(t+\Delta t)=P_1(t)-\lambda\Delta tP_1(t)+\mu\Delta tP_2(t)\\ P_2(t+\Delta t)=P_2(t)+\lambda\Delta tP_1(t)-\mu\Delta tP_2(t)\end{cases} \tag{7-40}$$

即

$$\begin{cases}\dfrac{P_1(t+\Delta t)-P_1(t)}{\Delta t}=\mu P_2(t)-\lambda P_1(t)=P_1'(t)\\ \dfrac{P_2(t+\Delta t)-P_2(t)}{\Delta t}=\lambda P_1(t)-\mu P_2(t)=P_2'(t)\end{cases} \tag{7-41}$$

整理式(7-41)可得微分方程组

$$\begin{cases}P_1'(t)=\mu P_2(t)-\lambda P_1(t)\\ P_2'(t)=\lambda P_1(t)-\mu P_2(t)\end{cases} \tag{7-42}$$

将 $P_2(t)=1-P_1(t)$ 代入式(7-42)求解可得

$$P_1(t)=\frac{\mu}{\lambda+\mu}+\frac{\lambda}{\lambda+\mu}e^{-(\lambda+\mu)t} \tag{7-43}$$

$P_1(t)$是系统处于工作状态的概率,也就是系统的瞬时有效度 $A(t)$,故

$$A(t)=\frac{\mu}{\lambda+\mu}+\frac{\lambda}{\lambda+\mu}e^{-(\lambda+\mu)t} \tag{7-44}$$

当 $t\to\infty$ 时,可得系统的稳态有效度 $A(\infty)$ 为

$$A(\infty)=\frac{\mu}{\lambda+\mu} \tag{7-45}$$

当故障状态 e_2 为吸收状态时,其状态转移图如图 7-23 所示。这时 $\mu=0$,系统为可修复系统,由式(7-43)可得系统的可靠度为

$$R(t)=e^{-\lambda t}$$

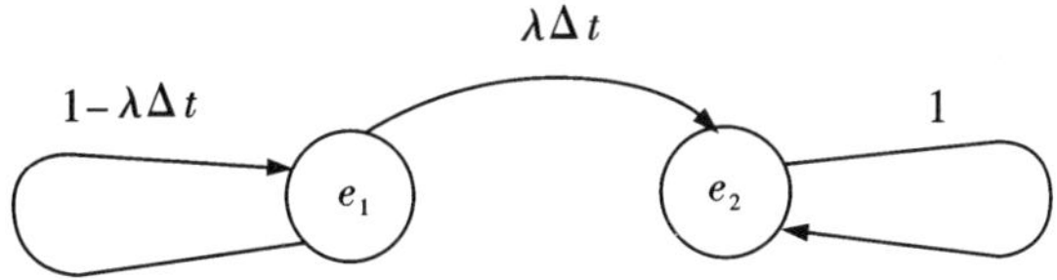

图 7-23　连续型吸收状态转移图

7.3.3　串联可修复系统的有效度

串联可修复系统的有效度

对于由 n 个单元组成的串联系统,其中每个单元的失效及维修时间均服从指数分布。n 个单元全部正常工作时系统处于正常工作状态,当其中某一个单元出现故障时,系统就处于故障状态,此时维修组立刻进行修复。在维修期间,未发生故障的单元也处于停止工作。当修复故障单元后,n 个单元又进入工作状态,系统恢复正常工作。修复后的单元寿命仍然服从指数分布。

7.3.3.1 n 个单元失效率相同,修复率相同

n 个单元失效相互独立,在 t 到 $t+\Delta t$ 时间内,n 个单元的失效率均为 λ,修复率均为 μ,系统状态转移图如图 7-24 所示。其状态转移矩阵为

$$P(\Delta t)=\begin{bmatrix}1-n\lambda\Delta t & n\lambda\Delta t\\ \mu\Delta t & 1-\mu\Delta t\end{bmatrix} \tag{7-46}$$

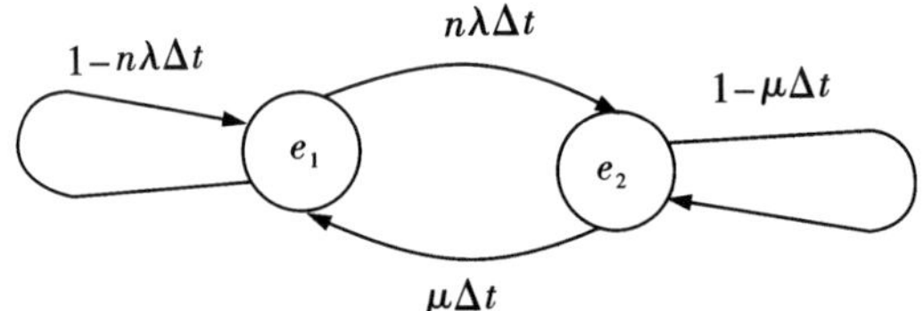

图 7-24　λ、μ 相同时 n 个单元串联系统状态转移图

可见,这时系统的状态在形式上与单部件情况一样,只是 n 个单元以 $n\lambda\Delta t$ 的概率由 e_1 状态向 e_2 状态转移。因此,单部件的有效度分析结果均可以用到这里,只是把 λ 改为 $n\lambda$ 即可,因此该系统的瞬时有效度、稳态有效度分别为

$$A(t)=\frac{\mu}{n\lambda+\mu}+\frac{n\lambda}{n\lambda+\mu}e^{-(n\lambda+\mu)t} \tag{7-47}$$

$$A(\infty)=\frac{\mu}{n\lambda+\mu} \tag{7-48}$$

故障为吸收状态时,系统可靠度及平均无故障工作时间为

$$R_s(t)=e^{-n\lambda t}$$

$$\theta_s=\frac{1}{n\lambda}$$

7.3.3.2 n 个单元失效率不同,修复率也不同

n 个单元失效相互独立,在 t 到 $t+\Delta t$ 时间内,n 个单元的失效率均为 $\lambda_i(i=1,2,3,\cdots,n)$,修复率均为 $\mu_i(i=1,2,\cdots,n)$,系统状态转移图如图 7-25 所示。其中 e_0 为系统工作状态,e_i 为第 i 个单元处于故障的状态,其余单元正常,此时系统处于故障状态。若发生故障后立刻进行修复(一组维修工),其状态转移矩阵为

$$P(\Delta t)=\begin{bmatrix}1-\sum_{i=1}^{n}\lambda_i\Delta t & \lambda_1\Delta t & \lambda_2\Delta t & \cdots & \lambda_n\Delta t\\ \mu_1\Delta t & 1-\mu_1\Delta t & 0 & \cdots & 0\\ \vdots & \vdots & \vdots & & \vdots\\ \mu_n\Delta t & 0 & 0 & \cdots & 1-\mu_n\Delta t\end{bmatrix}$$

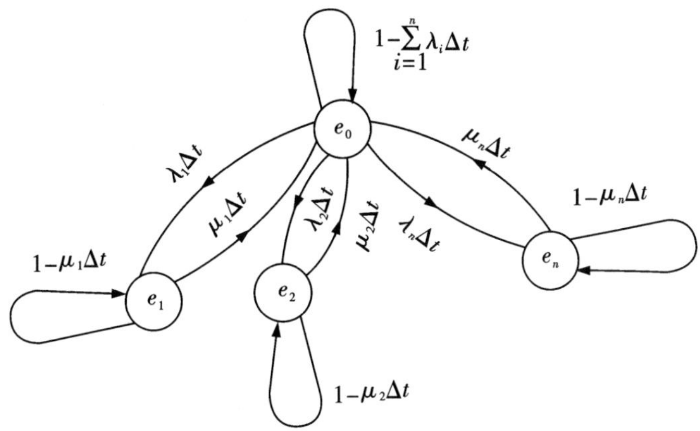

图 7-25　λ、μ 不同时 n 个单元串联系统状态转移图

利用式(7-43)可求出其稳态有效度为

$$A(\infty) = \frac{1}{1 + \frac{\lambda_1}{\mu_1} + \cdots + \frac{\lambda_n}{\mu_n}} \tag{7-49}$$

系统的失效率为

$$\lambda_s = \sum_{i=1}^{n} \lambda_i$$

故障为吸收状态时,系统可靠度及平均无故障工作时间为

$$R_s(t) = e^{-\lambda_s t} = e^{-\sum_{i=1}^{n}\lambda_i t} = \prod_{i=1}^{n} e^{-\lambda_i t}$$

$$\theta_s = \frac{1}{\lambda_s}$$

7.4　系统可靠性分配

在机械产品的设计阶段,首先必须确定整个机械系统的可靠性指标,这一指标一般由订购方提出并在研制合同中规定。为了保证这一指标的实现,必须把系统的指标分配给各个分系统,然后把各个分系统的可靠性指标分配给下一级的单元,一直分配到零件级。这种把工程设计规定的系统可靠性指标从上而下、从整体到局部,逐步分解,分配到各分系统、设备和元器件,以确定系统各组成单元的可靠性定量要求的方法称为可靠性分配。

可靠性分配的本质是一个工程决策问题,在分配时首先要掌握系统和零部件的可靠性预测数据,其次必须考虑当前的技术水平,按现有的技术水平在费用、生产、功能、体积、重量、研制时间等的限制条件下,考虑所能达到的可靠性水平,单纯地提高分系统或元器件的可靠度是不现实的也是没有意义的。

可靠性预测是从单元(零部件、分系统)到系统自下而上进行的,而可靠性分配是从系统到单元自上而下进行的。因此,可靠性预测是可靠性分配的基础,对于按某一方法分配的可靠性指标也可以考虑以下几个原则进行修正:

(1)对于改进潜力大的分系统或部件,分配的指标可以高一些。

(2)由于系统中关键件发生故障将会导致整个系统的功能受到严重影响,因此关键件的可靠性指标应分配得高一些。

(3)对于新研制的产品,采用新工艺、新材料的产品,可靠性指标可以分配得低一些。

(4)对于易于维修的分系统或部件,可靠性指标可以分配得低一些。

(5)对于复杂的分系统或部件,可靠性指标可以分配得低一些。

7.4.1 等分配法

对系统中的全部单元分配以相等的可靠度的方法称为等分配法。

7.4.1.1 串联系统可靠度分配

当系统中 n 个单元具有近似的复杂程度、重要性以及制造成本时,可用等分配法分配系统各单元的可靠度。这种分配方法的另一个出发点是考虑到串联系统的可靠度往往取决于系统中的最弱单元,因此,对其他单元分配以高的可靠度无实际意义。

当系统的可靠度为 R_s,各单元分配的可靠度为 R_i 时,则

$$R_s = \prod_{i=1}^{n} R_i = R_i^n$$

因此,单元的可靠度为

$$R_i = R_s^{\frac{1}{n}} \quad (i = 1,2,\cdots,n) \tag{7-50}$$

7.4.1.2 并联系统可靠度分配

当系统的可靠度指标要求很高且选用已有的单元不能满足要求时,可选用 n 个相同单元的并联系统,这时单元的可靠度 R_i 可大大低于系统的可靠度 R_s。

由并联系统的可靠度 $R_s = 1 - \prod_{i=1}^{n}(1 - R_i)$ 可得,并联系统单元的可靠度为

$$R_i = 1 - (1 - R_s)^{\frac{1}{n}} \quad (i = 1,2,\cdots,n) \tag{7-51}$$

7.4.1.3 混联系统可靠度分配

利用等分配法对混联系统进行分配时,先将系统简化为等效串联系统或等效并联系统,再给同级等效单元分配以相同的可靠度。

例如,对于图 7-26(a)所示的混联系统,经过简化后得到一个等效串联系统,如图 7-26(c)所示,然后按等分配法对各单元进行可靠度分配。

由图 7-26(c)得

$$R_1 = R_{s234} = R_s^{\frac{1}{2}}$$

由图 7-26(b)得

$$R_2 = R_{s34} = 1 - (1 - R_{s234})^{\frac{1}{2}}$$

最后由图 7-26(a)得

$$R_3 = R_4 = R_{s34}^{\frac{1}{2}}$$

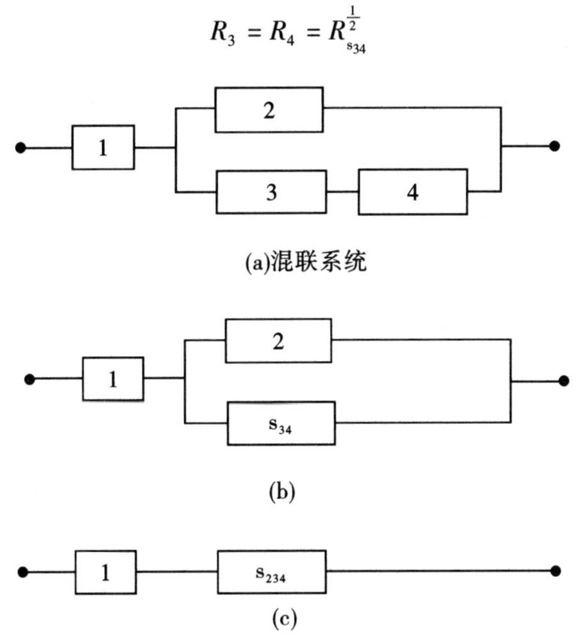

图 7-26　混联系统可靠度分配

7.4.2　相对失效率法

相对失效率法

相对失效率法是指使系统中各单元的容许失效率正比于该单元的预测失效率值,并根据这一原则来分配系统中各单元的可靠度。此方法适用于失效率为常数的串联系统。其应用步骤如下:

(1)确定各单元的预计失效率 $\hat{\lambda}_i (i = 1,2,\cdots,n)$;

(2)计算系统的预计失效率 $\hat{\lambda}_s$:

$$\hat{\lambda}_s = \sum_{i=1}^{n} \hat{\lambda}_i \tag{7-52}$$

(3)计算各单元的相对失效率比 $\omega_i (i = 1,2,\cdots,n)$:

$$\omega_i = \frac{\hat{\lambda}_i}{\hat{\lambda}_s} \tag{7-53}$$

(4)计算系统的容许失效率 λ_s:

$$R_s = e^{-\lambda_s t} \Rightarrow \lambda_s = \frac{-\ln R_s}{t} \tag{7-54}$$

(5)计算各单元的容许失效率 λ_i:

$$\lambda_i = \omega_i \lambda_s \tag{7-55}$$

(6)计算分配给各单元的可靠度 R_i:

$$R_i = e^{-\lambda_i t} \tag{7-56}$$

例 7-8 由三个单元组成的串联系统，各单元的预计失效率分别为 $\hat{\lambda}_1 = 0.005/\text{h}$，$\hat{\lambda}_2 = 0.003/\text{h}$，$\hat{\lambda}_3 = 0.002/\text{h}$，要求工作 20 h 时系统可靠度为 $R_s = 0.98$。则应给各单元分配多大的可靠度？

解：(1)各单元的预计失效率

$\hat{\lambda}_1 = 0.005/\text{h}$，$\hat{\lambda}_2 = 0.003/\text{h}$，$\hat{\lambda}_3 = 0.002/\text{h}$

(2)系统的预计失效率 $\hat{\lambda}_s = \sum_{i=1}^{3} \lambda_i = 0.005/\text{h} + 0.003/\text{h} + 0.002/\text{h} = 0.01/\text{h}$

(3)系统的预计可靠度 $\hat{R}_s = e^{-\hat{\lambda}_s t} = e^{-0.01\times 20} = 0.818\,7 < R_s = 0.98$

故需要进行可靠度的再分配

(4)各单元的相对失效率比

$$\omega_1 = \frac{\hat{\lambda}_1}{\hat{\lambda}_s} = \frac{0.005}{0.01} = 0.5,\ \omega_2 = \frac{\hat{\lambda}_2}{\hat{\lambda}_s} = \frac{0.003}{0.01} = 0.3,\ \omega_3 = \frac{\hat{\lambda}_3}{\hat{\lambda}_s} = \frac{0.002}{0.01} = 0.2$$

(5)系统的容许失效率 $\lambda_s = \dfrac{-\ln R_s}{t} = \dfrac{-\ln 0.98}{20} = 0.001/\text{h}$

(6)各单元容许失效率

$\lambda_1 = \omega_1 \lambda_s = 0.5 \times 0.001/\text{h} = 0.000\,5/\text{h}$

$\lambda_2 = \omega_2 \lambda_s = 0.3 \times 0.001/\text{h} = 0.000\,3/\text{h}$

$\lambda_3 = \omega_3 \lambda_s = 0.2 \times 0.001/\text{h} = 0.000\,2/\text{h}$

(7)各单元可靠度

$R_1 = e^{-\lambda_1 t} = e^{-0.000\,5\times 20} = 0.990$

$R_2 = e^{-\lambda_2 t} = e^{-0.000\,3\times 20} = 0.994$

$R_3 = e^{-\lambda_3 t} = e^{-0.000\,2\times 20} = 0.996$

(8)检验可靠度是否满足要求

$R_s = R_1 R_2 R_3 = 0.990 \times 0.994 \times 0.996 = 0.980\,123\,76 > 0.980$

满足要求。

7.4.3 相对失效概率法

相对失效概率法是使系统中各单元的容许失效概率正比于该单元的预测失效概率值，并按照这一原则来分配系统中各单元的可靠度。因此，它与相对失效率法的可靠度分配原则十分相似，统称为比例分配法。

相对失效概率法

7.4.3.1 串联系统可靠度分配

串联系统中如果单元的可靠度服从指数分布，系统的可靠度也服从指数分布，由泰勒级数可得

$$R(t) = e^{-\lambda t} \approx 1 - \lambda t \tag{7-57}$$

由 $R(t) = 1 - F(t)$ 可得

$$F(t) \approx \lambda(t) \tag{7-58}$$

如果 n 个单元串联，各单元的预计失效概率为 $\hat{F}_i(i=1,2,\cdots,n)$，系统的预计失效概率为 $\hat{F}_s$，则系统预计失效概率与单元预计失效概率之间的近似关系为

$$\hat{F}_s = \sum_{i=1}^{n} \hat{F}_i \tag{7-59}$$

其应用步骤如下：

(1) 确定各单元的预计失效概率 $\hat{F}_i(i=1,2,\cdots,n)$

(2) 计算系统的预计失效概率 $\hat{F}_s$：

$$\hat{F}_s = \sum_{i=1}^{n} \hat{F}_i \tag{7-60}$$

(3) 计算各单元的相对失效概率比 $\omega_{F_i}(i=1,2,\cdots,n)$：

$$\omega_{F_i} = \frac{\hat{F}_i}{\hat{F}_s} \tag{7-61}$$

(4) 计算系统的容许失效概率 F_s：

$$F_s = 1 - R_s(t) \tag{7-62}$$

(5) 计算各单元的容许失效概率 F_i：

$$F_i = \omega_{F_i} F_s \tag{7-63}$$

(6) 计算分配给各单元的可靠度 R_i：

$$R_i = 1 - F_i \tag{7-64}$$

7.4.3.2 并联系统可靠度分配

如果 n 个单元并联，各单元的容许失效概率为 $F_i(i=1,2,\cdots,n)$，系统的容许失效概率为 F_s，则系统容许失效概率与单元容许失效概率之间的关系为

$$F_s = \prod_{i=1}^{n} F_i \tag{7-65}$$

各单元预计失效概率与容许失效概率之比满足如下关系式：

$$\begin{cases} \dfrac{F_2}{\hat{F}_2} = \dfrac{F_1}{\hat{F}_1} \\ \dfrac{F_3}{\hat{F}_3} = \dfrac{F_1}{\hat{F}_1} \\ \cdots \\ \dfrac{F_n}{\hat{F}_n} = \dfrac{F_1}{\hat{F}_1} \end{cases} \tag{7-66}$$

求解式(7-65)和式(7-66)，就可以求得并联单元应该分配到的容许失效概率值。

例 7-9　如图 7-27 所示，由三个单元组成的混联系统，已知它们的预计失效概率分

别为 $\hat{F}_1=0.04$，$\hat{F}_2=0.06$，$\hat{F}_3=0.12$，该系统的失效概率为 $F_s=0.005$。试计算该系统中各单元的容许失效概率。

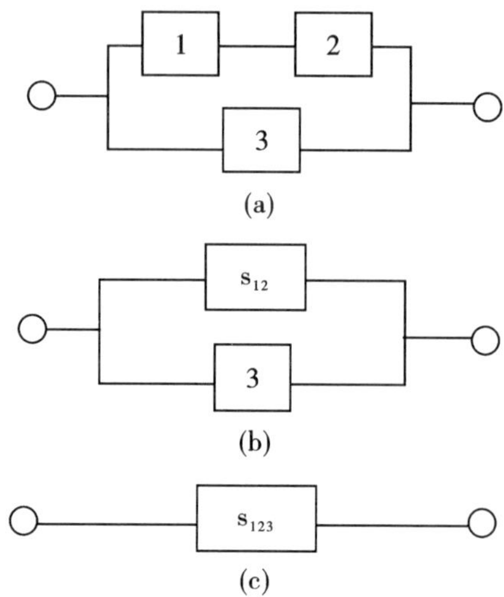

图 7-27 例 7-9 混联系统及其简化框图

解：(1)各单元的预计可靠度

$$\hat{R}_1=1-\hat{F}_1=1-0.04=0.96$$

$$\hat{R}_2=1-\hat{F}_2=1-0.06=0.94$$

$$\hat{R}_3=1-\hat{F}_3=1-0.12=0.88$$

(2)各分支的预计失效概率

$$\hat{F}_{12}=1-\hat{R}_1\hat{R}_2=1-0.96\times0.94=0.097\ 6$$

$$\hat{F}_3=0.12$$

(3)各分支的容许失效概率

$$F_s=F_{12}F_3=0.005$$

$$\frac{F_3}{\hat{F}_3}=\frac{F_{12}}{\hat{F}_{12}}\Rightarrow\frac{F_3}{0.12}=\frac{F_{12}}{0.097\ 6}$$

联立两个方程求解，得第一分支容许失效概率和单元 3 的容许失效概率

$$\begin{cases}F_{12}=0.063\ 77\\F_3=0.078\ 41\end{cases}$$

(4)将第一分支的预计失效概率分配给该分支的各个单元

由于第一分支为单元 1 和单元 2 串联，故应将 $F_{12}=0.063\ 77$ 分配给串联的两个单元，则单元 1 和单元 2 的相对失效概率比分别为

$$\omega_{F_1}=\frac{\hat{F}_1}{\sum_{i=1}^{2}\hat{F}_i}=\frac{0.04}{0.04+0.06}=0.4$$

$$\omega_{F_2}=\frac{\hat{F}_2}{\sum_{i=1}^{2}\hat{F}_i}=\frac{0.06}{0.04+0.06}=0.6$$

单元 1 和单元 2 的容许失效概率

$F_1=\omega_{F_1}F_{12}=0.4\times 0.063\ 77=0.025\ 508$

$F_2=\omega_{F_2}F_{12}=0.6\times 0.063\ 77=0.038\ 262$

(5)各单元分配的容许可靠度

$R_1=1-F_1=1-0.025\ 508=0.974\ 5$

$R_2=1-F_2=1-0.038\ 262=0.961\ 7$

$R_3=1-F_3=1-0.078\ 41=0.921\ 6$

7.4.4　AGREE 分配法

AGREE 分配法

该方法由美国电子设备可靠性咨询组(AGREE)提出,因为考虑了系统的各单元或各子系统的复杂度、重要度、工作时间以及它们与系统之间的失效关系,是一种比较完善的可靠度分配方法。

复杂度是指单元中所含的重要零件、组件的数目 $N_i(i=1,2,\cdots,n)$ 与系统中重要零件、组件的总数 N 之比,即第 i 个单元的复杂度为

$$\frac{N_i}{N}=\frac{N_i}{\sum_{i=1}^{n}N_i}\quad(i=1,2,\cdots,n)\tag{7-67}$$

重要度是指该单元失效引起系统失效的概率。第 i 个单元的重要度为

$$E_i=\frac{\text{第 } i \text{ 个单元失效引起系统失效的次数}}{\text{单元 } i \text{ 失效次数}}\tag{7-68}$$

按照 AGREE 分配法,系统中第 i 个单元分配的失效率和可靠度分别为

$$\lambda_i=\frac{N_i[-\ln R_s(T)]}{NE_it_i}\quad(i=1,2,\cdots,n)\tag{7-69}$$

$$R_i(t_i)=1-\frac{1-[R_s(T)]^{\frac{N_i}{N}}}{E_i}\quad(i=1,2,\cdots,n)\tag{7-70}$$

式中,$R_s(T)$—— 系统工作时间 T 时的可靠度;

$R_i(t_i)$—— 单元工作时间 t_i 时的可靠度($0<t_i<T$)。

例 7-10　某机载电子设备要求工作 12 h 的可靠度为 0.923,这台设备的各分系统(设备)的有关数据见表 7-6,试对各分系统(设备)进行可靠度分配。

表 7-6 某机载电子设备各分系统数据

序号	分系统(设备)名称	分系统构成部件数	工作时间/h	重要度
1	发动机	102	12.0	1.0
2	接收机	91	12.0	1.0
3	起飞用自动装置	95	3.0	0.3
4	控制设备	242	12.0	1.0
5	电源	40	12.0	1.0
共计		570		

解: 由式(7-69)可得各单元的容许失效率

$$\lambda_1=\frac{-102\times\ln 0.923}{570\times 1.0\times 12}=\frac{1}{836.92}(\mathrm{h}^{-1})$$

$$\lambda_2=\frac{-91\times\ln 0.923}{570\times 1.0\times 12}=\frac{1}{938.1}(\mathrm{h}^{-1})$$

$$\lambda_3=\frac{-95\times\ln 0.923}{570\times 0.3\times 3}=\frac{1}{67.39}(\mathrm{h}^{-1})$$

$$\lambda_4=\frac{-242\times\ln 0.923}{570\times 1.0\times 12}=\frac{1}{352.75}(\mathrm{h}^{-1})$$

$$\lambda_5=\frac{-40\times\ln 0.923}{570\times 1.0\times 12}=\frac{1}{2\ 134.14}(\mathrm{h}^{-1})$$

则分配给各单元的可靠度

$$R_1=\mathrm{e}^{-\lambda_1 t_1}=\mathrm{e}^{-12/836.92}=0.985\ 76$$

$$R_2=\mathrm{e}^{-\lambda_2 t_2}=\mathrm{e}^{-12/938.1}=0.987\ 29$$

$$R_3=\mathrm{e}^{-\lambda_3 t_3}=\mathrm{e}^{-3/67.39}=0.956\ 46$$

$$R_4=\mathrm{e}^{-\lambda_4 t_4}=\mathrm{e}^{-12/352.75}=0.966\ 55$$

$$R_5=\mathrm{e}^{-\lambda_5 t_5}=\mathrm{e}^{-12/2\ 134.14}=0.994\ 39$$

习题

7-1 试比较各由两个相同单元组成的串联系统、并联系统、储备系统(转换装置及储备单元均完全可靠)的可靠度。假定单元寿命服从指数分布,失效率为 λ,单元可靠度 $R(t)=\mathrm{e}^{-\lambda t}=0.9$。

7-2 某汽车的行星轮边减速器,半轴与太阳轮(可靠度 0.995)相连,车轮与行星架相连,齿圈(可靠度 0.999)与桥壳相连。4 个行星轮的可靠度均为 0.999,求轮边减速器齿轮系统的可靠度。

7-3 三叉戟运输机有 3 台发动机,至少 2 台正常工作,飞机就能安全起飞。若每台发动机的平均无故障工作时间为 2 000 h。

(1)画出系统可靠性框图;

(2)求出 $t=100$ h 时发动机及系统的可靠度。

7-4　发电机的故障率 $\lambda_1=0.000\,02/\text{h}$，备用电源失效率 $\lambda_2=0.000\,01/\text{h}$，假设电源在储备期间不会失效，转换装置是完全可靠的。试求当 $t=1\,000$ h 时系统的可靠度及平均寿命。

7-5　元件 1、2、3 为 2/3 表决系统，元件 4、5 串联，元件 6、7 并联，这 3 个子系统又串联构成组合系统，如图 7-28 所示。各元件的可靠度为 $R_1=0.93$，$R_2=0.94$，$R_3=0.95$，$R_4=0.97$，$R_5=0.98$，$R_6=R_7=0.85$。试求该组合系统的可靠度。

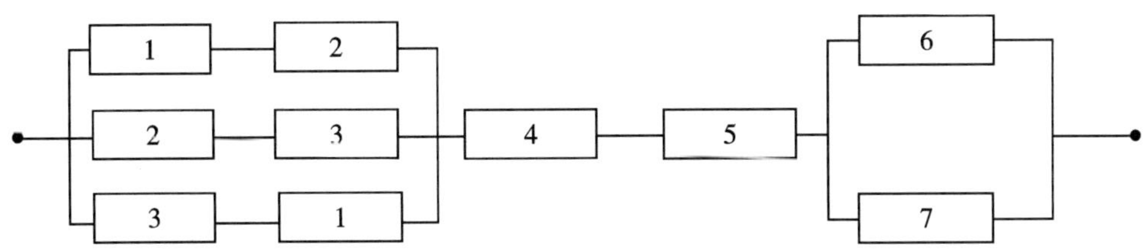

图 7-28　习题 7-5 图

7-6　已知转移矩阵 $\boldsymbol{P}=\begin{bmatrix}\frac{3}{4} & \frac{1}{4} & 0\\ \frac{1}{4} & \frac{1}{2} & \frac{1}{4}\\ 0 & 0 & 1\end{bmatrix}$。

(1)画出其状态转移图；

(2)判定状态 e_3 是否为吸收状态，若是，求到达吸收状态时的平均转移次数及各状态的停留次数。

7-7　已知系统由 5 个单元串联组成，各单元的工作是相互独立的，寿命均服从指数分布，各单元失效率与修复率见表 7-7。试求该系统的失效率、修复率、平均寿命及稳态有效度。

表 7-7　习题 7-7 数据表　　单位：h^{-1}

单元号	1	2	3	4	5
λ_i	0.000 1	0.000 12	0.000 15	0.000 12	0.000 13
μ_i	0.02	0.01	0.015	0.012	0.013

7-8　一个由电动机、带传动、单级减速器组成的传动装置，工作 1 000 h 要求可靠度 $R_s=0.960$。已知它们的平均失效率分别为：电动机 $\lambda_1=0.03/\text{h}$，带传动 $\lambda_2=0.40/\text{h}$，减速器 $\lambda_3=0.02/\text{h}$。试给它们分配合适的可靠度。

7-9　一个由电动机、带传动、单级减速器组成的传动装置，各单元所含的重要零件数分别为：电动机 $N_1=6$，带传动 $N_2=4$，减速器 $N_3=10$。若要求工作时间 $T=1\,000$ h 的可靠度为 0.95，试将可靠度分配给各单元。

第 8 章 机械可靠性优化设计

机械可靠性设计可以确保产品的可靠性指标的实现，但不能保证产品具有最佳的工作性能和参数匹配，最小的结构尺寸和质量，最低的成本和最大的效益。因此，要使产品既满足可靠性要求，又具有最优设计结果，就必须将可靠性设计理论与最优化技术结合起来，在保证产品可靠性的前提下得到产品在功能、参数匹配、结构尺寸与质量、成本等方面的参数最优解。

机械可靠性优化设计从内容上主要包括三个方面：

(1) 系统可靠性的最优化分配。以系统目标可靠度及其他条件为约束，最优分配系统的可靠度给子系统和零部件，使其系统的某些指标（如成本、总费用等）达到最优方案。

(2) 以可靠度最大为目标的可靠性优化设计。以产品可靠度最大为目标函数，以产品的某些功能参数和经济指标作为约束条件，即在保证产品某些功能指标和经济指标的条件下，求得产品有最大可靠度的设计方案。

(3) 以可靠度为约束条件的可靠性优化设计。以可靠度和某些设计指标（如功能参数）为约束，以另一些指标（如成本、体积及质量等）为目标，建立可靠性优化设计的数学模型并求其最优解。即在保证可靠性指标的条件下，采用最优化方法求得成本最低或结构尺寸、质量最小的设计方案。

在上述(2)、(3)项中，如果机械零件的应力与强度也作为设计变量，则均可称为机械强度可靠性优化设计。

8.1 系统可靠性最优化分配方法

花费最小分配法

8.1.1 花费最小的最优化分配方法

如果已知串联系统各单元的可靠度预测值为 $\hat{R}_1, \hat{R}_2, \cdots, \hat{R}_n$，则系统的可靠度预测值为

$$\hat{R}_s = \prod_{i=1}^{n} \hat{R}_i$$

若设计规定的系统可靠度指标 $R_s > \hat{R}_s$，表示预测值不能满足要求，需改进单元的可靠度指标，则系统中至少有一个单元的可靠度必须提高，即单元的分配可靠度 R_i 要大于

单元的预计可靠度 $\hat{R}_i$，为此必须花费一定的研制开发费用。用 $G(\hat{R}_i,R_i)(i=1,2,\cdots,n)$ 表示费用函数，即为使第 i 个单元的可靠度由 $\hat{R}_i$ 提高到 R_i 需要的费用。显然，R_i 与 $\hat{R}_i$ 差值越大，也就是可靠度值提高的幅度越大，费用也就越高。另外，$\hat{R}_i$ 值越大，提高 $(R_i-\hat{R}_i)$ 值所需的费用也愈高。这就构成了一个最优化设计问题，其数学模型为

$$\begin{cases}\text{目标函数：}\min\sum_{i=1}^{n}G(\hat{R}_i,R_i)\\ \text{约束条件：}\prod_{i=1}^{n}R_i\geqslant R_s\end{cases}\tag{8-1}$$

其应用步骤如下：

(1)将单元的预计可靠度从低到高依次排列：

$$\hat{R}_1<\hat{R}_2<\cdots<\hat{R}_m<\hat{R}_{m+1}<\cdots<\hat{R}_n$$

(2)确定需要提高可靠度的单元序号：

令 m 表示系统中需要提高可靠度的单元序号，m 从 1 开始，按需要依次增大。

令
$$R_0=\left[\frac{R_s}{\prod_{i=m+1}^{n+1}\hat{R}_i}\right]^{\frac{1}{m}}\quad(m=1,2,\cdots,n)\tag{8-2}$$

式中 $R_{n+1}=1$。

若要获得所要求的系统可靠度指标 R_s，则各单元的可靠度均应提高到 R_0，也就是，当 $R_0>\hat{R}_m$ 时，该单元可靠度需要提高，否则，需要继续增大 m 值为 $m+1$。

若
$$R_0=\left[\frac{R_s}{\prod_{i=m+2}^{n+1}\hat{R}_i}\right]^{\frac{1}{m+1}}<\hat{R}_{m+1}\tag{8-3}$$

则表明第$(m+1)$号单元的预计可靠度 $\hat{R}_{m+1}$ 已经比需要提高到的可靠度值 R_0 大，因此 $m+1$ 号单元的可靠度不需要再提高，m 为需要提高可靠度的单元序号最大值，则

$$R_i=\begin{cases}R_0 & (i\leqslant m)\\ \hat{R}_i & (i>m)\end{cases}\tag{8-4}$$

例 8-1　汽车驱动桥双级主减速器第一级螺旋锥齿轮主从动齿轮的预计可靠度为 $\hat{R}_A=0.85$，$\hat{R}_B=0.85$，第二级斜齿圆柱齿轮的预计可靠度为 $\hat{R}_C=0.96$，$\hat{R}_D=0.97$，若它们的费用函数相同，要求齿轮系统的可靠度指标为 $R_s=0.80$。试用花费最小的原则对 4 个齿轮做可靠度分配。

解：(1)系统的预计可靠度

$\hat{R}_s=\hat{R}_A\hat{R}_B\hat{R}_C\hat{R}_D=0.85\times0.85\times0.96\times0.97=0.672\ 79<R_s$

故应重新分配可靠度，提高系统的可靠度。

(2)将各单元可靠度按从小到大的顺序排列

$\hat{R}_1=\hat{R}_A=0.85,\hat{R}_2=\hat{R}_B=0.85,\hat{R}_3=\hat{R}_C=0.96,\hat{R}_4=\hat{R}_D=0.97$

(3)确定需要提高可靠度的单元序号

当 $m=1$ 时

$$R_0=\left[\frac{R_s}{\prod_{i=1+1}^{n+1}\hat{R}_i}\right]^{\frac{1}{1}}=\left[\frac{0.80}{0.85\times0.96\times0.97\times1}\right]^{1}=1.010\ 71>\hat{R}_1=0.85$$

当 $m=2$ 时

$$R_0=\left[\frac{R_s}{\prod_{i=2+1}^{n+1}\hat{R}_i}\right]^{\frac{1}{2}}=\left[\frac{0.80}{0.96\times0.97\times1}\right]^{\frac{1}{2}}=0.926\ 88>\hat{R}_2=0.85$$

当 $m=3$ 时

$$R_0=\left[\frac{R_s}{\prod_{i=3+1}^{n+1}\hat{R}_i}\right]^{\frac{1}{3}}=\left[\frac{0.80}{0.97\times1}\right]^{\frac{1}{3}}=0.937\ 79<\hat{R}_3=0.96$$

故需要提高可靠度的单元序号为 $m=2$。

(4)4 个齿轮的可靠度为

$R_A=R_0=0.926\ 88,R_B=R_0=0.926\ 88,R_C=\hat{R}_C=0.96,R_D=\hat{R}_D=0.97$

(5)验算系统可靠度

$R_s=R_AR_BR_CR_D=0.926\ 88\times0.926\ 88\times0.96\times0.97=0.80$

满足要求。

8.1.2 拉格朗日乘子法最优化分配

拉格朗日乘子法

拉格朗日乘子法是一种将约束最优化问题转换为无约束最优化问题的求优方法。由于引进了一种待定系数——拉格朗日乘子,则可利用这种乘子将原约束最优化问题的目标函数和约束条件组合成一个拉格朗日函数的新目标函数,使新目标函数的无约束最优解就是原目标函数的约束最优解。

当约束最优化模型为

$$\begin{cases}\text{目标函数}:\min f(X)=f(x_1,x_2,\cdots,x_n)\\ \text{约束条件}:h_v(X)=0\quad(v=1,2,\cdots,p)\end{cases}$$

则可构造拉格朗日函数为

$$L(X,\lambda)=f(X)-\sum_{v=1}^{p}\lambda_v h_v(X)\tag{8-5}$$

式中:

$$\boldsymbol{X}=[x_1\quad x_2\quad\cdots\quad x_n]^{\mathrm{T}}$$

$$\boldsymbol{\lambda}=[\lambda_1\quad\lambda_2\quad\cdots\quad\lambda_n]^{\mathrm{T}}$$

即把 p 个待定乘子 $\lambda_v(v=1,2,\cdots,p,p<n)$ 作为变量。此时拉格朗日函数 $L(X,\lambda)$ 的极值点存在的必要条件为

$$\begin{cases} \dfrac{\partial L}{\partial x_i} = 0 \quad (i = 1,2,\cdots,n) \\ \dfrac{\partial L}{\partial \lambda_v} = 0 \quad (v = 1,2,\cdots,p) \end{cases} \tag{8-6}$$

解式(8-6)即可求得原问题的约束最优解 $X^* = [x_1^*, x_2^*, \cdots, x_n^*]$。

当拉格朗日函数为高于二次函数时,用式(8-6)难以直接求解,这是拉格朗日乘子法在应用上的局限性。

若系统由 n 个单元串联而成,单元的可靠度 $R_i(i = 1,2,\cdots,n)$ 和制造费用 $x_i(i = 1,2,\cdots,n)$ 之间的关系为

$$R_i = 1 - \mathrm{e}^{-\alpha_i(x_i-\beta_i)} \quad (i = 1,2,\cdots,n) \tag{8-7}$$

式中 α_i,β_i 为常数。则在可靠度 $R_s = \prod_{i=1}^{n} R_i$ 的约束条件下,以费用 $f(X) = \sum_{i=1}^{n} x_i$ 最小为目标,引入拉格朗日乘子 λ 构造拉格朗日函数为

$$L(X,\lambda) = \sum_{i=1}^{n} x_i - \lambda(R_s - \prod_{i=1}^{n} R_i) \tag{8-8}$$

若将费用 x_i 表达为显式函数,则有

$$x_i = \beta_i - \frac{\ln(1 - R_i)}{\alpha_i} \quad (i = 1,2,\cdots,n) \tag{8-9}$$

将式(8-9)代入拉格朗日函数,则式(8-8)可改写为

$$L(R,\lambda) = \sum_{i=1}^{n} \left[\beta_i - \frac{\ln(1 - R_i)}{\alpha_i}\right] - \lambda\left(R_s - \prod_{i=1}^{n} R_i\right) \tag{8-10}$$

式中 $\boldsymbol{R} = [R_1 \quad R_2 \quad \cdots \quad R_n]^{\mathrm{T}}$。

解方程组

$$\begin{cases} \dfrac{\partial L}{\partial R_1} = 0 \\ \dfrac{\partial L}{\partial R_2} = 0 \\ \quad\vdots \\ \dfrac{\partial L}{\partial R_n} = 0 \\ \dfrac{\partial L}{\partial \lambda} = 0 \end{cases} \tag{8-11}$$

例 8-2　某两个单元的串联系统,要求系统可靠度 $R_s = 0.8$,各单元的制造费用函数为 $x_i = \beta_i - \dfrac{\ln(1 - R_i)}{\alpha_i}(i = 1,2)$,其中 $\alpha_1 = 0.90, \beta_1 = 4.0, \alpha_2 = 0.60, \beta_2 = 2.0$。试用拉格朗日乘子法将系统的可靠度指标 R_s 分配给各单元,并使系统费用最少。

解: 由式(8-10),引入拉格朗日乘子 λ 构造拉格朗日函数为

$$L(R,\lambda) = \left[\beta_1 - \frac{\ln(1 - R_1)}{\alpha_1}\right] + \left[\beta_2 - \frac{\ln(1 - R_2)}{\alpha_2}\right] - \lambda(R_s - R_1R_2)$$

解方程组

$$\begin{cases}\dfrac{\partial L}{\partial R_1}=\dfrac{1}{\alpha_1(1-R_1)}+\lambda R_2=0\\ \dfrac{\partial L}{\partial R_2}=\dfrac{1}{\alpha_2(1-R_2)}+\lambda R_1=0\\ \dfrac{\partial L}{\partial \lambda}=-R_s+R_1R_2=0\end{cases}$$

即
$$\begin{cases}\dfrac{1}{\alpha_1(1-R_1)}+\lambda R_2=0\\ \dfrac{1}{\alpha_2(1-R_2)}+\lambda R_1=0\\ R_s=R_1R_2\end{cases}$$

则有

$$\begin{cases}-\lambda=\dfrac{1}{\alpha_1(1-R_1)}\cdot\dfrac{R_1}{R_s}=\dfrac{1}{\alpha_2(1-R_2)}\cdot\dfrac{R_2}{R_s}\\ R_s=R_1R_2\end{cases}$$

代入数据可得

$$\begin{cases}\dfrac{R_1}{0.90\times0.80\times(1-R_1)}=\dfrac{R_2}{0.60\times0.80\times(1-R_2)}\\ R_1R_2=0.80\end{cases}$$

求解上式,得 $R_1=0.913\ 6$,$R_2=0.875\ 7$

8.1.3 动态规划法最优化分配

动态规划法

动态规划法是指将多个变量决策问题分解为只包含一个变量的一系列子问题,通过解这一系列子问题而求得此多变量的最优解。这样,n 个变量的决策问题就被构造成一个顺序求解各个单独变量的 n 级序列决策问题。由于动态规划法利用一种递推关系依次做出最优决策,构成一种最优策略,使整个过程取得最优,因此,其计算逻辑较为简单,适用于电子计算机计算,它在可靠性工程中已经得到了广泛的应用。

若系统可靠度 R 是费用 x 的函数,并且可以分解为

$$R(x)=f_1(x_1)+f_2(x_2)+\cdots+f_n(x_n) \tag{8-12}$$

则总费用为

$$x=x_1+x_2+\cdots+x_n \tag{8-13}$$

在此条件下使系统可靠度 $R(x)$ 为最大的问题,就称为动态规划。

因为 $R(x)$ 的最大值取决于 x 和 n,所以可用 $\varphi_n(x)$ 表达,则

$$\varphi_n(x)=\max_{x\in\Omega}R(x_1,x_2,\cdots,x_n) \tag{8-14}$$

式中,Ω 为满足式(8-13)解的集合。

如果在第 n 次活动中由分配到的费用 $x_n(0\leqslant x_n\leqslant x)$ 所得到的效益为 $f_n(x_n)$,则由式

(8-14)可知,由费用 x 的其余部分 $(x-x_n)$ 所能得到的效益最大值应为 $\varphi_{n-1}(x-x_n)$,这样在第 n 次活动中分到的费用 x_n 及在其余活动中分到的费用 $(x-x_n)$ 所带来的总效益为

$$f_n(x_n)+\varphi_{n-1}(x-x_n) \tag{8-15}$$

因为求使这一总效益为最大的 x_n 与使 $\varphi_n(x)$ 为最大有关,所以有

$$\varphi_n(x)=\max_{0\leqslant x_n\leqslant x}\left[f_n(x_n)+\varphi_{n-1}(x-x_n)\right] \tag{8-16}$$

也就是说,虽然要进行 n 次活动分配,但没有必要同时对所有组合进行研究,在 $\varphi_{n-1}(x-x_n)$ 已为最优分配之后考虑总体效益,只需注意 x_n 的值就行了。另外,对 x_n 的选择所得到的可靠度分配,不仅应保证总体的效益最大,还必须使费用 $(x-x_n)$ 所带来的效益最大。这种方法通常称为最优性原理。

现通过下面的例题来进一步阐明动态规划的用法。

例 8-3　由子系统 A、B、C、D 组成的串联系统,各子系统的成本费用和工作 2 000 h 的预计可靠度值如表 8-1 所示。要使此系统工作 2 000 h 的可靠度指标 $R_s\geqslant 0.99$,而成本费用又要尽量少,问各子系统应有多大的储备度?

表 8-1　各子系统的预计可靠度值与成本

子系统	可靠度 R_t	成本/万元	储备度	储备子系统的可靠度 R_t'
A	0.85	6		
B	0.75	4		
C	0.80	5		
D	0.70	3		

解:这是一个以成本建立目标函数并取得最小值,以系统可靠度指标 $R_s\geqslant 0.99$ 为约束条件的最优化问题。若不附加储备件,则系统的预计可靠度为

$$\hat{R}_s=\hat{R}_A\hat{R}_B\hat{R}_C\hat{R}_D=0.85\times 0.75\times 0.80\times 0.70=0.357<R_s$$

因此,不符合系统可靠度指标的设计要求,应提高各子系统的可靠度指标,使之在 0.99以上,为此,需要增加储备件来增加系统的可靠度,将各子系统改为由几个并联分支组成的储备系统,如图 8-1 所示。

设子系统 A、B、C、D 的储备度(并联分支数)为 x_1,x_2,x_3,x_4,各储备系统的可靠度为

$R_A=1-(1-R_A)^{x_1}=1-0.15^{x_1}$

$R_B=1-(1-R_B)^{x_2}=1-0.25^{x_2}$

$R_C=1-(1-R_C)^{x_3}=1-0.2^{x_3}$

$R_D=1-(1-R_D)^{x_4}=1-0.3^{x_4}$

总成本为

$x=6x_1+4x_2+5x_3+3x_4$

为满足 $R_s\geqslant 0.99$ 且总成本最低,就要具体确定各子系统的最佳储备度。根据式(8-16)的递推关系,首先从两个子系统间的组合算起,求出 $\varphi_2(x-x_3)$ 。现取子系统 A、B 的储备度分别为 3 ~6、4 ~6,则共有 12 种组合,每种组合的成本和可靠度的计算结果列于表 8-2 中。

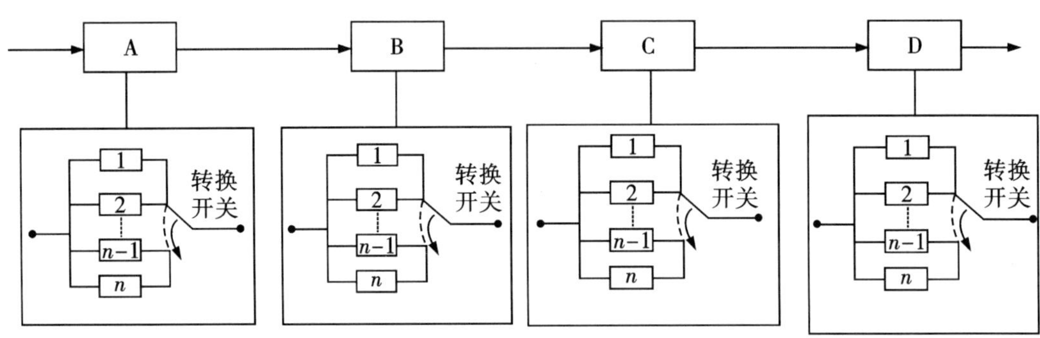

图 8-1 四个子系统的储备系统

表 8-2 子系统 A、B 不同储备度组合下的成本与可靠度

			子系统 B 的储备度		
			4	5	6
子系统 A 的储备度	3	成本/万元	34	38	42
		可靠度	0.992 74	0.995 66	0.996 39
	4	成本/万元	40	44	48
		可靠度	0.995 59	0.998 52	0.999 25
	5	成本/万元	46	50	54
		可靠度	0.996 01	0.998 94	0.999 67
	6	成本/万元	52	56	60
		可靠度	0.996 08	0.999 01	0.999 74

以可靠度为纵坐标,成本为横坐标对表 8-2 中的数据描点绘图,如图 8-2 所示。

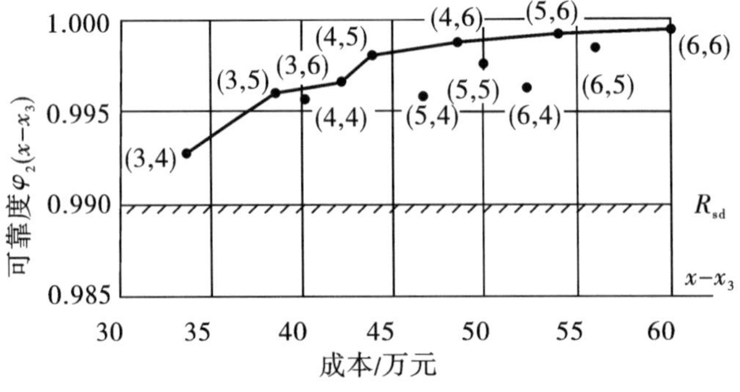

图 8-2 成本($x-x_3$)与可靠度 $\varphi_2(x-x_3)$ 线图

图 8-2 中括号内的前后两个数字,分别表示子系统 A 与子系统 B 的储备度。如图 8-2 所示,由成本最低的组合(3,4)开始逐渐向成本高的组合移动时,如果成本升高而可靠度下降,则舍弃这种设计组合,并将剩下的各组合点顺序用直线连接,即可得到图中的折线。

取出折线上的各点数据,与子系统 C 的四种储备度(3 ~ 6)方案组合,可得 28 种方案,其成本及相应的可靠度如表 8-3 所示。

表 8-3　子系统 A、B、C 不同储备度组合的成本与可靠度

			子系统 C 的储备度			
			3	4	5	6
子系统(A+B)的储备度	3,4	成本/万元	49	54	59	64
		可靠度	0.984 80	0.991 15	0.992 42	0.992 68
	3,5	成本/万元	53	58	63	68
		可靠度	0.987 69	0.994 06	0.995 34	0.995 59
	3,6	成本/万元	57	62	67	72
		可靠度	0.988 42	0.994 79	0.996 07	0.996 33
	4,5	成本/万元	59	64	69	74
		可靠度	0.990 53	0.996 92	0.998 20	0.998 45
	4.6	成本/万元	63	68	73	78
		可靠度	0.991 26	0.997 65	0.998 93	0.999 18
	5,6	成本/万元	69	74	79	84
		可靠度	0.991 67	0.998 07	0.999 35	0.999 60
	6,6	成本/万元	75	80	85	90
		可靠度	0.991 74	0.998 14	0.999 42	0.999 67

用上述相同的方法绘出成本 $(x - x_4)$ -可靠度 $\varphi_3(x - x_4)$ 折线图。同样,取出折线上各点数据列于表 8-3 中。然后将表 8-3 中所列的子系统 A、B、C 的 12 种储备度组合方案与子系统 D 的 3 种储备度(4 ~ 6)组合,可得 36 种组合方案,即利用 $\varphi_3(x - x_4)$ 求 $\varphi_4(x)$ 。最后计算结果是:子系统 A、B、C、D 的储备度分别是 3、4、4、6,这时系统的可靠度为0.990 43,成本为 72 万元。

由上述算法可知,随着组合的子系统数目越来越多,方案数大幅增加。当系统较为复杂时,方案组合的工作量就会非常大,因此,可以采用动态规划法的计算机程序进行分析。

动态规划法的模型为

目标函数: $\min: y = f(x_1, x_2, x_3, x_4) = 6x_1 + 4x_2 + 5x_3 + 3x_4$

约束条件:

$$\begin{cases} g(x) = 0.99 - (1 - 0.15^{x_1})(1 - 0.25^{x_2})(1 - 0.20^{x_3})(1 - 0.30^{x_4}) \leqslant 0 \\ \begin{pmatrix} -1 & 0 & 0 & 0 \\ 0 & -1 & 0 & 0 \\ 0 & 0 & -1 & 0 \\ 0 & 0 & 0 & -1 \end{pmatrix} \cdot \begin{pmatrix} x_1 \\ x_2 \\ x_3 \\ x_4 \end{pmatrix} \leqslant 0 \end{cases}$$

下面采用 MATLAB 中的非线性规划函数 fmincon( )来求解有约束的多元函数的最小值。

【MATLAB 程序】

```
% object function
% myobj. m
function f=myobj(x);
f=6 * x(1)+4 * x(2)+5 * x(3)+3 * x(4);

% constraint function
% myconst. m
function [g,ceq]=myconst(x);
R1=0.85;R2=0.75;R3=0.80;R4=0.70;
F1=1-R1;F2=1-R2;F3=1-R3;F4=1-R4;
g=0.99-(1-F1^x(1)) * (1-F2^x(2)) * (1-F3^x(3)) * (1-F4^x(4));
ceq=[];

% solve program
clear
x0=[1;1;1;1];
a=[-1 0 0 0;0 -1 0 0;0 0 -1 0;0 0 0 -1];
b=[0 0 0 0];
lb=[1;1;1;1];ub=[10;10;10;10];        %变量的下界和上界
[x,fn]=fmincon('myobj',x0,a,b,[],[],lb,ub,'myconst');

%求解非线性规划
Run
x=
   3.112726495374110
   4.325668084387512
   3.680187079557578
   5.102346585744492
fn=69.687006464816079
```

由于储备度必须为整数,其结果通过下面的优化程序进行圆整。

```
xx=floor(x);
yy=xx+1;
A=[xx(1),yy(1)];
B=[xx(2),yy(2)]
C=[xx(3),yy(3)];
D=[xx(4),yy(4)];
%输入已知数据
R1=0.85;R2=0.75;R3=0.80;R4=0.70;
F1=1-R1;F2=1-R2;F3=1-R3;F4=1-R4;
p=2;q=2;r=2;s=1;
i=0;j=0;
for p=1:2
for q=1:2
for r=1:2
for s=1:2
g=0.99-(1-F1^A(p))*(1-F2^B(q))*(1-F3^C(r))*(1-F4^D(s));
if g<0
  i=i+1;j=j+1;
[A(p)B(q)C(r)D(s)];
u(i,:)=[A(p)B(q)C(r)D(s)];
cost=6*A(p)+4*B(q)+5*C(r)+3*D(s);
t(:,j)=[cost];
end
end
end
end
end
u;
t;
min_cost=min(t);
position=find(t==min(t));
subsystem_number=u(position,:);
Run
x=3.1172
  4.3257
  3.6802
  5.1023
fn=69.6870
min_cost=72
subsystem_number=
3    4    4    6
```

子系统 A、B、C、D 的储备度应分别为 3,4,4,6。这时,系统的可靠度 $R_s = 0.99043$,成本 $x=72$ 万元。

机械强度可靠性优化设计

8.2 机械强度可靠性优化设计

在机械强度可靠性优化设计中,若应力 S 与强度 δ 均服从正态分布,即 $S \sim (\mu_S, \sigma_S)$,$\delta \sim (\mu_\delta, \sigma_\delta)$。由于应力参数 μ_S, σ_S 与零件的形状、尺寸及制造精度有关,而强度参数 $\mu_\delta, \sigma_\delta$ 与零件的材料、热处理及加工工艺有关,显然这些参数决定了产品的投资总费用、产品总尺寸或总重量。

8.2.1 可靠度为目标的机械强度可靠性优化设计

若产品设计以在给定投资费用之内获得最大的可靠度为目标,则可以建立如下数学模型:

(1)设计变量。取与投资总费用相关的应力参数和强度参数 $\mu_S, \sigma_S, \mu_\delta, \sigma_\delta$ 为设计变量,寻求可靠度最大时的最优解 $\mu_S^*, \sigma_S^*, \mu_\delta^*, \sigma_\delta^*$。

(2)目标函数。由于应力与强度均服从正态分布,由式(4-22)可知

$$R = \frac{1}{\sqrt{2\pi}} \int_{-\frac{\mu_\delta - \mu_S}{\sqrt{\sigma_\delta^2 + \sigma_S^2}}}^{+\infty} e^{-\frac{z^2}{2}} dz = \frac{1}{\sqrt{2\pi}} \int_z^{+\infty} e^{-\frac{z^2}{2}} dz$$

目标函数若取可靠度 R 最大,则 z 应取最小值。因此,目标函数为

$$\min z = -\frac{\mu_\delta - \mu_S}{\sqrt{\sigma_\delta^2 + \sigma_S^2}} \tag{8-17}$$

(3)约束条件。若 r 为给定的投资费用,则总费用 C_T 应满足

$$C_T \leqslant r$$

即

$$C_T = C_1(\mu_S) + C_2(\sigma_S) + C_3(\mu_\delta) + C_4(\sigma_\delta) \tag{8-18}$$

式中,$C_1(\mu_S)$、$C_2(\sigma_S)$—— 应力均值、标准差的成本函数;

$C_3(\mu_\delta)$、$C_4(\sigma_\delta)$—— 强度均值、标准差的成本函数。

当求得全域最优解后,将最优值 $\mu_S^*, \sigma_S^*, \mu_\delta^*, \sigma_\delta^*$ 代入式(8-17),求出相应的 z^* 值,查正态分布表,即可求得在该约束条件下可靠度的最大值 R^*。

根据设计对象和设计要求的不同,还可以考虑产品尺寸、重量等优化目标,有时还要考虑其他约束条件。

8.2.2 可靠度为约束的机械强度可靠性优化设计

若产品设计是以在某一可靠度水平上实现最小投资成本为目标,则可建立如下数学模型:

(1)设计变量。取与投资总费用、尺寸或重量相关的应力参数和强度参数 $\mu_S, \sigma_S, \mu_\delta$,

σ_δ 为设计变量，寻求投资费用最小时的最优解 μ_S^*，σ_S^*，μ_δ^*，σ_δ^*。

(2)目标函数。由式(8-18)可得

$$\min C_T = C_1(\mu_S) + C_2(\sigma_S) + C_3(\mu_\delta) + C_4(\sigma_\delta) \tag{8-19}$$

(3)约束条件。当应力、强度均服从正态分布时，若给定可靠度为[R]，则可靠度应满足

$$R \geqslant [R]$$

由式(4-22)可知

$$z \leqslant [z]$$

则可靠度为约束条件时的表达式为

$$\frac{\mu_\delta - \mu_S}{\sqrt{\sigma_\delta^2 + \sigma_S^2}} + [z] \geqslant 0 \tag{8-20}$$

当求得全域最优解后，将最优值 μ_S^*，σ_S^*，μ_δ^*，σ_δ^* 代入式(8-17)，求出相应的 z^* 值，查正态分布表，即可求得产品的可靠度值 R^*，同时求得以可靠度[R]为约束条件时投资费用的最小值 C_T^*。

同样，根据设计对象和设计要求的不同，还可以考虑几何尺寸、重量等其他的优化目标及其他约束条件。

例 8-4　设计一汽缸盖螺栓连接，如图 8-3 所示，已知缸内压强 $p=(\bar{p},\sigma_p)=(12,0.6)$ MPa；内腔直径 $D=(\bar{D},\sigma_D)=(80,0.16)$ mm；螺栓材料选用 40Cr，材料屈服强度为 $\delta=(\mu_\delta,\sigma_\delta)=(900,63)$ MPa，疲劳极限为 $\delta_{-1}=(\mu_{\delta_{-1}},\sigma_{\delta_{-1}})=(340,27.2)$ MPa。尺寸系数、制造工艺系数、螺纹牙受力不均匀系数、应力集中系数分别为：$\mu_\varepsilon=1,\sigma_\varepsilon=0$；$\mu_{K_m}=1,\sigma_{K_m}=0$；$\mu_{K_u}=1,\sigma_{K_u}=0$；$\mu_{K_\sigma}=4,\sigma_{K_\sigma}=0$。接合面采用橡胶垫片。根据汽缸的重要程度、要求螺栓组可靠度 $R_s \geqslant 0.999\ 9$。试按重量最轻的原则设计此螺栓连接。

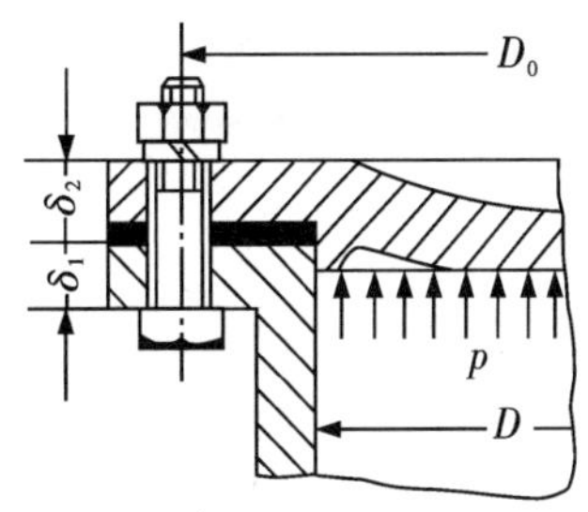

图 8-3　汽缸盖螺栓连接

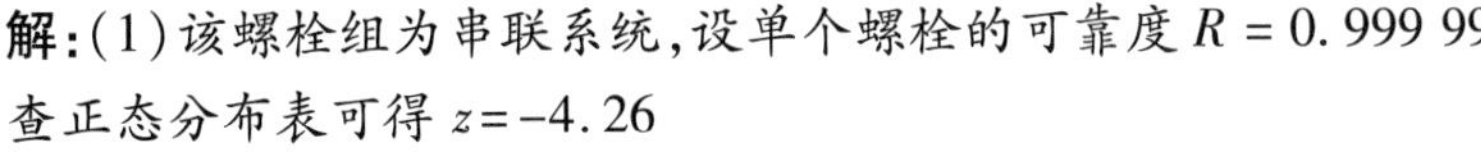
解：(1)该螺栓组为串联系统，设单个螺栓的可靠度 $R=0.999\ 99$

查正态分布表可得 $z=-4.26$

螺栓可靠性优化设计

(2)设计变量为螺栓直径 d_1 与数量 Z

$X=[x_1,x_2]^{\mathrm{T}}=[Z,d_1]^{\mathrm{T}}$

(3)建立目标函数

设螺栓总重量为 W，则

$$W = Z\frac{\pi d^2}{4}L\rho$$

式中，ρ—— 螺栓材料重量密度，对钢制螺栓，$\rho = 78\ 000\ \mathrm{N/m^3}$；

L—— 螺栓当量长度，$L \approx 5.2d$。

目标函数为 $\min G(X) \approx 3.5 \times 10^{-4} Z d_1^3$

(4)确定螺栓强度分布参数

螺栓疲劳强度修正值$\delta_{-1e}=\dfrac{\varepsilon K_m K_u}{K_\sigma}\delta_{-1}$

疲劳强度的均值$\mu_{\delta_{-1e}}=\mu_{\delta_{-1}}\dfrac{\mu_\varepsilon\mu_{K_m}\mu_{K_u}}{\mu_{K_\sigma}}=340\times\dfrac{1\times1\times1}{4}=85\ (\text{MPa})$

疲劳强度的方差

$$\sigma_{\delta_{-1e}}^2=\left(\frac{\partial\delta_{-1e}}{\partial\delta_{-1}}\bigg|_{\varepsilon=\bar{\varepsilon},K_m=\bar{K}_m,K_u=\bar{K}_u,K_\sigma=\bar{K}_\sigma}\right)^2\sigma_{\delta_{-1}}^2$$

$$=\left(\frac{1\times1\times1}{4}\right)^2\times27.2^2=46.24\ (\text{MPa}^2)$$

疲劳强度的标准差$\sigma_{\delta_{-1e}}=\sqrt{\sigma_{\delta_{-1e}}^2}=\sqrt{46.24}=6.8\ (\text{MPa})$

(5)确定螺栓的应力分布参数

螺栓的拉应力$S=\dfrac{1.3F}{A}=\dfrac{1.3(F_a+F')}{A}=\dfrac{1.3(F_a+1.5F_a)}{A}=\dfrac{3.25p\cdot\dfrac{\pi D^2}{4Z}}{\dfrac{\pi d_1^2}{4}}=\dfrac{3.25pD^2}{d_1^2Z}$

静应力的分布参数$\mu_S=\dfrac{3.25\bar{p}\bar{D}^2}{d_1^2Z}=\dfrac{3.25\times12\times80^2}{d_1^2Z}=\dfrac{249\ 600}{d_1^2Z}\ (\text{MPa})$

$$\sigma_S=\sqrt{\left(\frac{\partial S}{\partial p}\bigg|_{p=\bar{p},D=\bar{D}}\right)^2\sigma_p^2+\left(\frac{\partial S}{\partial D}\bigg|_{p=\bar{p},D=\bar{D}}\right)^2\sigma_D^2}=\sqrt{\left(\frac{3.25}{d_1^2Z}\bar{D}^2\right)^2\sigma_p^2+\left(\frac{3.25\times2}{d_1^2Z}\bar{p}\bar{D}\right)^2\sigma_D^2}$$

$$=\sqrt{\left(\frac{3.25}{d_1^2Z}\right)^2(80^4\times0.6^2+2^2\times12^2\times80^2\times0.16^2)}=\sqrt{\frac{156\ 747\ 202.56}{d_1^4Z^2}}$$

$$=\frac{12\ 519.872\ 3}{d_1^2Z}\ (\text{MPa})$$

疲劳应力幅的分布参数$\mu_{S_a}=2K_c\dfrac{\bar{F}_a}{\pi d_1^2}=0.5K_c\dfrac{\bar{D}^2\bar{p}}{d_1^2Z}$

式中K_c为螺栓连接相对刚度,接触面为橡胶垫片,一般取$K_c=0.9$,则

$$\mu_{S_a}=0.5K_c\frac{\bar{D}^2\bar{p}}{d_1^2Z}=0.5\times0.9\times\frac{80^2\times12}{d_1^2Z}=\frac{34\ 560}{d_1^2Z}\ (\text{MPa})$$

取疲劳应力幅的变异系数为0.05,则$\sigma_{S_a}=C_{S_a}\mu_{S_a}=0.05\times\dfrac{34\ 560}{d_1^2Z}=\dfrac{1\ 728}{d_1^2Z}\ (\text{MPa})$

(6)可靠度的约束条件

$$\begin{cases}\dfrac{\mu_\delta-\mu_S}{\sqrt{\sigma_\delta^2+\sigma_S^2}}+[z]\geqslant0\\[2ex]\dfrac{\mu_{\delta_e}-\mu_{S_a}}{\sqrt{\sigma_{\delta_e}^2+\sigma_{S_a}^2}}+[z]\geqslant0\end{cases}$$

(7)螺栓连接紧密性约束条件

为了保证汽缸结合面有可靠的密封性,螺栓间距取$t\leqslant(4\sim3)d$,由此可得约束条

件为

$$\begin{cases}\dfrac{\dfrac{\pi\overline{D}_0}{Z}}{t_{\min}}-1\geqslant 0\\[2ex]1-\dfrac{\dfrac{\pi\overline{D}_0}{Z}}{t_{\max}}\geqslant 0\end{cases}$$

式中，D_0为螺栓中心分布圆直径，单位为 mm，一般可取 $\overline{D}_0\approx 1.5\overline{D}$

(8) 选择优化算法

选用约束随机方向法

(9) 优化设计所得参数

$x_1=8.004\ 74$，$x_2=10.101$，$G=4.587$ N

圆整处理后可得

$d_1=10.101$ mm，$d=12$ mm，$Z=8$，$D_0=110$ mm，$R=0.999\ 99$，$G=4.84$ N

圆柱齿轮减速器可靠性优化设计

习题

8–1　一个两级齿轮减速器，4 个齿轮预计的可靠度分别为 $R_1=0.89$，$R_2=0.96$，$R_3=0.90$，$R_4=0.97$，各齿轮的费用函数相同，要求系统可靠度为 $R_s=0.82$，试按花费最少的原则对 4 个齿轮分配可靠度。

8–2　由子系统 A、B、C、D、E、F、G、H 组成串联系统，各子系统的成本费用和工作 2000 h 的预计可靠度见表 8–4。要使此系统工作 2 000 h 的可靠度指标 $R_s\geqslant 0.999$，而成本费用又要尽量小，各子系统应有多大的储备度？

表 8–4　习题 8–2 表

子系统	可靠度 R_i	成本/万元	储备度	储备子系统的可靠度
A	0.85	8		
B	0.76	5.5		
C	0.80	7		
D	0.70	3		
E	0.78	6		
F	0.81	7		
G	0.75	5		
H	0.72	4		

8–3　设计二级渐开线圆柱齿轮减速器。假设设计变量和参数均服从正态分布。已知输入功率 $P_1=(\overline{P}_1,\sigma_{P_1})=(4.5,0.23)$ kW，高速轴转速 $n_1=(\overline{n}_1,\sigma_{n_1})=(960,48)$ r/min，

总传动比 $u=(\bar{u},\sigma_u)=(20,0.6)$，齿轮及轴采用45 钢，调质处理，抗拉强度极限 $\delta_b=(\bar{\delta}_b,\sigma_{\delta_b})=(650,52)$ MPa，硬度 $HB=(\overline{HB},\sigma_{HB})=(260,26)$，模数变异系数取0.005，螺旋角变异系数取 0.008，轴颈变异系数取 0.000 1，要求减速器的工作可靠度满足 $R_s\geqslant 0.9$。试求该减速器体积最小的设计方案。

第9章 机械系统可靠性分析

为了提高产品的可靠性,必须在可靠性设计阶段对系统及其组成单元的故障用科学的方法进行详细分析,以找出系统的薄弱环节并进行有针对性的改进。本章重点介绍工程中最常用的方法,故障模式影响及危害性分析、故障树分析。

故障模式影响
及危害性分析

9.1 故障模式影响及危害性分析

故障模式影响及危害性分析(failure mode,effects and criticality analysis,FMECA)是分析系统中每一产品所有可能产生的故障模式及其对系统造成的所有可能影响,并按每一个故障模式的严重程度及其发生概率予以分类的一种可靠性分析方法。FMECA 是一种自下而上(由元件到系统)的归纳分析方法,包括故障模式影响分析(failure mode effects analysis,FMEA)和危害性分析(criticality analysis,CA)。其目的是在产品设计(功能设计、硬件设计、软件设计)、生产(生产可行性分析、工艺设计、生产设备设计与使用)和使用中发现各种影响产品可靠性的缺陷和薄弱环节,为提高产品的质量和可靠性水平提供改进依据。

FMEA 最初在 20 世纪 50 年代美国的航天领域率先应用,并取得了巨大成功,随后逐渐被其他行业接受,并进一步增加了危害性分析,逐步在全球得到推广应用。目前,FMECA 在航空、航天、兵器、舰船、电子、机械、汽车等工业领域均获得了一定程度的普及,为保证产品的可靠性发挥着重要作用,成为在系统研制过程中必须完成的一项可靠性分析工作。

9.1.1 故障模式影响分析

在产品寿命周期的不同阶段,FMECA 的应用目的和方法略有不同,如表 9-1 所示。

表 9-1　产品寿命周期各阶段的 FMECA 方法

	论证与方案阶段	工程研制阶段	生产阶段	使用阶段
方法	功能 FMECA	·硬件 FMECA ·软件 FMECA ·损坏模式影响分析	过程 FMECA	统计 FMECA
目的	分析研究系统功能设计的缺陷与薄弱环节，为系统功能设计的改进和方案的权衡提供依据	分析研究系统硬件、软件设计的缺陷与薄弱环节，为系统的硬件、软件设计改进和保障性分析提供依据	分析研究所设计的生产工艺过程的缺陷和薄弱环节及其对产品的影响，为生产工艺的设计改进提供依据	分析研究产品使用过程中实际发生的故障、原因及其影响，为提供产品使用可靠性和进行产品的改进、改型或新产品的研制提供依据

FMECA 通常分两步进行，首先进行 FMEA，再进行 CA。FMEA 是定性分析，FMECA 是在其基础上再加一层任务，即判断各种模式对系统影响的危害程度有多大，使分析量化，其分析流程与步骤如图 9-1 所示。

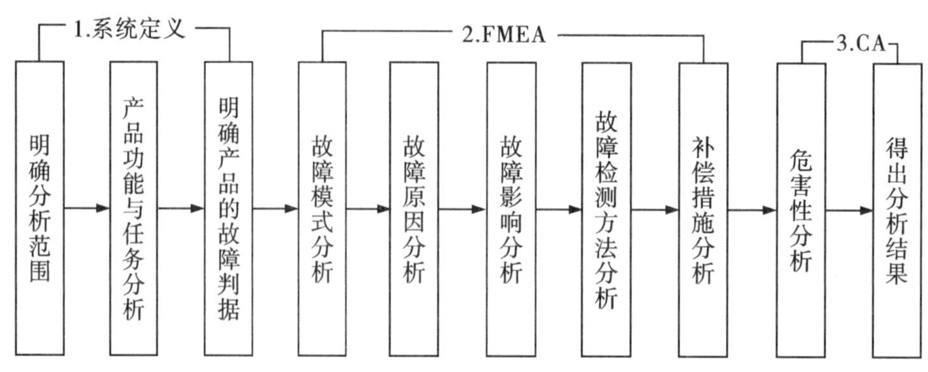

图 9-1　FMECA 分析流程与步骤

进行故障模式影响分析的具体步骤如下：

1. 明确分析范围

确定系统中进行 FMECA 的产品范围。复杂系统通常具有层次性结构，在进行 FMEA 之前应首先确定从哪个产品层次开始，到哪个产品层次结束，这种规定的 FMEA 层次称为约定层次。一般将最顶层的约定层次称为初始约定层次，最底层的约定层次称为最低约定层次。

2. 产品功能与任务分析

描述系统的功能、任务及系统在完成各种功能、任务时所处的环境条件，包括任务剖面、任务阶段、工作方式等。

3. 明确产品的故障判据

指定在 FMECA 中分析与判断系统及系统中产品正常与故障的准则。

4. 故障模式分析

故障是指产品或产品的一部分不能或将不能完成预定功能的事件或状态。故障模式是故障的表现形式，如飞机起落架支撑杆断裂、收放不到位等。一个产品可能具有多种功能，每一个功能又可能具有多种故障模式，分析人员的任务就是要找出产品全部可能的故障模式。

在系统研制初期，可依据下列原则进行故障模式分析，即：对系统中直接采用的现成产品，可以以该产品在以前使用中所发生的故障模式为基础，根据该产品使用环境条件的异同进行分析修正，最终得到该产品的故障模式；对系统中的新产品，可根据该产品的功能原理进行分析预测，得到该产品的故障模式，或以与该产品具有相似功能的相似产品所发生的故障模式为基础，分析判断该产品的故障模式。

5. 故障原因分析

确定并说明与假设的故障模式有关的各种原因，包括直接导致产品功能故障的产品本身的物理、化学或生物变化过程等直接原因（又称为故障机制），以及由于其他产品故障因素、环境因素和人为因素等引起的外部间接原因。

6. 任务阶段与工作方式

由于复杂系统往往具有多个任务剖面，在进行故障模式分析时，要说明产品的故障模式是在哪一个任务剖面的哪一个任务阶段的什么工作方式下发生的。

7. 故障影响分析

故障影响指产品的每一个故障模式对产品自身或其他产品的使用、功能和状态的影响。在分析系统中某产品的故障模式对其他产品的故障影响时，通常按预定义的约定层次进行，即不仅要分析该故障模式对该产品所在相同层次的其他产品的影响，还要分析该故障模式对该产品所在层次的更高层次产品的影响，以及对初始约定层次的影响。通常将上述故障影响依次称为局部影响、高一层次影响和最终影响。

8. 严酷度类别

系统中各产品的故障模式产生的最终影响往往是不同的，需要按严酷度进行分级。严酷度指产品故障造成的最坏后果的严重程度。《故障模式、影响及危害性分析指南》（GJB/Z 1391—2006）中采用的严酷度类别定义如表 9-2 所示。

表 9-2　严酷度类别及定义

严酷度类别	严重程度定义
Ⅰ类（灾难的）	这是一种会引起人员死亡或系统（如飞机、坦克、导弹及船舶等）毁坏的故障
Ⅱ类（致命的）	这种故障会引起人员的严重伤害、重大经济损失或导致任务失败的系统严重损坏
Ⅲ类（临界的）	这种故障会引起人员的轻度伤害，一定的经济损失或导致任务延误或降级的系统轻度损坏
Ⅳ类（轻度的）	这是一种不足以导致人员伤害、一定的经济损失或系统损坏的故障，但它会导致非计划性维护或修理

9. 故障检测方法

针对分析指出的每一个故障模式,需要进一步分析其故障检测方法,以便为系统的维修和测试工作提供依据。故障检测方法一般分为事前检测与事后检测两类,对于潜在的故障模式,应尽可能设计事前检测方法。

10. 补偿措施

分析人员应指出并评价那些能够用来消除或减轻故障影响的补偿措施,这是关系到能否有效提高产品可靠性的重要环节。补偿措施可以是设计上的补偿措施,也可以是操作人员的应急补救措施。

在完成上述步骤之后,就可以填写 FMEA 表格。一种常见的 FMEA 表格形式如表 9-3 所示。

表 9-3 典型的 FMEA 分析表

初始约定层次产品　　任　务　　审核　　第　页 共　页

约定层次产品　　分析人员　　批准　　填表日期

代码	产品或功能标志	功能	故障模式	故障原因	任务阶段与工作方式	故障影响			严酷度类别	故障检测方法	补偿措施	备注
						局部影响	高一层次影响	最终影响				
1	2	3	4	5	6	7	8	9	10	11	12	13
对每个产品的每一故障模式采用一种编码体系进行标识	记录被分析产品或功能的名称与标志	简要描述产品所具有的主要功能	根据故障模式分析的结果,简要描述每个产品的所有故障模式	根据故障原因分析结果,简要描述每个故障模式的所有故障原因	简要说明发生故障的任务阶段与产品的工作方式	根据故障影响分析的结果,简要描述每一个故障模式的局部、高一层次和最终影响并分别填入第 7 栏至第 9 栏			根据最终影响分析的结果,按每个故障模式分配严酷度类别	简要描述故障检测方法	简要描述补偿措施	主要记录对其他栏的注释和补充说明

9.1.2 危害性分析

CA 是以每个故障模式的严酷度类别及故障模式的发生概率所产生的综合影响为依据对系统中的产品进行划等分类,以便全面评价系统中各种可能出现的产品故障的影响。CA 是 FMEA 的补充和扩展,只有在进行 FMEA 的基础上才能进行 CA 的相关工作。

CA 有定性分析和定量分析两种方法。定性分析是绘制危害性矩阵;而定量分析是计算故障模式危害度 C_m 和产品危害度 C_r,并填写危害性分析表。

9.1.2.1 定性分析

在得不到产品技术状态数据或故障率数据的情况下,可以按故障模式发生的概率来评价 FMEA 中确定的故障模式,将各种故障模式的发生概率按规定分成不同的等级。GJB/Z 1391—2006 中给出的一种故障模式发生概率等级划分的规范如表 9-4 所示。

表 9-4　故障模式发生概率的等级划分

等级	定义	故障模式发生概率的特征	故障模式发生概率(在产品使用时间内)
A	经常发生	高概率	某一故障模式发生概率大于产品总故障概率的 20%
B	有时发生	中等概率	某一故障模式发生概率大于产品总故障概率的 10%，小于 20%
C	偶然发生	不常发生	某一故障模式发生概率大于产品总故障概率的 1%，小于 10%
D	很少发生	不大可能发生	某一故障模式发生概率大于产品总故障概率的 0.1%，小于 1%
E	极少发生	近乎为零	某一故障模式发生概率小于产品总故障概率的 0.1%

完成了对故障模式发生概率等级的评定后，再应用危害度矩阵对每一种故障模式进行危害性分析，进而为确定改进措施的先后顺序提供依据。

危害度矩阵用来确定每一种故障模式的危害程度并与其他故障模式相比较，它表示各故障模式的危害度分布，并提供一个用于确定改进措施先后顺序的工具。危害度矩阵的构成方法是以故障模式严酷度类别作为横坐标，以故障模式发生概率等级作为纵坐标，把每种故障模式的横、纵坐标标在危害性矩阵中作为一个坐标点，并将该点与坐标原点连成一条直线段，这条线段的长度（坐标点到原点的距离）就表示该故障模式的危害程度，如图 9-2 所示。

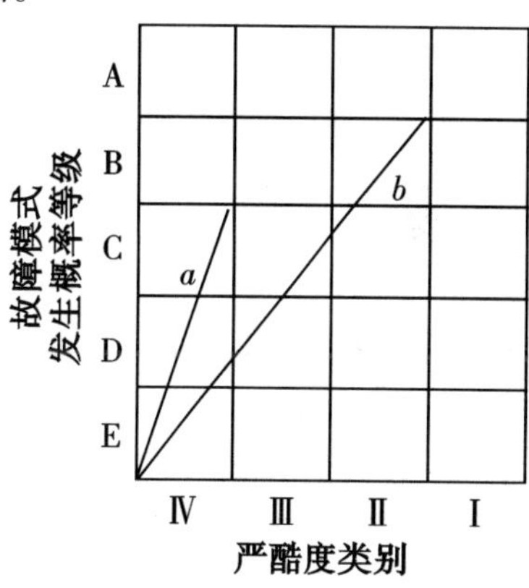

图 9-2　危害度矩阵

9.1.2.2　定量分析

在具备产品的技术状态数据和故障数据的情况下，可采用定量分析的方法得到更加有效的分析结论。一种典型的危害性分析表如表 9-5 所示。

表 9-5　危害性分析表

初始约定层次产品　任　务　审核　第　页　共　页
约定层次产品　分析人员　批准　填表日期

代码	产品或功能标志	功能	故障模式	故障原因	任务阶段与工作方式	严酷度类别	故障概率等级或故障数据源	总故障率 λ_p	故障模式频数比 α	故障影响概率 β	工作时间 t	故障模式危害度 $C_m(j)$	产品危害度 $C_r(j)$	备注
1	2	3	4	5	6	7	8	9	10	11	12	13	14	15

表 9-5 中，故障模式频数比 α 是产品的某一故障模式占其全部故障模式的百分比

率。如果考虑某产品所有可能的故障模式，则其故障模式频数比之和为 1；模式故障率 λ_m 是指产品总故障率 λ_p 与某故障模式频数比 α 的乘积；故障影响概率 β 是指假定产品某故障模式已发生时，导致确定严酷度等级的最终影响条件概率。某一故障模式可能产生多种最终影响，分析人员不但要分析出这些最终影响，还应进一步指明该故障模式引起的每一种故障影响的百分比，此百分比即为 β，多种最终影响的 β 值之和为 1。

故障模式危害度 $C_{mi}(j)$ 用来评价单一故障模式的危害性，代表了产品在工作时间 t 内以第 i 种故障模式产生第 j 类严酷度类别影响的故障次数，计算公式如下：

$$C_{mi}(j)=\alpha\beta\lambda_p t \quad (j=\text{Ⅰ},\text{Ⅱ},\text{Ⅲ},\text{Ⅳ}) \tag{9-1}$$

产品危害度 $C_r(j)$ 用来评价产品的危害性，是产品在第 j 类严酷度类别下的所有故障模式的危害度之和，代表了某一产品在工作时间 t 内产生第 j 类严酷度类别影响的故障次数，计算公式如下：

$$C_r(j)=\sum_{i=1}^{n} C_{mi}(j) \quad (j=\text{Ⅰ},\text{Ⅱ},\text{Ⅲ},\text{Ⅳ}) \tag{9-2}$$

9.1.3 故障模式影响及危害性分析实例

由表 9-3 和表 9-5 可知，故障模式分析（FMEA）表与危害性分析（CA）表中的一些内容是相同的，通常把两个表合在一起制定故障模式影响及危害性分析（FMECA）表。

以某型军用教练飞机升降舵系统为例，介绍故障模式影响及危害性分析的具体应用。

1. 系统定义

（1）系统组成及功能。某型军用飞机升降舵系统用于保证飞机的纵向操纵性。它由安定面支承、轴承组件、扭力管组件、操纵组件、配重和调整片所组成。

（2）约定层次。根据升降舵的结构和功能，结合 FMEA 的需要，完成升降舵所属飞机约定层次的划分，如图 9-3 所示。

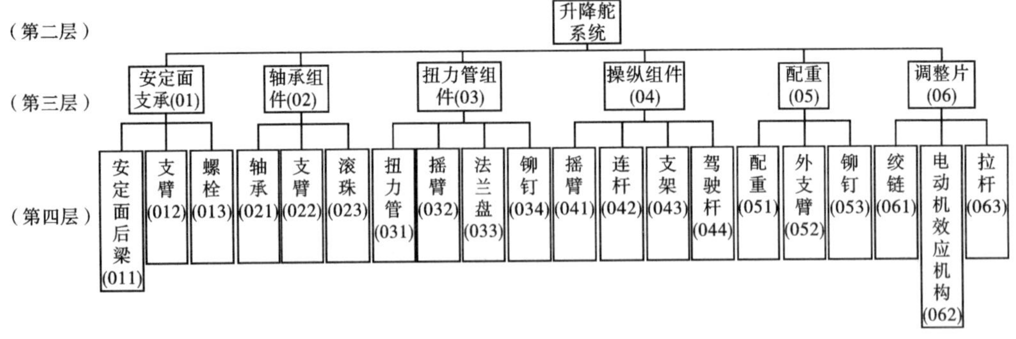

图 9-3 升降舵系统约定层次划分

（3）绘制功能框图。升降舵系统的功能框图如图 9-4 所示。

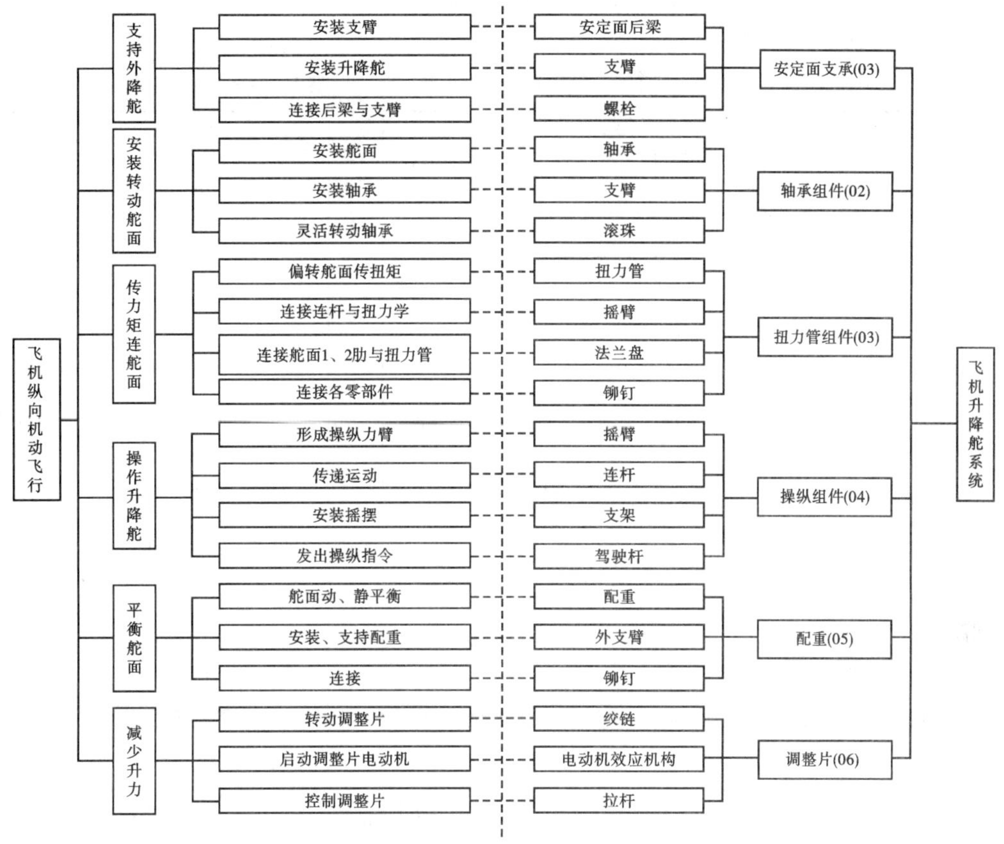

图 9-4　升降舵系统功能框图

(4)绘制可靠性框图。如图 9-5 所示。

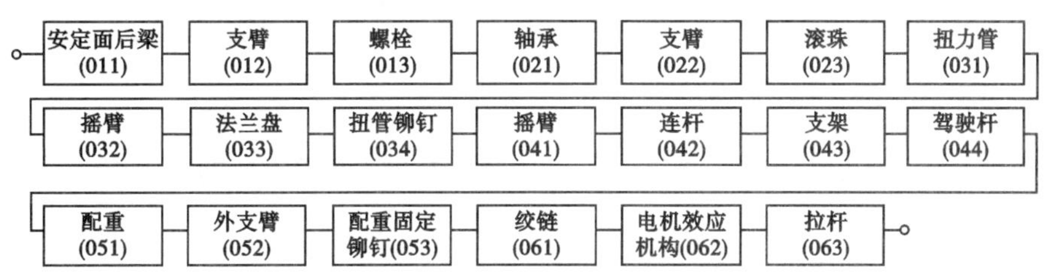

图 9-5　可靠性框图

2. 编写 FMECA 表

根据前面分析,编写升降舵系统的 FMECA 表,如表 9-6 所示。

表 9-6 升降舵系统 FMECA 表

初始约定层次:××教练飞机

约定层次:升降舵系统　任务:飞行　分析:×××　审核:×××　批准:×××　第 1 页　共 2 页

代码	产品或功能标志	功能	故障模式	故障原因	任务阶段与工作方式	故障影响			严酷度	故障检测方法	改进补偿措施	故障率 λ_p 来源	故障模式危害度					产品危害度 $(\times10^{-6})$
						局部影响	高一层次影响	最终影响					α	β	λ_p $(\times10^{-6})$	t	$\alpha\beta\lambda_p t$ $(\times10^{-6})$	
01	安定面支承	支承降升舵	安定面后梁变形过大	刚度不够	飞行时偏移	安定面后梁变形超过允许范围	升降舵转动卡滞	损伤飞机	Ⅱ	无	增加安定面与升降舵抗弯刚度	统计	0.02	0.8	15.6	0.33	0.0824	Ⅱ类:0.0824 Ⅲ类:0.252 Ⅳ类:0.0252
			支臂裂纹	疲劳	飞行	故障征候	故障征候	影响任务完成	Ⅲ	目视检查或无损探伤	增加强度	统计	0.49	0.1	15.6	0.33	0.252	
			螺栓锈蚀	长期使用	飞行	故障征候	影响很小	无影响	Ⅳ	目视检查	定期维修、更换	统计	0.49	0.01	15.6	0.33	0.0252	
02	轴承组件	安装转动舵面	轴承间隙过大	磨损	飞行	功能下降	功能下降	损伤飞机	Ⅱ	无	加强润滑、定期维修及更换	统计	0.89	0.8	79.91	0.33	18.776	Ⅰ类:2.611 Ⅱ类:18.776
			滚珠掉出	磨损	飞行	丧失功能	丧失功能	危及飞机安全	Ⅰ	无	更换	统计	0.11	0.9	79.91	0.33	2.611	

3. 绘制危害度矩阵

根据表 9-6,以故障模式严酷度等级作为横坐标,以故障模式的概率等级作为纵坐标,把每种故障模式的横、纵坐标标在危害性矩阵中作为一个坐标点,并将该点与坐标原点连成一条直线段,构成该系统危害度矩阵。

9.2 故障树分析

FMECA 是单因素分析法,只能分析单个故障模式对系统的影响。为此,1961 年贝尔实验室提出了故障树分析法(fault tree analysis,FTA),并把它用到了导弹发射控制系统的可靠性分析,取得了巨大成功。FTA 可以分析多种故障因素(硬件、软件、环境、人为因素等)的组合对系统的影响,特别适合对难以建立可靠性逻辑框图模型的大型复杂系统进行可靠性分析。其后波音公司将其成功应用于大型客机的研制中,大大提高了客机的可靠性和安全性。现在FTA已经在核工业、航空、航天、机械、电子、兵器、船舶、化工等工程领域广泛应用,是国际公认的可靠性和安全性分析的一种简单、有效且有发展前途的方法。

9.2.1　故障树分析法定义

故障树的建立

故障树分析法是研究引起系统失效这一事件的各种直接和间接原因——也称为事件,在这些事件间建立逻辑关系,从而确定系统故障原因的各种可能组合方式或其发生概率的一种可靠性、安全性分析和风险评价方法。它在工程设计阶段可以帮助寻找潜在事故,在系统允许阶段可以用作失效预测。

故障树分析法的基本思想是:以系统最不希望发生的事件(故障事件)作为分析目标(顶事件),先找出导致顶事件发生的所有直接因素和可能原因作为中间事件,然后往下找出造成中间事件发生的全部直接因素和可能原因,并依次逐级地找下去,直至追查到那些最原始的直接因素,不再需要继续分析的最基本因素或事件(底事件)为止。先采用相应的符号表示这些事件,再用描述事件间逻辑因果关系的逻辑门符号把顶事件、中间事件与底事件联结成倒立的树状图形,这种倒立树状图称为故障树。

9.2.2　故障树名词术语及符号

常用故障树符号如表9-7、表9-8所示。

表9-7　常用事件及符号

符号		说明
(实线圆、虚线圆)	底事件	元部件在设计的运行条件下发生的随机故障事件,故障分布已知 (1)实线圆——硬件故障 (2)虚线圆——人为故障
(菱形)	底事件	未探明事件:表示该事件可能发生,但是概率较小,无须进一步分析的故障事件,在故障树定性、定量分析中一般可以忽略不计
(矩形)	顶事件	人们不希望发生的显著影响系统技术性能、经济性、可靠性和安全性的故障事件。顶事件可由FMECA分析确定
(矩形)	中间事件	包括故障树中除底事件及顶事件之外的所有事件
(房形)	开关事件	已经发生或必将要发生的特殊事件[《故障树分析指南》(GJB/Z 768A—98)] 在正常工作条件下必然发生或必然不发生的特殊事件[《故障树名词术语和符号》(GB/T 4888—2009)]。例如,高空作业工人为移动工作地点而卸除安全带
(长圆形)	条件事件	描述逻辑门起作用的具体限制的特殊事件

表 9-8 常用逻辑门符号

符号	说明
与门 A · $B_1 \cdots B_n$	B_i（$i=1,2,\cdots,n$）为门的输入事件，A 为门的输出事件 B_i 同时发生时，A 必然发生，这种逻辑关系称为事件交 用“与门”描述，逻辑表达式为 $A=B_1\cap B_2\cap B_3\cap\cdots\cap B_n$
或门 A + $B_1 \cdots B_n$	当输入事件中至少有一个发生时，输出事件 A 发生，这种逻辑关系称为事件并 用“或门”描述，逻辑表达式为 $A=B_1\cup B_2\cup B_3\cup\cdots\cup B_n$
表决门 A r/n $B_1 \cdots B_n$	若 n 个输入中至少有 r 个发生，则输出事件发生；否则，输出事件不发生
异或门 A + 不同时发生 $B_1\ B_2$	输入事件 B_1，B_2 中任何一个发生都可能引起输出事件 A 发生，但 B_1，B_2 不能同时发生 相应的逻辑表达式为 $A=(B_1\cap\overline{B_2})\cup(\overline{B_1}\cap B_2)$

9.2.3 故障树建造的一般步骤和方法

故障树的建造是 FTA 分析的关键，故障树建造的完善程度将直接影响定性分析和定量计算结果的准确性。复杂系统的建树工作一般十分庞大复杂，机制交错多变，因此要求建树者必须全面、仔细，并广泛地掌握设计、使用维护等各方面的经验和知识。建树时最好能有各有关方面的技术人员参与。

建树的方法一般分为两类：一类是人工建树，主要应用演绎法进行建树，从顶事件开始由上而下、循序渐进地逐级进行；另一类是计算机辅助建树，主要应用判定表法和合成法，首先定义系统，然后建立事件之间的相互关系，编制程序由计算机辅助进行分析。

人工建树一般按照下列步骤进行：

1. 熟悉分析对象

熟悉产品任务书、原理图、操作规程、维修规程等。了解产品与零件间的功能关系、使用环境、人员有关情况、使用维修情况。辨明人为因素和软件对系统的影响，辨识系统可能采取的各种状态模式以及它们和各单元状态的对应关系，识别这些模式之间的相互转换，确定合理的故障判据。

2. 选择顶事件

人们不希望发生的、显著影响系统技术性能、经济性、可靠性和安全性的故障事件可能不止一个，在充分熟悉系统及其资料的基础上，做到既不遗漏又分清主次地将全部重大故障事件一一列举，然后根据分析的目的和故障判据确定出分析的顶事件。顶事件应是妨碍完成任务、对安全构成威胁、严重影响经济效益等致命度比较高的事件。

3. 建立故障树

从上而下逐级建树，顶事件写在最上方框内，引起顶事件的全部直接原因事件写在第二排，在顶事件与这些原因事件之间用逻辑门相连接。这样一级一排，逐级分析下去，直到最底层不再分解的原因事件（底事件）为止。

4. 故障树的简化

根据建树规则建立起来的故障树可能比较庞大和繁杂，层次过多或过细的故障树对定性分析和定量计算都是不方便的。因此，在故障树建成之后要对这棵故障树进行逻辑等效简化。简化故障树应遵循如下规则：

（1）规范化故障树。故障树只含与门、或门、非门以及结果事件和底事件。将未探明事件当作基本事件或删除；将表决门变为或门和与门的组合，将异或门变为或门、与门和非门的组合。

（2）去除明显的逻辑多余事件。对那些不经过逻辑门直接相连的一串事件，只保留最下面的一个事件。

（3）去除明显的逻辑多余门。凡相邻两级逻辑门类型相同者均可简化。若与门（或门）之下有与门（或门），则下一级的与门（或门）及其输出事件均可去除，它们的输入事件直接成为保留与门（或门）的输入事件，如图 9-6 所示。

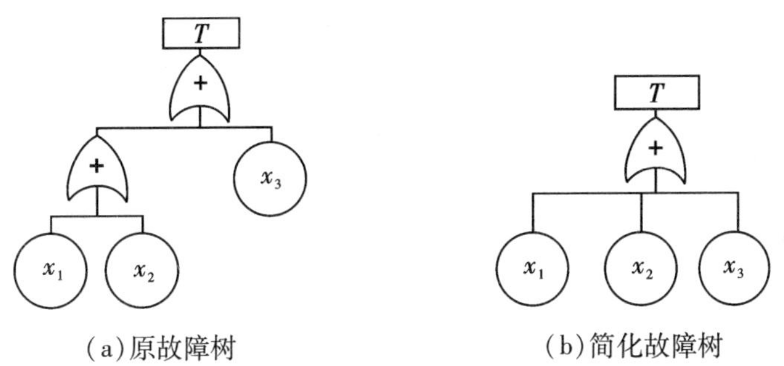

（a）原故障树　　（b）简化故障树

图 9-6　故障树的简化

例 9-1　如图 9-7 所示是一个供水系统工作原理图，E 为水箱，此系统的规定功能是向 B 侧供水。试建立其故障树。

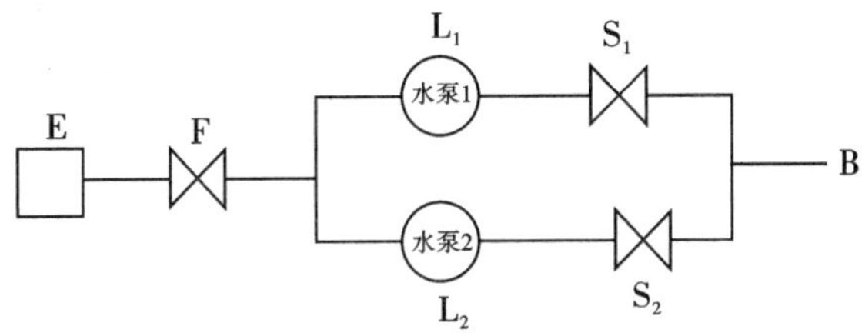

图 9-7　供水系统工作原理图

解：E——水箱没有水；

F——阀门 F 故障。

其故障树如图 9-8 所示。

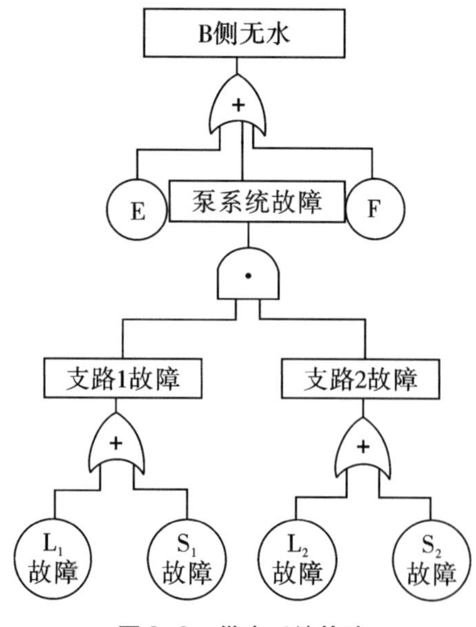

图 9-8 供水系统故障

9.2.4 故障树的定性分析

故障树的定性分析和定量分析

故障树定性分析的目的在于寻找导致顶事件发生的原因事件及原因事件的组合，即识别导致顶事件发生的所有故障模式组合，以便发现潜在的故障和设计的薄弱环节，从而改进设计并可用于指导故障诊断，改进使用和维修方案。在进行故障树定性分析前，首先明确以下几个基本概念。

9.2.4.1 割集和最小割集

(1)割集。割集是指故障树中一些底事件的集合，当这些底事件同时发生时，顶事件必然发生。

(2)最小割集。若将割集中所含有的底事件任意去掉一个就不再成为割集了，这样的割集就是最小割集。最小割集中底事件的个数称为最小割集的阶数。

例如一个反应堆抽水系统，如图 9-9 所示，其故障树如图 9-10 所示。根据与门、或门的性质和割集的定义，很容易找出该故障树的割集：

$$\{x_1\},\{x_1,x_2\},\{x_1,x_2,x_3\},\{x_1,x_2\},\{x_2,x_3\}$$

根据最小割集的定义，可进一步在以上 5 个割集中找出最小割集为 $\{x_1\}$，$\{x_2,x_3\}$。

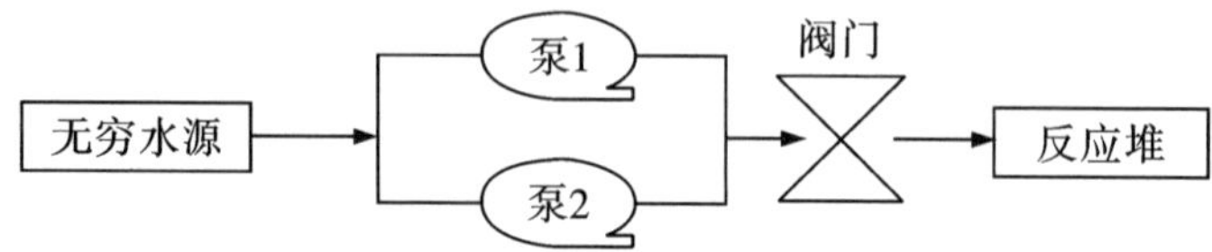

图 9-9 反应堆抽水系统工作原理图

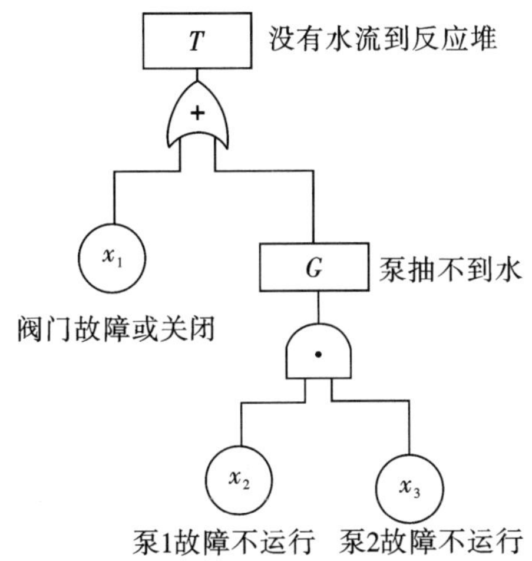

图 9-10 反应堆抽水系统故障树

一个最小割集代表了引起故障树顶事件发生的一种故障模式。故障树定性分析的任务之一就是寻找故障树的全部最小割集。

9.2.4.2 最小割集的意义

(1)最小割集对降低复杂系统潜在事故风险具有重大意义。如果能使每个最小割集中至少有一个底事件恒不发生(发生概率极低),则顶事件就恒不发生(发生概率极低),系统潜在事故的发生概率降至最低。

(2)消除可靠性关键系统中的一阶最小割集,可消除单点故障。可靠性关键系统不允许有单点故障,具体操作方法之一就是设计时进行故障树分析,找出一阶最小割集,在其所在的层次或更高的层次增加"与门",并使"与门"尽可能接近顶事件。

(3)最小割集可以指导系统的故障诊断和维修。如果系统发生了某一故障,则一定是该系统中与其对应的某一个最小割集中的全部底事件发生了。进行维修时,如果只修复某个故障部件,虽然能够使系统恢复功能,但其可靠性水平还远未恢复。根据最小割集的概念,只有修复同一最小割集中的所有部件故障,才能恢复系统可靠性、安全性设计水平。

9.2.4.3 最小割集的求法

求最小割集常用的方法有两种——下行法和上行法。

1. 下行法

从顶事件开始往下逐级进行,根据"逻辑与门仅增加割集的阶数,而逻辑或门仅增加割集的个数"这一性质,由上而下,用输入事件置换输出事件,遇到与门就把与门下面的所有输入事件均排列在同一行,遇到或门就把或门下面的所有输入事件均排列在同一列,依此类推,往下一直到故障树的最底层。然后,对最后一列的每一行的底事件集合进行比较,去掉各行内多余的重复事件和多余的重复行,则每一行都是故障树的一个割集,但不一定是最小割集。将所有割集相互比较,找出相互有包含关系的割集,去掉包含的割集,剩下的便是故障树的最小割集。

例 9-2 用下行法求图 9-11 所示故障树的最小割集。

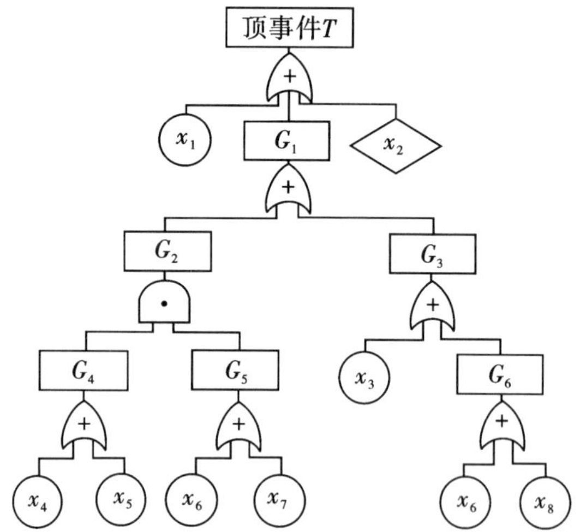

图 9-11 例 9-2 系统故障树

解:(1)顶事件 T 下面是或门,该门下的输入事件 x_1、G_1、x_2 排成一列。

(2)G_1下面是或门,将输入事件 G_2、G_3排成一列,并代替 G_1。

(3)G_2下面是与门,将输入事件 G_4、G_5排成一行,并代替 G_2;G_3下面是或门,将其输入事件 x_3、G_6排成一列。

(4)G_4下面是或门,将其输入事件 x_4、x_5排成一列,并与事件 G_5组合成 x_4G_5和 x_5G_5。

(5)G_5下面是或门,应将其输入事件 x_6、x_7排成一列,并分别与 x_4、x_5组合,即 x_4G_5组合成 x_4x_6、x_4x_7,且排成一列。

(6)x_5G_5组合成 x_5x_6、x_5x_7,且排成一列;G_6下面是或门,将其门下输入事件 x_6、x_8排成一列。

至此,故障树的所有结果事件都已被处理。

对所有割集进行相互比较,去掉不是最小割集的割集,最后得到该故障树的所有最小割集。该故障树最小割集的具体求法如表 9-9 所示。

表 9-9 下行法求故障树的最小割集

步骤	1	2	3	4	5	割集	最小割集
	x_1	x_1	x_1	x_1	x_1	$\{x_1\}$	$\{x_1\}$
	x_2	x_2	x_2	x_2	x_2	$\{x_2\}$	$\{x_2\}$
	G_1	G_2	G_4G_5	x_4G_5	x_4x_6	$\{x_4,x_6\}$	$\{x_4,x_7\}$
		G_3	x_3	x_5G_5	x_4x_7	$\{x_4,x_7\}$	$\{x_5,x_7\}$
			G_6	x_3	x_5x_6	$\{x_5,x_6\}$	$\{x_3\}$
				G_6	x_5x_7	$\{x_5,x_7\}$	$\{x_6\}$
					x_3	$\{x_3\}$	$\{x_8\}$
					x_6	$\{x_6\}$	
					x_8	$\{x_8\}$	

2. 上行法

从故障树的底事件开始,自下而上逐层地进行事件集合运算,将或门输出事件用输入事件的并(布尔和)代替,将与门输出事件用输入事件的交(布尔积)代替,直到所有结果事件均被处理。然后,将所得的表达式逐次代入,按布尔运算的规则,将顶事件表示成底事件积之和的最简式,其中每一积项对应于故障树的一个最小割集,全部积项即是故障树的所有最小割集。

例 9-3　用上行法求图 9-11 所示故障树的最小割集。

解:(1)该故障树最下一层为

$$G_4 = x_4 + x_5, G_5 = x_6 + x_7, G_6 = x_6 + x_8$$

(2)往上一层为

$$G_2 = G_4G_5 = (x_4 + x_5)(x_6 + x_7) = x_4x_6 + x_4x_7 + x_5x_6 + x_5x_7$$

$$G_3 = x_3 + G_6 = x_3 + (x_6 + x_8) = x_3 + x_6 + x_8$$

(3)再往上一层为

$$G_1 = G_2 + G_3 = x_4x_6 + x_4x_7 + x_5x_6 + x_5x_7 + x_3 + x_6 + x_8$$

对有包含关系的项进行吸收,上式可简化为

$$G_1 = G_2 + G_3 = x_4x_7 + x_5x_7 + x_3 + x_6 + x_8$$

(4)最上一层为

$$T = x_1 + x_2 + G_1 = x_1 + x_2 + x_4x_7 + x_5x_7 + x_3 + x_6 + x_8$$

故得到的最小割集为

$$\{x_1\}, \{x_2\}, \{x_4, x_7\}, \{x_5, x_7\}, \{x_3\}, \{x_6\}, \{x_8\}$$

所得结果与下行法完全相同。

求最小割集已经有计算机程序,可用在大型复杂的故障树分析中。

注意:在上行法中要对每一步计算结果按集合运算规则进行简化,使得留下的是没有相互包含关系的事件集合。

9.2.4.4　最小割集的定性分析

求得故障树的全部最小割集后,当可靠性数据不足时,或在各个底事件发生概率比较小,且相互差别不大的情况下,可按以下原则对最小割集和底事件进行定性比较,以便根据定性比较的结果确定改进设计的方向、指导故障诊断和确定维修次序。

(1)阶数越小的最小割集越重要。

(2)在低阶最小割集中出现的底事件比高阶最小割集中的底事件重要。

(3)在最小割集阶数相同的条件下,在不同最小割集中重复出现次数越多的底事件越重要。

9.2.5　故障树的定量分析

故障树定量分析的主要任务是计算或估算顶事件发生的概率并进行重要度分析。在进行定量分析时,首先要确定各底事件的失效模式和它的失效分布参数或失效概率值,其次要做如下假设:

(1)故障树各底事件之间相互独立。

(2)底事件和顶事件都只考虑两种状态——发生或不发生,也就是说元部件和系统都是只有两种状态——正常和故障。

(3)系统的元部件寿命假定服从指数分布。

(4)所研究系统为单调关联系统。

在上述假设的前提下,利用故障树进行定量分析主要有两种方法:一是利用结构函数进行定量分析;二是通过最小割集进行定量分析。

9.2.5.1 利用结构函数计算顶事件的发生概率

对一个由 n 个底事件构成的故障树,设 x_i 表示第 i 个底事件的状态变量,且 x_i 仅取 0 或 1 两种状态,顶事件的状态变量用 $\boldsymbol{\Phi}$ 表示,则 $\boldsymbol{\Phi}$ 也仅取 0 或 1 两种状态,则

$$x_i = \begin{cases} 1 & \text{底事件 } x_i \text{ 发生,即单元 } i \text{ 故障} \\ 0 & \text{底事件 } x_i \text{ 不发生,即单元 } i \text{ 正常} \end{cases}$$

$$\boldsymbol{\Phi} = \begin{cases} 1 & \text{顶事件发生,即系统故障} \\ 0 & \text{顶事件不发生,即系统正常} \end{cases}$$

若顶事件状态变量 $\boldsymbol{\Phi}$ 完全由故障树中所有底事件的状态变量所决定,则

$$\boldsymbol{\Phi} = \boldsymbol{\Phi}(X) \quad (X = x_1, x_2, \cdots, x_n) \tag{9-3}$$

式(9-3)为故障树的结构函数。

(1)与门故障树结构函数为

$$\boldsymbol{\Phi}(X) = \prod_{i=1}^{n} x_i = \min(x_1, x_2, \cdots, x_n) \tag{9-4}$$

当所有底事件都出现时,顶事件才会出现,其故障树如图 9-12 所示。

(2)或门故障树结构函数为

$$\boldsymbol{\Phi}(X) = 1 - \prod_{i=1}^{n} (1 - x_i) = \max(x_1, x_2, \cdots, x_n) \tag{9-5}$$

只要有一个底事件出现,顶事件就出现,其故障树如图 9-13 所示。

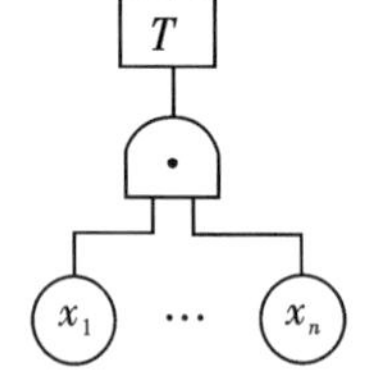

图 9-12 与门故障树

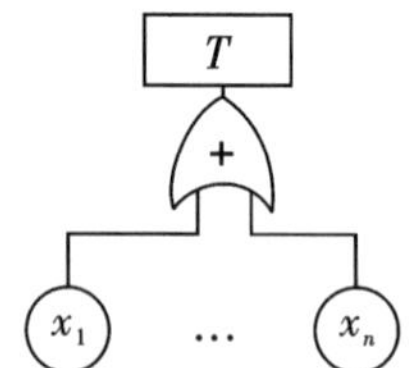

图 9-13 或门故障树

若故障树顶事件代表系统故障,底事件代表对应的元部件故障,则顶事件发生的概率实质上就是系统的不可靠度 $F_s(t)$,其数学表达式为

$$P(T) = F_s(t) = E[\boldsymbol{\Phi}(X)] \tag{9-6}$$

底事件 x_i 的期望值为

$$E[x_i(t)] = P[x_i(t) = 1] = F_i(t) \tag{9-7}$$

其中, $F_i(t)(i = 1, 2, \cdots, n)$ 为第 i 个底事件的发生概率,即所对应的第 i 个单元的不

可靠度。

例 9-4　故障树如图 9-10 所示,试用结构函数计算顶事件发生的概率。

解:由式(9-4)、式(9-5)得,该故障树的结构函数为

$\Phi(X)=1-(1-x_1)(1-x_2x_3)$

故障树顶事件发生的概率为

$P(T)=F_s(t)=E[\Phi(X)]=E[1-(1-x_1)(1-x_2x_3)]=1-[1-F_1(t)][1-F_2(t)F_3(t)]$

利用结构函数计算顶事件发生概率时,故障树结构函数表达式中不能有重复出现的底事件。对于有重复底事件出现的故障树,需要通过最小割集来求顶事件的发生概率。

9.2.5.2　利用最小割集计算顶事件的发生概率

在故障树中,底事件、中间事件、顶事件都是故障事件。若已知故障树所有最小割集为 $K_1,K_2,\cdots,K_r$,底事件 $x_1,x_2,\cdots,x_n$ 发生的概率为 $F_i(t)\ (i=1,2,\cdots,n)$,则顶事件 T 发生的概率 $P(T)$ 为

$$F_s(t)=P(T)=P(\bigcup_{i=1}^{r}K_i) \tag{9-8}$$

若各最小割集中没有重复出现的底事件,也就是说,最小割集之间是不相交或不相容的,则

$$F_s(t)=P(T)=P(\bigcup_{i=1}^{r}K_i)=\sum_{i=1}^{r}P(K_i) \tag{9-9}$$

式中, $P(K_i)$ 由最小割集 K_i所包含的所有底事件的发生概率相乘得到。

当最小割集之间相交时,精确计算顶事件的发生概率就必须用相容事件的全概率公式:

$$\begin{aligned}F_s(t)&=P(T)=P\left(\bigcup_{i=1}^{r}K_i\right)\\&=\sum_{i=1}^{r}P(K_i)-\sum_{1\leqslant i<j\leqslant r}P(K_iK_j)+\sum_{1\leqslant i<j<k\leqslant r}P(K_iK_jK_k)+\cdots+(-1)^{r-1}P(K_1K_2\cdots K_r)\end{aligned} \tag{9-10}$$

在许多实际工程问题中,精确计算是不必要的。其原因是:①统计得到的基本数据往往不是很准确,因此,基于不精确的原始数据计算顶事件发生概率的精确值在工程中意义不大;②一般情况下产品各元部件的不可靠度值很小,顶事件发生的概率按式(9-10)计算时收敛得非常快,代数和中的首项或第二项起主要作用。在实际计算时,采用一阶或二阶近似计算就可以满足要求。

一阶近似计算公式为

$$P(T)\approx S_1=\sum_{i=1}^{r}P(K_i) \tag{9-11}$$

二阶近似计算公式为

$$P(T)\approx S_1-S_2=\sum_{i=1}^{r}P(K_i)-\sum_{1\leqslant i<j\leqslant r}P(K_iK_j) \tag{9-12}$$

例 9-5 某故障树如图 9-14 所示，其中 $F_1=0.01$，$F_2=0.02$，$F_3=0.03$，$F_4=0.04$，$F_5=0.05$。试用最小割集求顶事件的发生概率。

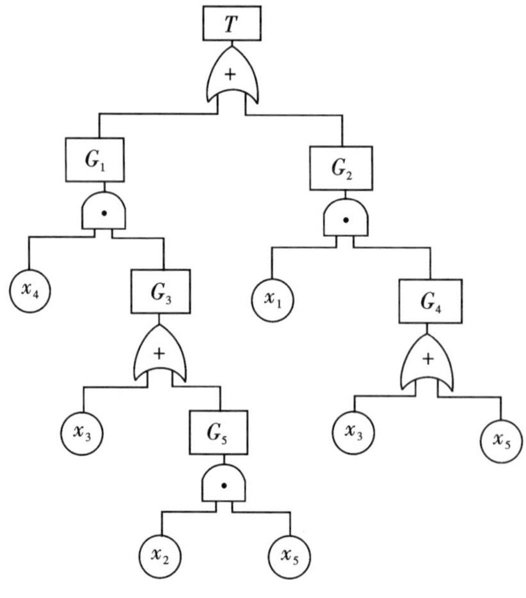

图 9-14 例 9-5 故障树

解：(1)求故障树最小割集

G_1	x_4G_3	x_4x_3	x_4x_3
		x_4G_5	$x_4x_2x_5$
G_2	x_1G_4	x_1x_3	x_1x_3
		x_1x_5	x_1x_5

$K_1=\{x_3x_4\}$，$K_2=\{x_2x_4x_5\}$，$K_3=\{x_1x_3\}$，$K_5=\{x_1x_5\}$

(2)一阶近似计算

$$P(T)\approx S_1=\sum_{i=1}^{4}P(K_i)=F_3F_4+F_2F_4F_5+F_1F_3+F_1F_5$$
$$=0.03\times0.04+0.02\times0.04\times0.05+0.01\times0.03+0.01\times0.05$$
$$=0.002\ 04$$

(2)二阶近似计算

$$S_2=\sum_{i<j=2}^{4}P(K_iK_j)=P(K_1K_2)+P(K_1K_3)+P(K_1K_4)+P(K_2K_3)+P(K_2K_4)+P(K_3K_4)$$
$$=F_2F_3F_4F_5+F_1F_3F_4+F_1F_3F_4F_5+F_1F_2F_3F_4F_5+F_1F_2F_4F_5+F_1F_3F_5$$
$$=0.02\times0.03\times0.04\times0.05+0.01\times0.03\times0.04+0.01\times0.03\times0.04\times0.05$$
$$+0.01\times0.02\times0.03\times0.04\times0.05+0.01\times0.02\times0.04\times0.05+0.01\times0.03\times0.05$$
$$=0.000\ 001\ 2+0.000\ 012+0.000\ 000\ 6+0.000\ 000\ 012+0.000\ 000\ 4+0.000\ 015$$
$$=0.000\ 029\ 212$$

$$P(T) \approx S_1 - S_2 = \sum_{i=1}^{4} P(K_i) - \sum_{1 \leqslant i < j \leqslant 4}^{4} P(K_i K_j) = 0.002\,04 - 0.000\,029\,212$$
$$= 0.002\,010\,788$$

9.2.5.3　底事件的重要度分析

故障树定量分析的另一个重要任务是计算重要度。底事件对顶事件发生的贡献称为该底事件的重要度。一般情况下，系统中各元部件并非等同重要，如有的元部件一旦发生故障就会引起系统故障，而有的元部件则不然。因此，分析各底事件对顶事件发生的重要性对改进设计十分必要。重要度分析的目的就是确定系统薄弱环节和改进设计方案。

重要度是系统结构、元部件寿命分布及时间的函数，由于设计的对象不同、要求不同，所采用的重要度分析方法也不同。一般常用的重要度有概率重要度、结构重要度、关键重要度，在实际工程中可根据具体情况选用。

1. 概率重要度

概率重要度是指第 i 个元部件不可靠度的变化引起系统不可靠度变化的程度，用 $I_p(i)$ 表示第 i 个元部件的概率重要度，则

$$I_p(i) = \frac{\partial F_s(t)}{\partial F_i(t)} \quad (i = 1, 2, \cdots, n) \tag{9-13}$$

式中，$F_s(t)$ ——顶事件发生的概率，它是底事件发生概率的函数；

$F_i(t)$ ——第 i 个底事件的发生概率。

2. 结构重要度

结构重要度是指元部件在系统中所处位置的重要程度，与元部件故障概率并无关系，完全由故障树的结构决定。

当系统中第 i 个元部件由正常状态 0 变为故障状态 1 时，其他元部件的状态保持不变，系统可能有以下 4 种状态变化情形：

(1) 若 $\Phi(0_i, X) = 0 \rightarrow \Phi(1_i, X) = 1$，则 $\Phi(1_i, X) - \Phi(0_i, X) = 1$。

(2) 若 $\Phi(0_i, X) = 0 \rightarrow \Phi(1_i, X) = 0$，则 $\Phi(1_i, X) - \Phi(0_i, X) = 0$。

(3) 若 $\Phi(0_i, X) = 1 \rightarrow \Phi(1_i, X) = 1$，则 $\Phi(1_i, X) - \Phi(0_i, X) = 0$。

(4) 若 $\Phi(0_i, X) = 1 \rightarrow \Phi(1_i, X) = 0$，则 $\Phi(1_i, X) - \Phi(0_i, X) = -1$。

$\Phi(1_i, X) - \Phi(0_i, X)$ 表示系统中第 i 个元部件由正常状态 0 变为故障状态 1，其他元部件状态保持不变时结构函数的变化值。其中，情形(4)不可能出现，情形(2)、(3)结构函数变化值为 0，因此只需要考虑情形(1)。对一个由 n 个元部件组成的系统，若第 i 个元部件处于某一种状态，其余 $n-1$ 个元部件的状态可能有 2^{n-1} 种组合，则可知只考虑第 i 个元部件状态变化时系统结构函数的变化总值 n_i^{Φ} 为

$$n_i^{\Phi} = \sum_{2^{n-1}} [\Phi(1_i, X) - \Phi(0_i, X)] \tag{9-14}$$

对系统结构函数的变化总值 n_i^{Φ} 取均值即可认为是第 i 个元部件对系统故障贡献大小的量度，也就是其结构重要度 $I_{\Phi}(i)$ 为

$$I_{\Phi}(i) = \frac{1}{2^{n-1}} n_i^{\Phi} \tag{9-15}$$

3. 相对概率重要度

相对概率重要度是指第 i 个元部件故障率变化所引起的系统故障率的相对变化率，也称为关键重要度。它体现了改善一个比较可靠的元部件比改善一个不太可靠的元部件困难这一性质，用 $I_c(i)$ 表示，则

$$I_c(i)=\frac{F_i(t)}{F_s(t)}\times\frac{\partial F_s(t)}{\partial F_i(t)}=\frac{F_i(t)}{F_s(t)}\times I_p(i) \tag{9-16}$$

例 9-6 试求例 9-5 中各底事件的概率重要度和相对概率重要度。

解：根据故障树的最小割集，其概率组成函数为

$F_s(t)=P(T)\approx F_3F_4+F_2F_4F_5+F_1F_3+F_1F_5$

由式(9-13)得各底事件的概率重要度为

$$I_p(1)=\frac{\partial F_s(t)}{\partial F_1(t)}=F_3(t)+F_5(t)=0.03+0.05=0.08$$

$$I_p(2)=\frac{\partial F_s(t)}{\partial F_2(t)}=F_4(t)\times F_5(t)=0.04\times 0.05=0.002$$

$$I_p(3)=\frac{\partial F_s(t)}{\partial F_3(t)}=F_4(t)+F_1(t)=0.04+0.01=0.05$$

$$I_p(4)=\frac{\partial F_s(t)}{\partial F_4(t)}=F_3(t)+F_2(t)\times F_5(t)=0.03+0.02\times 0.05=0.031$$

$$I_p(5)=\frac{\partial F_s(t)}{\partial F_5(t)}=F_2(t)\times F_4(t)+F_1(t)=0.02\times 0.04+0.01=0.010\,8$$

由式(9-16)得底事件的相对概率重要度为

$$I_c(1)=\frac{F_1(t)}{F_s(t)}\times I_p(1)=\frac{0.01}{0.002\,04}\times 0.08=0.392\,2$$

$$I_c(2)=\frac{F_2(t)}{F_s(t)}\times I_p(2)=\frac{0.02}{0.002\,04}\times 0.002=0.019\,6$$

$$I_c(3)=\frac{F_3(t)}{F_s(t)}\times I_p(3)=\frac{0.03}{0.002\,04}\times 0.05=0.735\,3$$

$$I_c(4)=\frac{F_4(t)}{F_s(t)}\times I_p(4)=\frac{0.04}{0.002\,04}\times 0.031=0.607\,8$$

$$I_c(5)=\frac{F_5(t)}{F_s(t)}\times I_p(5)=\frac{0.05}{0.002\,04}\times 0.010\,8=0.264\,7$$

习题

9-1 假设火车制动系统的故障率 $\lambda_p=0.01$ 次/(10^6 h)，工作时间 $t=20$ h。试根据表 9-10 的数据求：

(1) 故障模式的模式危害度；

(2)系统的产品危害度。

表 9-10　题 9-1 火车制动系统危害性分析表

产品名称	故障模式	故障模式频数比 α	故障影响	严酷度	故障影响概率 β
制动系统	卡死	0.5	(1)火车滑轨并驶入火车站	Ⅱ类	0.9
			(2)火车脱轨	Ⅰ类	0.1
	效率降低	0.5	(1)火车不能有效减速	Ⅱ类	0.8
			(2)火车不能有效减速且发生安全事故	Ⅰ类	0.2

9-2　某型飞机有 4 台发动机,左侧为 A 和 B,右侧为 C 和 D,当任一侧的两台发动机均发生故障时则飞机丧失正常功能。若只考虑发动机的故障,试:

(1)建立此飞机的故障树;

(2)求其最小割集;

(3)求当各发动机的可靠度为 0.99 时,此飞机的可靠度。

9-3　在如图 9-15 所示的故障树中,已知各底事件的发生概率均为 0.05。试求:

(1)故障树的最小割集,并进行定性分析;

(2)结构函数;

(3)顶事件 T 发生概率的一阶近似解;

(4)各底事件的概率重要度和关键重要度。

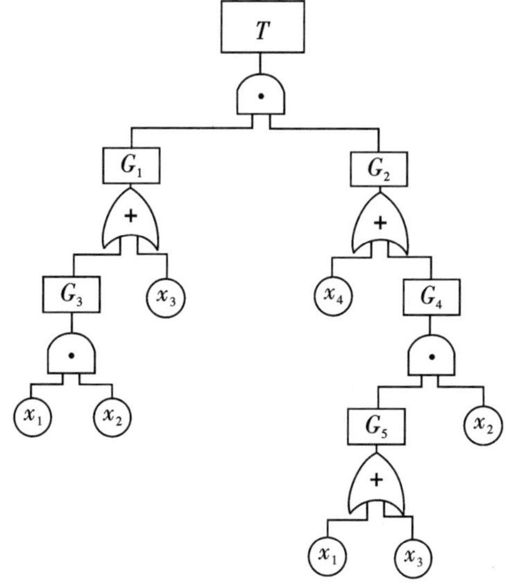

图 9-15　题 9-3 故障树

第 10 章　可靠性试验和数据分析

为验证、评价和分析产品的可靠性而进行的各种试验，总称为产品的可靠性试验。通过可靠性试验以及对试验结果的数据处理，可以取得被试验产品在各种试验工况条件下的可靠度指标，如可靠度 $R(t)$、失效概率 $F(t)$、平均寿命 θ、失效率 $\lambda(t)$ 等，从而为产品的设计、生产和使用提供可靠度数据，还可以揭示产品在设计、材料选择、制造工艺等方面存在的问题；通过失效分析，可以找出失效原因以制定改进措施，达到提高产品可靠性的目的。因此，可靠性试验是保证产品可靠性的一个基本环节，也是机械产品可靠性设计和可靠性预测的基础。

可靠性试验的分类及设计

10.1　可靠性试验的分类及设计

10.1.1　可靠性试验的分类

按照试验项目分，可靠性试验可以分为筛选试验、环境试验、寿命试验、可靠性增长试验。

10.1.1.1　筛选试验

筛选试验是在产品制造过程中，将不符合要求的产品（包括成品、半成品）剔除，而将符合要求的产品保留下来的试验。其目的是剔除早期失效的产品。

可靠性筛选可以提高一批产品使用的可靠性，但并不能提高每一个产品的固有可靠性，因为筛选不能改变失效机制而延长任何单个元器件的寿命，它只是剔除早期失效的产品后使剩下产品的平均寿命比筛选前提高了。筛选不同于质量验收：质量验收是通过抽样检验判定一批产品是否合格从而决定接收或拒收；而筛选是对于合格产品 100% 地进行试验，以剔除早期失效产品。虽然可靠性筛选要付出相当代价（材料、时间），但与筛选带来的好处相比，这种代价是值得的。

筛选试验通过向产品施加合理的环境应力，例如温度循环、随机振动、离心加速度等，将其内部的潜在缺陷加速变成故障。如有些单位采用了把温度循环和随机振动结合起来的高效应力筛选，取得了很好的效果。

10.1.1.2　环境试验

众所周知，产品的使用环境对其可靠性影响很大，因此要进行环境适应性试验。通过试验结果对故障特征机制进行分析,找出改进措施,进一步提高产品可靠性,使产品可靠性接近设计规定的固有可靠性水平。环境试验分为现场试验和人工模拟试验。

当一些产品在样机研制完成之后,必须经过一段时间的现场使用考验,才能大批生产。为评价产品的现场使用可靠性而进行的试验称为现场试验。在可靠性工作中,现场试验数据是非常重要的。通过对现场故障的统计分析,可以求出其现场使用或储存的可靠性。现场试验取得的数据可真实地反映产品在实际使用条件下的可靠性,但是周期长、花费大,故有一定局限性,用于重要产品。

人工模拟试验是人工控制条件下的试验,是在试验箱内或试验台上进行的。其目的是在短时间内观察产品承受环境应力的能力。该试验最重要的一点是正确选择试验应力条件。环境模拟试验的设计者应对产品的实际使用环境有确切的了解。若对使用环境估计偏严而制定了过高试验条件,则将导致产品成本提高和研制周期增长;若对使用环境估计不足而降低了试验条件,则导致产品在实际使用环境下出现故障,造成一定的损失。这种方法经常应用于产品制造厂家,具体试验方法参照有关标准。

10.1.1.3 寿命试验

寿命试验是评价分析产品寿命特征的试验。通过寿命试验可以获得失效率、平均寿命等可靠性特征量,以此作为可靠性预计、可靠性鉴定及改进产品质量的依据。模仿正常工作应力进行的寿命试验,需要较长的时间,代价很高。目前广泛采用加速寿命试验的方法。加速寿命试验就是在不改变产品失效机制、不引入新的失效因子的前提下,提高试验应力,加速产品失效进程,再根据加速试验结果,预计正常应力下的产品寿命。这种试验可以用较短的时间快速地评价产品的可靠性。如钟表发条的拉平试验就是一种加速试验(因为试验中施加的应力远远大于正常工作时承受的应力,任何钟表工作中发条都不会出现被拉成直线的状态)。

根据应力施加的方法,加速寿命试验可以分为恒定应力加速寿命试验、步进应力加速寿命试验、序进应力加速寿命试验,如图 10-1 所示。

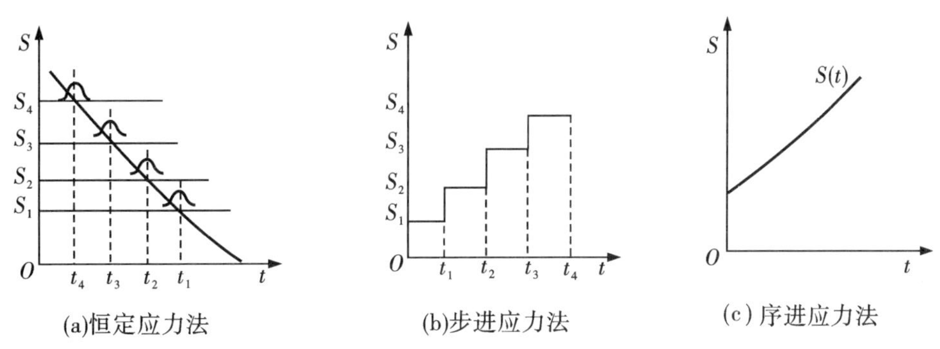

(a)恒定应力法　(b)步进应力法　(c)序进应力法

图 10-1　加速寿命试验方法

1. 恒定应力加速寿命试验

将试样分几组,每组固定一个应力水平进行试验。其试验因素单一,数据容易处理,外推准确性较高,故最常见,但试验时间较长。

2. 步进应力加速寿命试验

以积累损伤失效物理模型为理论依据，试验时，每组样品固定一个逐级升高应力的时间，直到足够数量的样品失效为止。这种试验一般假定前面低一级试验对本级试验的影响可以忽略不计，因此该试验方法的缺点是预计精度低，优点是试验周期短。它通常用于工艺对比，筛选摸底定性分析场合。

3. 序进应力加速寿命试验

序进应力加速寿命试验是在试验过程中应力随时间等速连续增强的试验。该试验的试验周期短，但需要有专门的程序控制设备、数据处理复杂，一般很少用。

10.1.2 寿命试验的设计

10.1.2.1 寿命试验内容

可靠性寿命试验应根据被试验产品的性质和试验目的来设计试验方案，一般均包括下列基本内容：

1. 明确试验对象

寿命试验的样品必须经过严格的质量检验和例行试验的合格品中抽取。样品数量的确定既要考虑到保证统计分析的正确性，又要考虑到试验的经济性，同时要为试验设备条件所容许。

2. 确定试验条件

要根据试验目的来确定施加哪种应力条件。了解产品的储存寿命，需要施加一定的环境应力；了解产品的工作寿命，需要施加一定的环境应力和负载应力。试验条件要严格控制，以保证试验结果的有效性。

3. 确定失效判据

失效标准是判断产品失效的技术指标。一个产品往往有好几项技术指标，在寿命试验中，通常规定某一项或几项指标超出了标准就判为失效。

4. 选定测试周期

在没有自动记录失效设备的场合下，要合理选择测试周期，周期太密会增加工作量，太疏又会丢失一些有用的信息。选定测试周期的一般原则是使每个测试周期内测得的失效样本数比较接近，并且要有足够的测试次数。

当产品寿命服从指数分布时，累积失效分布函数为

$$F(t)=1-e^{-\frac{t}{\theta}}$$

根据上式，则测试周期 t_i 为

$$t_i=\theta\ln\frac{1}{1-F(t_i)} \tag{10-1}$$

例 10-1 某种开关管寿命分布服从参数为 $\frac{1}{\theta}$ 的指数分布，从摸底试验知其在 300 ℃下的平均寿命约为 80 h，在 250 ℃下约为 300 h，在 200 ℃下约为 3 000 h。现做 300 ℃、250 ℃、200 ℃下的储存试验，要求在测试过程中得到的累积失效概率分别为 4%、10%、20%、40%、60%，求测试时间安排（测试周期）。

解：为了工程使用方便，我们分别取 $F(t)$ 为 2%、4%、6%、…、70% 等值，求出相应的 t/θ 值，见表 10-1。

表 10-1　测试时间选择表

$F(t_i)$/%	2	4	6	8	10	12	14	16	18	20	22	24	26	28	30	32	34
t_i/θ	0.02	0.04	0.06	0.08	0.10	0.13	0.15	0.17	0.20	0.22	0.25	0.27	0.30	0.33	0.36	0.38	0.42
$F(t_i)$/%	38	40	42	44	46	48	50	52	54	56	58	60	62	64	66	68	70
t_i/θ	0.48	0.51	0.55	0.58	0.61	0.65	0.69	0.73	0.78	0.82	0.87	0.92	0.97	1.02	1.08	1.14	1.20

各种情况的测试时间见表 10-2。

表 10-2　不同温度时各失效概率的测试时间　　单位：h

$F(t_i)$/%	4	10	20	40	60
300 ℃	3.2	8	17.6	41	73.6
250 ℃	12	30	66	153	276
200 ℃	120	300	666	1530	2760

5. 投试样本数

投试样本数与试验结果、试验时间有关，也与产品种类和价值有关。一般来说，对于复杂的大型机械产品，由于生产数量少、价格高，投试量应少些。大批量生产的简单产品价格便宜，可以多投试一些。投试样本数量可按秩的估计法计算。

当 $n>20$ 时，投试样品数量 n 为

$$n=\frac{r}{F(t)} \tag{10-2}$$

当 $n\leqslant 20$ 时，由平均秩的计算可得

$$n=\frac{r}{F(t)}-1 \tag{10-3}$$

例 10-2　已知某产品平均寿命约为 3 000 h，希望在 1 000 h 试验中观察到 $r=20$ 个失效，求应投入试验的样品数目。

解：(1) 求 $F(t)$ 累积失效概率

$$F(t)=1-\mathrm{e}^{-\frac{t}{\theta}}=1-\mathrm{e}^{-\frac{1\,000}{3\,000}}=0.283\,5$$

(2) 求投入试验的样品数

$$n=\frac{r}{F(t)}=\frac{20}{0.28}=70.55\approx 71>20$$

应投入试验的样品数为 71 个。

从上面的计算结果可以看出，要在规定的时间 t 内观察到较多的失效数 r，则应增加

投试样品数 n。若要求观测到的失效数 r 不变,且能增加投试样品数 n,则可以缩短时间。

10.1.2.2 恒定应力加速寿命试验设计

加速寿命试验

1. 恒定加速应力的选择

任何产品的失效都有其失效机制,不同应力对失效机制的影响不同,因此应根据失效机制来选择加速应力。一个元器件的失效可能有多种失效机制,但在一定时期内将有一种起主导作用,因此应按主要的失效机制来选择加速应力。通常电子元器件选择温度作为加速应力,机械零部件一般选择交变载荷为加速应力。

2. 加速应力水平和应力个数的选择

加速应力水平取 h 个,$|S_1|<|S_2|<\cdots<|S_h|$,h 不得小于4。其中,最低应力水平 $|S_1|$ 应选既高于又接近实际工作时的应力水平,这样可提高由其试验结果推算正常应力水平下的寿命特征的准确性。

但 $|S_1|$ 又不能太接近正常条件的应力,否则,将影响试验节省时间的效果。最高应力水平 $|S_h|$ 则应在不改变产品失效机制的前提下尽量取得高一些,达到最佳的加速效果;但选择最高应力水平时还要考虑试验时的测试条件和能力,避免因为失效过快引起测试困难。应力水平之间常取等间隔分配。

3. 试验样品的选取与分组

整个恒定应力加速寿命试验由 h 个加速应力水平下的寿命试验组成。设在 S_i 应力水平下投入的试样数为 n_i 件,则整个恒定应力加速寿命试验所投试样的总数 n 为

$$n=\sum_{i=1}^{h}n_i \tag{10-4}$$

各组试样数可以相等也可以不等,但一般均不少于 5 个。整个试样应在同一批合格产品中随机抽取。

4. 试验时间的确定

当产品的寿命服从指数分布时,按式(10-1)确定,且应使每个测试周期内测到的失效试样数比较接近。

为了缩短试验时间和节约试验费用,对组成恒定应力加速寿命试验的每组寿命试验常采用截尾寿命试验方法。一般要求每组试验的结尾数 r_i 占该组投试样品数 n_i 的 50%以上,至少也要占 30%,且应使 $r_i\geqslant 5(i=1,2,\cdots,h)$,否则,会影响统计分析的精度。

5. 加速寿命试验曲线

在加速寿命试验中,根据恒定应力加速寿命试验取得的数据,即各级应力水平 $S_i(i=1,2,\cdots,h)$ 下试验样品的失效时间 $t_{i1}\leqslant t_{i2}\leqslant\cdots\leqslant t_{ir}(i=1,2,\cdots,h)$,绘制出加速寿命曲线,如图 10-2 所示,它反映了寿命方程,可用于推算正常应力条件下的寿命特征。

通常对于机械产品,都以机械应力作为加速应力进行恒定应力加速寿命试验。这时其加速寿命曲线如图 10-3 所示。加速寿命方程为

$$N_i=N_j\left(\frac{S_j}{S_i}\right)^m \tag{10-5}$$

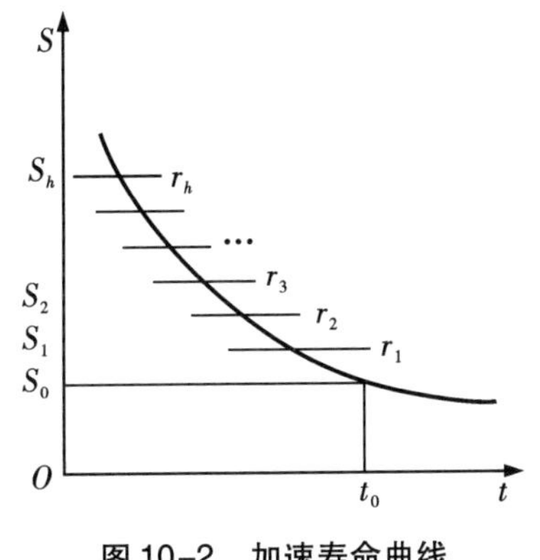

图 10-2　加速寿命曲线

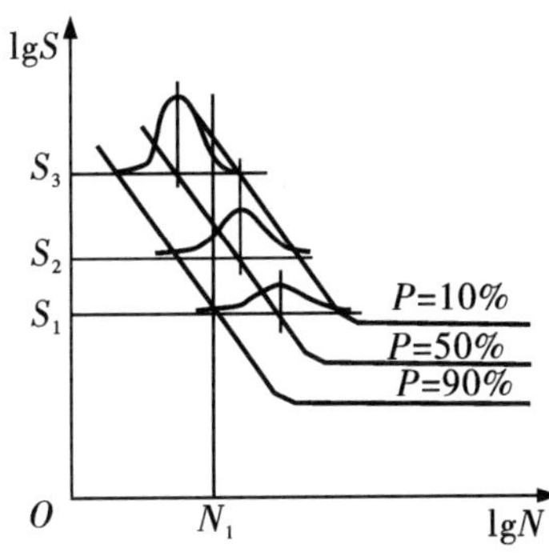

图 10-3　机械应力加速寿命曲线

通过加速寿命试验得到数据后，可利用上述方法获得加速寿命曲线和方程，可以外推出正常应力条件下产品的寿命特征数据。

10.1.3　影响加速寿命试验因素之间的关系

由对加速寿命试验原理分析可知，影响加速寿命试验效果的主要因素有环境应力、样本容量及试验时间。下面分析这三个因素之间的关系。

10.1.3.1　试验时间与环境应力的关系

产品在使用过程中影响其性能和寿命的任何工作条件，如载荷、温度、速度、振动、腐蚀等，统称为环境应力，即广义应力，简称应力。

图 10-4 中曲线为机械零部件的 $S-N$ 疲劳曲线，即为应力与寿命关系曲线。通过机械零部件的 $S-N$ 疲劳曲线，可以预测在规定的试验加速时间内应选择的应力水平，或在规定的应力水平下所需的试验时间。显然，提高应力水平，可减少应力循环次数，也即缩短试验时间。根据 $S-N$ 疲劳曲线确定应力水平，可以保证失效机制不变。

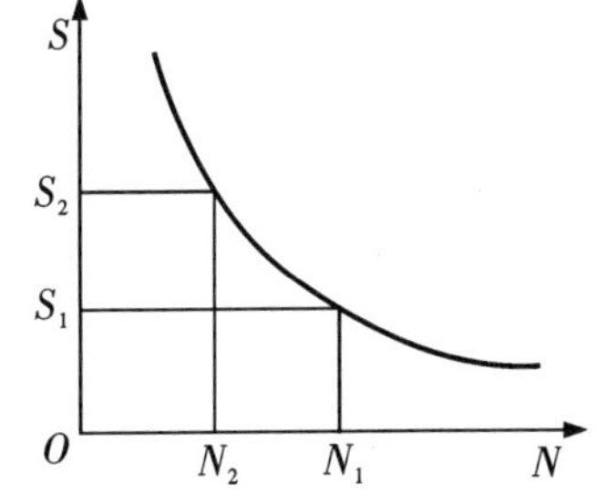

图 10-4　机械零部件的 $S-N$ 曲线

另外，要对加速条件下试验的两个机械零部件进行寿命比较，则这两个零部件的曲线必须相似，如图 10-5 所示，否则，不能进行比较，如图 10-6 所示，因为在加速条件下的试验会得到与实际情况相反的结论。

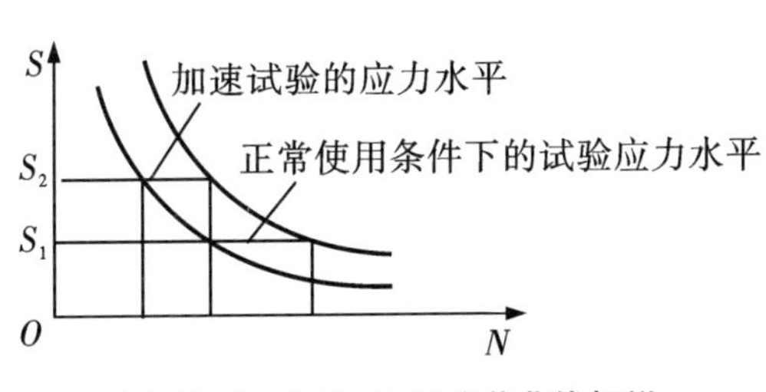

图 10-5　两个 $S-N$ 疲劳曲线相似

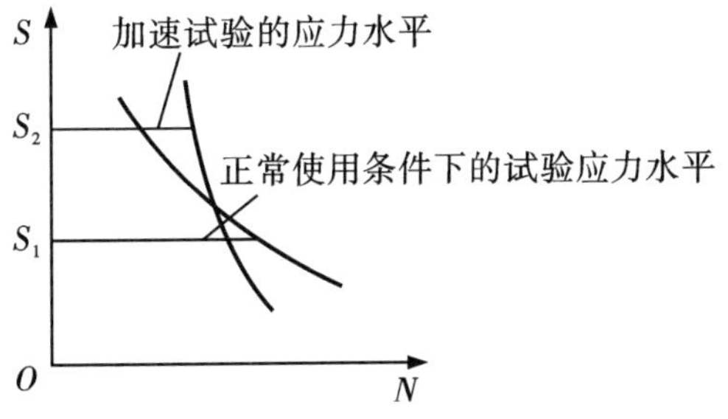

图 10-6　两个 $S-N$ 疲劳曲线不相似

10.1.3.2 样本容量与环境应力的关系

对于结构复杂且价格昂贵的产品,宜采用小样本,主要靠加大环境应力来达到加速的目的。反之,对于结构简单、价格低廉且生产量大的产品,就可以增加样本容量 n 来达到加速试验的目的。

在进行试验时,为了获得产品的可靠性数据,需要对产品的可靠度提出置信度的要求。这就需要研究置信度 γ、可靠度 R 与样本容量 n 的关系。

设产品的失效概率为 p,可靠度为 R(无故障运行概率 q),则 $p+q=1$。若随机抽取容量为 n 的样本,按预定的目标进行试验,发现多于 r 个产品不合格,这批产品将被拒收,反之,只有 r 件或少于 r 件的不合格品,则这批产品将被接受。

n 件样本在试验中恰好有 k 件失效的概率,可由二项分布近似求得:

$$P_n(k) = C_n^k p^k q^{n-k} \tag{10-6}$$

当失效产品数 k 为 0 ~ r 中的任一整数时,产品被接受,可接受概率为

$$P_n(k \leqslant r) = \sum_{k=0}^{r} C_n^k p^k q^{n-k} \tag{10-7}$$

式中,$C_n^k = \dfrac{n!}{(n-k)!\ k!}$。

若要求产品的可靠度 R 具有置信度 γ,那么,接受概率应满足 $P_n(k \leqslant r) = 1-\gamma$,则式(10-7)可改写为

$$1 - \gamma = \sum_{k=0}^{r} C_n^k p^k q^{n-k} \tag{10-8}$$

则

$$\gamma = 1 - \sum_{k=0}^{r} C_n^k p^k q^{n-k} \tag{10-9}$$

它表示受试产品不大于 r 个失效时的产品置信度 γ、可靠度 R(无故障运行概率 q)与样本容量 n 的关系。

如果受试产品无失效发生,即 $k=0$,则有

$$\gamma = 1 - q^n = 1 - R^n \tag{10-10}$$

一般情况下,环境应力接近正态分布,因此可以用上面公式确定试验应力、样本容量 n 及置信度 γ 之间的关系。

1. 试验无失效发生的情况

设一个产品在试验载荷 S_0 下的失效概率为

$$F = P(S \leqslant S_0) = \int_{-\infty}^{S_0} \frac{1}{\sigma_S\sqrt{2\pi}} \exp\left[-\frac{(S-\mu_S)^2}{2\sigma_S^2}\right] \mathrm{d}S \tag{10-11}$$

式中,S_0——试验载荷;

μ_S——导致失效的载荷平均值;

σ_S——导致失效的载荷标准差。

式(10-11)转化为标准正态分布:

$$P = F(S \leqslant S_0) = \int_{-\infty}^{z} \frac{1}{\sqrt{2\pi}} \mathrm{e}^{-\frac{z^2}{2}} \mathrm{d}z = \Phi(z) = \Phi\left(\frac{S_0 - \mu_S}{\sigma_S}\right) \tag{10-12}$$

将式(10-12)代入式(10-10),可以得到 n 个受试产品无失效时产品可靠度 R 的置信度为

$$\gamma = 1 - R^n = 1 - (1 - F)^n = 1 - \left[1 - \Phi\left(\frac{S_0 - \mu_S}{\sigma_S}\right)\right]^n \tag{10-13}$$

可见,在给定置信水平 γ 的条件下,利用式(10-13)就可以确定受试产品失效时的样本容量 n 与载荷的定量关系。

例 10-3　设计一种机械零件,要能承受平均载荷 $\mu_S = 15\ 000$ N,并对其进行可靠性试验。

(1)样本容量取 $n=6$,要求置信度为 90%,在试验过程中零件不发生失效。如果载荷呈正态分布,标准差 $\sigma_S = 0.1\mu_S = 1\ 500$ N,那么试验载荷应为多少牛?

(2)若样本容量取 $n=1$,则相同条件试验载荷应为多少牛?

解:(1)要求试验中不发生失效,置信水平为 90%,则可由式(10-13)得

$$\gamma = 1 - \left[1 - \Phi\left(\frac{S_0 - \mu_S}{\sigma_S}\right)\right]^n$$

$$0.9 = 1 - \left[1 - \Phi\left(\frac{S_0 - 15\ 000}{1\ 500}\right)\right]^6$$

$$\Phi\left(\frac{S_0 - 15\ 000}{1\ 500}\right) = 0.318\ 7$$

查正态分布表得 $z=-0.471\ 4$,由此得

$$\frac{S_0 - 15\ 000}{1\ 500} = -0.471\ 4$$

$$S_0 = 15\ 000 - 1\ 500 \times 0.471\ 4 = 14\ 292.9\ (\text{N})$$

故需要加的载荷为 14 292.9 N,说明被试的 6 个零件如果施加 14 292.9 N 的载荷而不发生失效,我们就有 90% 的把握说这批零件可以承受平均载荷为 15 000 N 而不失效。

(2)试件 $n=1$,其他条件不变,由式(10-13)可得

$$0.9 = 1 - \left[1 - \Phi\left(\frac{S_0 - 15\ 000}{1\ 500}\right)\right]^1$$

$$\Phi\left(\frac{S_0 - 15\ 000}{1\ 500}\right) = 0.9$$

查正态分布表得 $z=1.281\ 7$,由此得

$$\frac{S_0 - 15\ 000}{1\ 500} = 1.281\ 7$$

$$S_0 = 15\ 000 + 1\ 500 \times 1.281\ 7 = 16\ 922.55\ (\text{N})$$

即试件应在载荷 16 922.55 N 下试验不发生失效,才能有 90% 的把握相信这批零件可以承受 15 000 N 的平均载荷。

可见,要得到同样的结论,试件数越少,所需施加的试验载荷就越大。

2. 试验中有失效发生的情况

如果在试验中有产品出现失效,则只要将产品在试验载荷 S_0 时的失效概率 p 代入式(10-9),就可以求得 n 个受试产品出现 r 个失效时的置信度 γ。

例 10-4 例 10-3 中，若 6 个样本在试验载荷 $S_0=14\ 292.9$ N 下有 1 个失效，求实现平均设计载荷为 15 000 N 的可能性(置信度)有多大？

解：一个零件的失效概率为

$$F=\Phi\left(\frac{S_0-\mu_S}{\sigma_S}\right)=\Phi\left(\frac{14\ 292.9-15\ 000}{1\ 500}\right)=\Phi(-0.471\ 4)$$

查正态分布表得 $F=0.318\ 7$

然后把试件数 $n=6$，失效数 $r=1$ 代入式(10-9)得

$$\gamma=1-\sum_{k=0}^{r}C_n^k p^k q^{n-k}$$

$$=1-\left[\frac{6!}{(6-0)!\ 0!}\times 0.318\ 7^0\times(1-0.318\ 7)^{6-0}+\frac{6!}{(6-1)!\ 1!}\times 0.318\ 7^1\times(1-0.318\ 7)^{6-1}\right]$$

$$=0.619\ 3$$

即在 6 个试验样本、1 个失效的情况下，有 61.93% 的把握相信这批零件可以承受 15 000 N的平均载荷。

10.1.3.3 样本容量与试验时间的关系

在进行寿命试验时，经常需要在样本容量和试验时间之间进行协调。若产品结构复杂、价格昂贵，就可以采用小样本进行试验，用延长试验时间的方式来完成试验。当然通过增大应力也可以缩短试验时间。如果产品结构简单、价格低廉，就采用大样本来缩短试验时间。一般情况下，复杂系统采用小样本试验，简单元件采用大样本试验。

对于复杂系统和整机来说，组成元件数很多，其寿命基本上属于指数分布，下面讨论两种情况。

1. 试验无失效发生的情况

对于一台样机试验至时间 t_0，其可靠度和失效概率分别为

$$R=\mathrm{e}^{-\frac{t_0}{T}}$$

$$F=1-\mathrm{e}^{-\frac{t_0}{T}}$$

式中，t_0——试验时间；

T——平均寿命。

若 n 台样机进行相同时间 t_0的独立试验，并且无失效发生，则由式 (10-10)可得

$$\gamma=1-R^n=1-(\mathrm{e}^{-\frac{t_0}{T}})^n=1-\mathrm{e}^{-\frac{nt_0}{T}} \tag{10-14}$$

如果 n 次独立试验时间长度不同，且无失效发生，则置信度为

$$\gamma=1-\mathrm{e}^{(-\frac{t_1+t_2+\cdots+t_n}{T})} \tag{10-15}$$

例 10-5 对新设计的齿轮减速器进行寿命试验。减速器的设计寿命为 1 500 h，只有一台样机可供试验。如果要求设计寿命 1 500 h 的置信度是 95%，那么减速器在不发生失效的情况下，需要试验多长时间？

解：已知样机数 $n=1$，平均寿命 $T=1\ 500$ h，置信度 $\gamma=0.95$

由式(10-14)可得 $1-\mathrm{e}^{-\frac{t_0}{1\ 500}}=0.95$，则

$$t_0 = -1\,500 \times \ln 0.05 = 1\,500 \times 2.995\,7 = 4\,494.55\ (\mathrm{h})$$

即一台减速器需要运行 4 494.55 h 不发生失效，才能保证有 95% 的把握说该减速器具有 1 500 h 的平均寿命。

可见，当样本容量 $n=1$ 时，寿命试验的时间很长。如果适当增加样本容量，可以明显地缩短试验时间。现假设 $n=6$，试验时间为 $1 - e^{-\frac{6t_0}{1\,500}} = 0.95$，则

$$t_0 = \frac{-1\,500 \times \ln 0.05}{6} = \frac{1\,500 \times 2.995\,7}{6} = 749.92\ (\mathrm{h})$$

可见，试验时间约是原来的 1/6。因此，必须在样本容量与试验时间之间权衡得失。

2. 试验有失效发生的情况

如果从总体中随机抽取一个系统进行试验，由于随机的原因，系统发生失效，经修理后，该系统继续投入试验，功能上仍和新的系统一样，而且修理并不改变整个系统的失效机制。因为指数分布的失效是随机失效，修理过的系统也仍然受到随机失效因素的控制，即系统的失效率是常数。可见，在系统试验中，对一台经过 k 次修理的样机的试验，相当于 $k+1$ 台样机，其中 k 台样机已失效，还有一台样机在继续试验。

设投入试验的样机为 n 台，修理了 k 次，则由式(10-9)可得试验的置信度为

$$\gamma = 1 - \sum_{r_i=0}^{k} \frac{N!}{r_i!\ (n - r_i)!} \left[1 - \exp\left(-\frac{t_0}{T}\right)\right]^{r_i} \left[\exp\left(-\frac{t_0}{T}\right)\right]^{N-r_i} \tag{10-16}$$

式中，N——统计样本量，$N=n+k$；

t_0——试验时间；

T——平均失效时间，即平均寿命；

r_i——失效样机数目，$i=0,1,2,\cdots,k$。

例 10-6　对两台齿轮箱进行寿命试验，其中一台在 1 750 h 前发生失效，经修理后继续试验，随后两台齿轮箱不再发生失效。若每台齿轮箱总共试验了 3 450 h，求齿轮箱的平均寿命 $T=1\,500$ h 的置信度。

解：修理次数 $k=1$，样机数 $n=2$，统计样本量 $N=n+k=2+1=3$。

试验时间 $=3\,450$ h，$T=1\,500$ h，由式(10-16)可得

$$\begin{aligned}
\gamma &= 1 - \sum_{r_i=0}^{k} \frac{N!}{r_i!\ (n - r_i)!} [1 - \exp(-\frac{t_0}{T})]^{r_i} [\exp(-\frac{t_0}{T})]^{N-r_i} \\
&= 1 - \frac{3!}{0!\ (3-0)!}\left[1 - \exp\left(-\frac{3\,450}{1\,500}\right)\right]^{0}\left[\exp\left(-\frac{3\,450}{1\,500}\right)\right]^{3-0} - \frac{3!}{1!\ (3-1)!} \times \\
&\quad \left[1 - \exp\left(-\frac{3\,450}{1\,500}\right)\right]^{1}\left[\exp\left(-\frac{3\,450}{1\,500}\right)\right]^{3-1} \\
&= 0.971\,9
\end{aligned}$$

即两台(一台经过修理和一台未修过)齿轮箱试验到 3 450 h，且不再发生失效，齿轮箱具有 1 500 h 平均寿命的置信度为 97.19%。

寿命试验的分布及参数估计

10.2 寿命试验的分布及参数估计

10.2.1 未知分布的寿命试验数据处理

n 个随机样品的寿命是 n 个独立同分布的随机变量。一次完整试验可以测得 n 个样品的失效时间。将全部样品失效时间从小到大顺序排列,其顺序统计量为

$$t_1 \leqslant t_2 \leqslant \cdots \leqslant t_n$$

1. 当 $n>20$ 时

把产品的失效时间$[0,t_n]$分成 m 组,$m\geqslant 8$。统计各时间区间末端时刻的累积失效数 $n_f(t)$及剩余的未失效数 $n_s(t)$,则有

$$n_f(t) + n_s(t) = n$$

产品可靠性分析的相关指标可以由以下相应公式求得。

可靠度为

$$R(t) = \frac{n_s(t)}{n} \tag{10-17}$$

累积失效概率为

$$F(t) = \frac{n_f(t)}{n} \tag{10-18}$$

失效概率密度为

$$f(t) = \frac{\Delta n_f(t)}{n \cdot \Delta t} \tag{10-19}$$

式中, $\Delta n_f(t) = n_f(t + \Delta t) - n_f(t)$ 。

失效率为

$$\lambda(t) = \frac{\Delta n_f(t)}{n_s(t) \cdot \Delta t} = \frac{f(t)}{R(t)} \tag{10-20}$$

平均寿命为

$$T = \frac{1}{n}\sum_{i=1}^{m} t_i \cdot \Delta n_{fi} \tag{10-21}$$

式中,t_i——第 i 组时间区间的中值;

Δn_{fi} ——落在第 i 组中的失效数据个数,称为频数。

2. 当 $n \leqslant 20$ 时

因为数据比较少,所以不能分组而采用逐个计算法,对于每一个 t_i算出相应的累积失效概率 $F(t_i)$ 。当 n 不大时,运用格里文科定理会引起较大误差,这时可采用按平均秩或中位秩来计算 $F(t_i)$:

按平均秩计算:

$$F(t_i) \approx \frac{n_f(t_i)}{n + 1} \tag{10-22}$$

按中位秩计算：

$$F(t_i) \approx \frac{n_f(t_i) - 0.3}{n + 0.4} \tag{10-23}$$

10.2.2　指数分布寿命试验及参数估计

寿命试验分为完全寿命试验和不完全寿命试验两类。对 n 个随机抽取的样品进行寿命试验，直到全部样品失效为止，这样的试验称为完全寿命试验。一般机械零部件的常规疲劳试验就是这种试验，需要花费较长的试验时间。试验达到规定的失效数或达到规定的试验时间就停止的试验称为不完全寿命试验，也称为截尾寿命试验。对于长寿命的零部件，完全寿命试验是不现实的，常采用截尾寿命试验。

按截尾的方式，截尾寿命试验可以分为定时和定数两种。按试验过程中是否替换失效样本，它们又各分为两类：有替换截尾寿命试验和无替换截尾寿命试验。

10.2.2.1　定时截尾寿命试验

试验进行到规定时间 t_0 时停止，即投放样本数 n 及试验时间 t_0 是定值，而产品失效数 r 是随机变量。在规定的时间 t_0 内要保证产品失效数 r 小于规定值，在试验结束时统计有 r 个样本失效，失效时间分别为 $t_1, t_2, \cdots, t_r$。一般产品在偶然失效期的寿命接近指数分布。

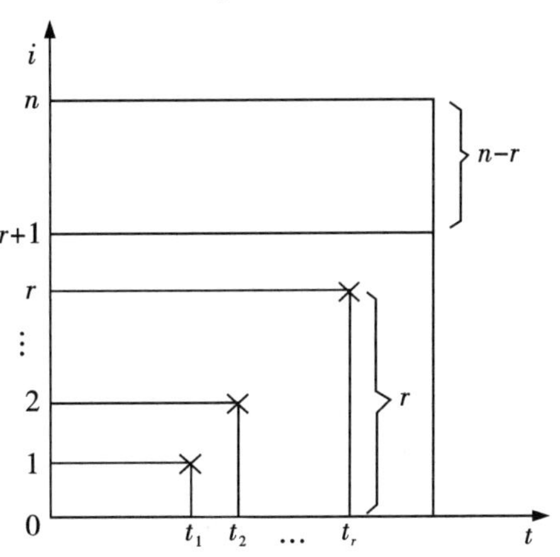

图 10-7　无替换定时截尾寿命试验

1. 无替换定时截尾寿命试验

对于无替换定时截尾寿命试验，当 n 个样本到规定试验时间 t_0 时停止试验，有 r 个样本失效（r 是随机的），得到顺序统计量为 $t_1, t_2, \cdots, t_r$，如图 10-7 所示，则平均寿命的估计值为

$$\hat{\theta} = \frac{1}{r}\left[\sum_{i=1}^{r} t_i + (n-r)t_0\right] \tag{10-24}$$

失效率的估计值为

$$\hat{\lambda} = \frac{1}{\hat{\theta}} \tag{10-25}$$

2. 有替换定时截尾寿命试验

对于有替换定时截尾寿命试验，当 n 个样本同时进行试验，若有样本发生失效立即更换，一直试验到规定时间 t_0 时停止。此时发生 r 个样本失效，此时投入样本总数为 $n+r$，如图 10-8 所示，则平均寿命的估计值为

$$\hat{\theta} = \frac{nt_0}{r} \tag{10-26}$$

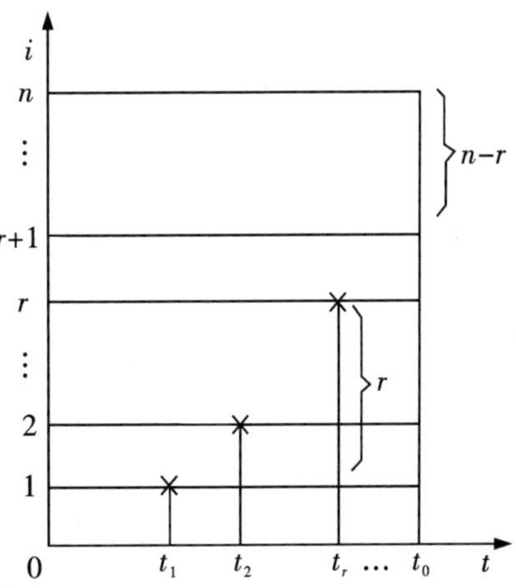

图 10-8　有替换定时截尾寿命试验

失效率的估计值为

$$\hat{\lambda} = \frac{1}{\hat{\theta}} \tag{10-27}$$

10.2.2.2 定数截尾寿命试验

试验进行到规定的失效数 r 时停止，$r<n$，即 r 和 n 是常数，而失效时间 t_0 是随机变量。

1. 无替换定数截尾寿命试验

对于无替换定数截尾寿命试验，当 n 个样本到规定的失效数 r 时停止试验，得到顺序统计量为 $t_1, t_2, \cdots, t_r$，剩下的 $n-r$ 个样本未失效，如图 10-9 所示，则平均寿命的估计值为

$$\hat{\theta} = \frac{1}{r}\left[\sum_{i=1}^{r} t_i + (n-r)t_r\right] \tag{10-28}$$

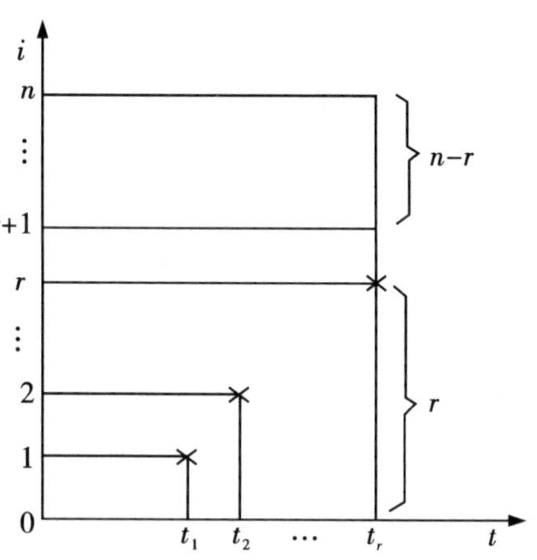

图 10-9 无替换定数截尾寿命试验

2. 有替换定数截尾寿命试验

对于有替换定数截尾寿命试验，当 n 个样本同时进行试验，若有样本发生失效立即更换，一直试验到预先规定的失效数 r 时停止，此时投入样本总数为 $n+r$，如图 10-10 所示，则平均寿命的估计值为

$$\hat{\theta} = \frac{nt_r}{r} \tag{10-29}$$

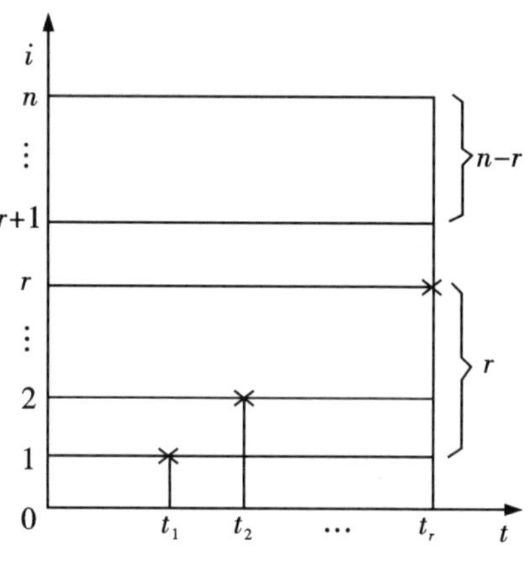

图 10-10 有替换定数截尾寿命试验

例 10-7 已知某产品寿命分布为指数分布，在无替换定数截尾寿命试验时，规定 $n=20$，$r=8$，测得 8 个失效时间为 $t_1=35$ h，$t_2=65$ h，$t_3=100$ h，$t_4=150$ h，$t_5=185$ h，$t_6=220$ h，$t_7=257$ h，$t_8=300$ h。求平均寿命 θ，失效率 λ 及 $t=50$ h 时的可靠度估计值 $\hat{R}(t=50)$。

解：计算总试验时间

$$T = \sum_{i=1}^{r} t_i + (n-r)t_r$$
$$= (35+65+100+150+185+220+257+300) + (20-8)\times 300$$
$$= 4\,912\ (\text{h})$$

平均寿命 $\theta = \dfrac{T}{r} = \dfrac{4\,912}{8} = 614\ (\text{h})$

失效率 $\lambda = \dfrac{1}{\theta} = \dfrac{1}{614\ \text{h}} = 1.629 \times 10^{-3}/\text{h}$

可靠度估计值 $\hat{R}(t=50) = \mathrm{e}^{-\lambda t} = \mathrm{e}^{-\frac{1}{614}\times 50} = 0.921\,79$

10.2.3 正态分布寿命试验及参数估计

如果已知总体为正态分布，对 n 个样本进行相同试验条件的完全寿命试验，其失效

时间分别为 $t_1, t_2, \cdots, t_n$，则总体数学期望 μ（平均寿命 θ）与标准差 S 的估计值分别为

$$\hat{\mu} = \hat{\theta} = \frac{1}{n}\sum_{i=1}^{n} t_i \tag{10-30}$$

$$\hat{S} = \sqrt{\frac{1}{n-1}\sum_{i=1}^{n}(t_i - \hat{\mu})^2} \tag{10-31}$$

例 10-8　已知某种弹簧寿命服从正态分布，抽取 10 个样本，在同一应力水平下进行试验，得出其寿命循环（单位：千周）为 360，180，210，390，280，240，420，260，340，320。计算其数学期望（平均寿命）与标准差的估计值。

解：平均寿命估计值为

$$\hat{\mu} = \hat{\theta} = \frac{1}{n}\sum_{i=1}^{n} t_i$$

$$= \frac{360 + 180 + 210 + 390 + 280 + 240 + 420 + 260 + 340 + 320}{10}$$

$$= 300\text{（千周）}$$

标准差估计值为

$$\hat{S} = \sqrt{\frac{1}{n-1}\sum_{i=1}^{n}(t_i - \hat{\mu})^2} = 79.022\text{（千周）}$$

10.2.4　威布尔分布寿命试验及参数估计

如果总体为二参数威布尔分布（位置参数为零），对 n 个零件进行相同实验条件的完全寿命试验，其失效时间分别为 $t_1, t_2, \cdots, t_n$，其形状参数 m 与尺度参数 η（特征寿命）的估计值为

$$\hat{m} = \frac{\sigma_n}{2.302\,58\sigma_{\ln t}} \tag{10-32}$$

$$\ln\hat{\eta} = \mu_{\ln t} + \frac{y_n}{2.302\,58\hat{m}} \tag{10-33}$$

式中，σ_n, y_n ——与样本 n 有关的系数，如表 10-3 所示；

$\mu_{\ln t}$ ——对数均值，$\mu_{\ln t} = \frac{1}{n}\sum_{i=1}^{n}\ln t_i$；

$\sigma_{\ln t}$ ——对数标准差，$\sigma_{\ln t} = \sqrt{\frac{n}{n-1}(\mu_{\ln^2 t} - \mu_{\ln t}^2)}$。

表 10-3　系数 σ_n, y_n 值

n	σ_n	y_n	n	σ_n	y_n	n	σ_n	y_n
8	0.904 3	0.484 3	17	1.041 1	0.518 1	26	1.096 1	0.532 0
9	0.928 8	0.490 2	18	1.049 6	0.520 2	27	1.100 4	0.533 2
10	0.949 7	0.495 2	19	1.056 6	0.522 0	28	1.104 7	0.534 3

续表 10-3

n	σ_n	y_n	n	σ_n	y_n	n	σ_n	y_n
11	0.967 6	0.499 6	20	1.062 8	0.523 6	29	1.108 6	0.535 3
12	0.988 3	0.503 5	21	1.069 6	0.525 2	30	1.112 4	0.536 2
13	0.997 2	0.507 0	22	1.075 4	0.526 8	40	1.141 3	0.543 6
14	1.009 5	0.510 0	23	1.081 1	0.528 3	50	1.160 7	0.548 5
15	1.020 6	0.512 8	24	1.086 4	0.529 6	60	1.174 7	0.552 1
16	1.031 6	0.515 7	25	1.091 5	0.530 9			

例 10-9 滚动轴承在等幅应力作用下,其接触疲劳寿命近似服从两参数威布尔分布。投入 20 个滚动轴承进行疲劳寿命试验,测得其失效时间(单位:h)分别为 196,212,218,238,260,284,310,324,368,398,422,453,521,552,592,648,693,751,840,892。试估计其威布尔分布的形状参数与尺度参数。

解:寿命的对数均值及标准差为

$$\mu_{\ln t} = \frac{1}{n}\sum_{i=1}^{n} \ln t_i = \frac{1}{20}\sum_{i=1}^{n} (\ln 196 + \ln 212 + \cdots + \ln 892) = 6.019\ 5$$

$$\mu_{\ln^2 t} = \frac{1}{20}[(\ln 196)^2 + (\ln 212)^2 + \cdots + (\ln 892)^2] = 36.455\ 5$$

$$\sigma_{\ln t} = \sqrt{\frac{n}{n-1}(\mu_{\ln^2 t} - \mu_{\ln t}^2)} = \sqrt{\frac{20}{20-1} \times (36.455\ 5 - 6.019\ 5^2)} = 0.482\ 45$$

由表 10-1 查得 $\sigma_n = 1.062\ 8$,$y_n = 0.523\ 6$

形状参数 $\hat{m} = \dfrac{\sigma_n}{2.302\ 58\sigma_{\ln t}} = \dfrac{1.062\ 8}{2.302\ 58 \times 0.482\ 45} = 0.956\ 72$

尺度参数

$$\ln \hat{\eta} = \mu_{\ln t} + \frac{y_n}{2.302\ 58\hat{m}} = 6.019\ 5 + \frac{0.523\ 6}{2.302\ 58 \times 0.956\ 72} = 6.257\ 18$$

$$\eta = e^{6.257\ 18} = 521.745\ 5$$

习题

10-1 已知某组样本,寿命服从指数分布,且其平均寿命约为 2 000 h,在 1 000 h 试验中观察到 6 个试样失效,试问应投入多少个样本?

10-2 某种设备共 80 台同时工作,工作了 100 天时共有 5 台出现故障,求该种设备在现在工况条件下的平均寿命。

10-3 对两台变速箱进行加速寿命试验,其中一台因为滚动轴承失效而停机,更换轴承后继续试验,每台变速箱运转了 2 000 h 就停止试验,再没有发生故障。求变速箱的平均寿命 T=1 000 h 的置信度是多少?

10-4 设某产品寿命服从指数分布,现抽取 20 件进行无替换寿命试验,已知在

3 000 h以内只有 1 件失效，问该产品在置信度为 0.9 时平均寿命 θ 与可靠度 $R(50)$ 是多少？

10-5　乘宇宙飞船去月球，往返 1 次需要 14 天，希望飞船的可靠度为99%的置信度为90%。试问：

（1）为了保证达到此置信度，对宇宙飞船进行环境试验时，需要无事故工作多少天？

（2）这样的实验有无可能实现？

10-6　请思考并定性分析某一特定减速器传动系统零部件（轴、齿轮）的疲劳寿命试验方法，包括试验方案设计、物理样机、试验方法、结果数据的统计等。

附表

标准正态分布表

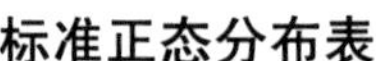

$$\Phi(z) = \int_{-\infty}^{z} \frac{1}{\sqrt{2\pi}} e^{-Z^2/2} dZ = P\{Z \leqslant z\}$$

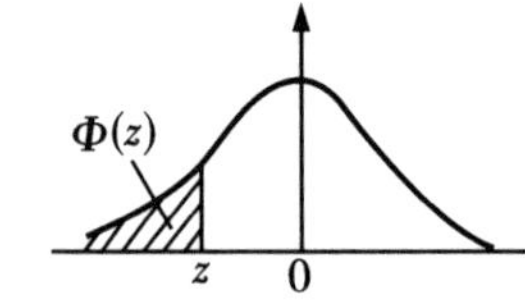

z	0.00	0.01	0.02	0.03	0.04	0.05	0.06	0.07	0.08	0.09
-0.0	0.5000	0.4960	0.4920	0.4880	0.4840	0.4801	0.4761	0.4721	0.4681	0.4641
-0.1	0.4602	0.4562	0.4522	0.4483	0.4443	0.4404	0.4364	0.4325	0.4286	0.4247
-0.2	0.4207	0.4168	0.4129	0.4090	0.4052	0.4013	0.3974	0.3936	0.3897	0.3859
-0.3	0.3821	0.3783	0.3745	0.3707	0.3669	0.3632	0.3594	0.3557	0.3520	0.3483
-0.4	0.3446	0.3409	0.3372	0.3336	0.3300	0.3264	0.3228	0.3192	0.3156	0.3121
-0.5	0.3085	0.3050	0.3015	0.2981	0.2946	0.2912	0.2877	0.2843	0.2810	0.2776
-0.6	0.2743	0.2709	0.2676	0.2643	0.2611	0.2578	0.2546	0.2514	0.2483	0.2451
-0.7	0.2420	0.2389	0.2358	0.2327	0.2297	0.2266	0.2236	0.2206	0.2177	0.2148
-0.8	0.2119	0.2090	0.2061	0.2033	0.2005	0.1977	0.1949	0.1922	0.1894	0.1867
-0.9	0.1841	0.1814	0.1788	0.1762	0.1736	0.1711	0.1685	0.1660	0.1635	0.1611
-1.0	0.1587	0.1562	0.1539	0.1515	0.1492	0.1469	0.1446	0.1423	0.1401	0.1379
-1.1	0.1357	0.1335	0.1314	0.1292	0.1271	0.1251	0.1230	0.1210	0.1190	0.1170
-1.2	0.1151	0.1131	0.1112	0.1093	0.1075	0.1056	0.1038	0.1020	0.1003	0.09853
-1.3	0.09680	0.09510	0.09342	0.09176	0.09012	0.03851	0.08691	0.08534	0.08379	0.08226
-1.4	0.08076	0.07927	0.07780	0.07636	0.07493	0.07353	0.07215	0.07078	0.06944	0.06811
-1.5	0.06681	0.06552	0.06426	0.06301	0.06178	0.06057	0.05938	0.05821	0.05705	0.05592
-1.6	0.05480	0.05370	0.05262	0.05155	0.05050	0.04947	0.04846	0.04746	0.04648	0.04551
-1.7	0.04457	0.04363	0.04272	0.04182	0.04093	0.04006	0.03920	0.03836	0.03754	0.03673
-1.8	0.03593	0.03515	0.03438	0.03362	0.03288	0.03216	0.03144	0.03074	0.03005	0.02938
-1.9	0.02872	0.02807	0.02743	0.02680	0.02619	0.02559	0.02500	0.02442	0.02385	0.02330
-2.0	0.02275	0.02222	0.02169	0.02118	0.02068	0.02018	0.01970	0.01923	0.01876	0.01831
-2.1	0.01786	0.01743	0.01700	0.01659	0.01618	0.01578	0.01539	0.01500	0.01463	0.01426
-2.2	0.01390	0.01355	0.01321	0.01287	0.01255	0.01222	0.01191	0.01160	0.01130	0.01101
-2.3	0.01072	0.01044	0.01017	$0.0^{2}9903$	$0.0^{2}9642$	$0.0^{2}9387$	$0.0^{2}9137$	$0.0^{2}8894$	$0.0^{2}8656$	$0.0^{2}8424$
-2.4	$0.0^{2}8198$	$0.0^{2}7976$	$0.0^{2}7760$	$0.0^{2}7549$	$0.0^{2}7344$	$0.0^{2}7143$	$0.0^{2}6947$	$0.0^{2}6756$	$0.0^{2}6569$	$0.0^{2}6387$

续表

z	0.00	0.01	0.02	0.03	0.04	0.05	0.06	0.07	0.08	0.09
−2.5	$0.0^{2}6210$	$0.0^{2}6037$	$0.0^{2}5868$	$0.0^{2}5703$	$0.0^{2}5543$	$0.0^{2}5386$	$0.0^{2}5234$	$0.0^{2}5085$	$0.0^{2}4940$	$0.0^{2}4799$
−2.6	$0.0^{2}4661$	$0.0^{2}4527$	$0.0^{2}4396$	$0.0^{2}4269$	$0.0^{2}4145$	$0.0^{2}4025$	$0.0^{2}3907$	$0.0^{2}3793$	$0.0^{2}3681$	$0.0^{2}3573$
−2.7	$0.0^{2}3467$	$0.0^{2}3364$	$0.0^{2}3264$	$0.0^{2}3167$	$0.0^{2}3072$	$0.0^{2}2930$	$0.0^{2}2890$	$0.0^{2}2803$	$0.0^{2}2718$	$0.0^{2}2635$
−2.8	$0.0^{2}2555$	$0.0^{2}2477$	$0.0^{2}2401$	$0.0^{2}2327$	$0.0^{2}2256$	$0.0^{2}2186$	$0.0^{2}2118$	$0.0^{2}2052$	$0.0^{2}1938$	$0.0^{2}1926$
−2.9	$0.0^{2}1866$	$0.0^{2}1807$	$0.0^{2}1705$	$0.0^{2}1695$	$0.0^{2}1641$	$0.0^{2}1589$	$0.0^{2}1538$	$0.0^{2}1489$	$0.0^{2}1441$	$0.0^{2}1395$
−3.0	$0.0^{2}1350$	$0.0^{2}1306$	$0.0^{2}1264$	$0.0^{2}1223$	$0.0^{2}1183$	$0.0^{2}1144$	$0.0^{2}1107$	$0.0^{2}1070$	$0.0^{2}1035$	$0.0^{2}1001$
−3.1	$0.0^{3}9676$	$0.0^{3}9354$	$0.0^{3}9043$	$0.0^{3}8740$	$0.0^{3}8447$	$0.0^{3}8164$	$0.0^{3}7888$	$0.0^{3}7622$	$0.0^{3}7364$	$0.0^{3}7114$
−3.2	$0.0^{3}6871$	$0.0^{3}6637$	$0.0^{3}6410$	$0.0^{3}6190$	$0.0^{3}5976$	$0.0^{3}5770$	$0.0^{3}5571$	$0.0^{3}5377$	$0.0^{3}5190$	$0.0^{3}5009$
−3.3	$0.0^{3}4834$	$0.0^{3}4665$	$0.0^{3}4501$	$0.0^{3}4342$	$0.0^{3}4189$	$0.0^{3}4041$	$0.0^{3}3897$	$0.0^{3}3758$	$0.0^{3}3624$	$0.0^{3}3495$
−3.4	$0.0^{3}3369$	$0.0^{3}3248$	$0.0^{3}3131$	$0.0^{3}3018$	$0.0^{3}2909$	$0.0^{3}2803$	$0.0^{3}2701$	$0.0^{3}2602$	$0.0^{3}2507$	$0.0^{3}2415$
−3.5	$0.0^{3}2326$	$0.0^{3}2241$	$0.0^{3}2158$	$0.0^{3}2078$	$0.0^{3}2001$	$0.0^{3}1926$	$0.0^{3}1854$	$0.0^{3}1785$	$0.0^{3}1718$	$0.0^{3}1653$
−3.6	$0.0^{3}1591$	$0.0^{3}1531$	$0.0^{3}1473$	$0.0^{3}1417$	$0.0^{3}1363$	$0.0^{3}1311$	$0.0^{3}1261$	$0.0^{3}1213$	$0.0^{3}1166$	$0.0^{3}1121$
−3.7	$0.0^{3}1078$	$0.0^{3}1036$	$0.0^{4}9961$	$0.0^{4}9574$	$0.0^{4}9201$	$0.0^{4}3842$	$0.0^{4}8496$	$0.0^{4}8162$	$0.0^{4}7841$	$0.0^{4}7532$
−3.8	$0.0^{4}7235$	$0.0^{4}6948$	$0.0^{4}6673$	$0.0^{4}6407$	$0.0^{4}6152$	$0.0^{4}5906$	$0.0^{4}5669$	$0.0^{4}5442$	$0.0^{4}5223$	$0.0^{4}5012$
−3.9	$0.0^{4}4810$	$0.0^{4}4615$	$0.0^{4}4427$	$0.0^{4}4247$	$0.0^{4}4047$	$0.0^{4}3908$	$0.0^{4}3747$	$0.0^{4}3594$	$0.0^{4}3446$	$0.0^{4}3304$
−4.0	$0.0^{4}3167$	$0.0^{4}3036$	$0.0^{4}2910$	$0.0^{4}2789$	$0.0^{4}2673$	$0.0^{4}2561$	$0.0^{4}2454$	$0.0^{4}2351$	$0.0^{4}2252$	$0.0^{4}2157$
−4.1	$0.0^{4}2066$	$0.0^{4}1978$	$0.0^{4}1894$	$0.0^{4}1814$	$0.0^{4}1737$	$0.0^{4}1662$	$0.0^{4}1591$	$0.0^{4}1523$	$0.0^{4}1458$	$0.0^{4}1395$
−4.2	$0.0^{4}1335$	$0.0^{4}1277$	$0.0^{4}1222$	$0.0^{4}1168$	$0.0^{4}1118$	$0.0^{4}1069$	$0.0^{4}1022$	$0.0^{5}9774$	$0.0^{5}9345$	$0.0^{5}8934$
−4.3	$0.0^{5}8540$	$0.0^{5}8163$	$0.0^{5}7801$	$0.0^{5}7455$	$0.0^{5}7124$	$0.0^{5}6807$	$0.0^{5}6503$	$0.0^{5}6212$	$0.0^{5}5934$	$0.0^{5}5668$
−4.4	$0.0^{5}5413$	$0.0^{5}5169$	$0.0^{5}4935$	$0.0^{5}4712$	$0.0^{5}4498$	$0.0^{5}4294$	$0.0^{5}4098$	$0.0^{5}3911$	$0.0^{5}3732$	$0.0^{5}3561$
−4.5	$0.0^{5}3398$	$0.0^{5}3241$	$0.0^{5}3092$	$0.0^{5}2949$	$0.0^{5}2813$	$0.0^{5}2682$	$0.0^{5}2558$	$0.0^{5}2439$	$0.0^{5}2325$	$0.0^{5}2216$
−4.6	$0.0^{5}2112$	$0.0^{5}2013$	$0.0^{5}1919$	$0.0^{5}1828$	$0.0^{5}1742$	$0.0^{5}1660$	$0.0^{5}1581$	$0.0^{5}1506$	$0.0^{5}1434$	$0.0^{5}1366$
−4.7	$0.0^{5}1301$	$0.0^{5}1239$	$0.0^{5}1179$	$0.0^{5}1123$	$0.0^{5}1069$	$0.0^{5}1017$	$0.0^{6}9680$	$0.0^{6}9211$	$0.0^{6}8765$	$0.0^{6}8339$
−4.8	$0.0^{6}7933$	$0.0^{6}7547$	$0.0^{6}7178$	$0.0^{6}6827$	$0.0^{6}6492$	$0.0^{6}6173$	$0.0^{6}5869$	$0.0^{6}5580$	$0.0^{6}5304$	$0.0^{6}5042$
−4.9	$0.0^{6}4792$	$0.0^{6}4554$	$0.0^{6}4327$	$0.0^{6}4111$	$0.0^{6}3906$	$0.0^{6}3711$	$0.0^{6}3525$	$0.0^{6}3348$	$0.0^{6}3179$	$0.0^{6}3019$
0.0	0.5000	0.5040	0.5080	0.5120	0.5160	0.5199	0.5239	0.5279	0.5319	0.5359
0.1	0.5398	0.5438	0.5478	0.5517	0.5557	0.5596	0.5636	0.5675	0.5714	0.5753
0.2	0.5793	0.5832	0.5871	0.5910	0.5948	0.5987	0.6026	0.6064	0.6103	0.6141
0.3	0.6179	0.6217	0.6255	0.6293	0.6331	0.6368	0.6406	0.6443	0.6480	0.6517
0.4	0.6554	0.6591	0.6628	0.6664	0.6700	0.6736	0.6772	0.6808	0.6844	0.6879
0.5	0.6915	0.6950	0.6985	0.7019	0.7054	0.7088	0.7123	0.1757	0.7190	0.7224
0.6	0.7257	0.7291	0.7324	0.7357	0.7389	0.7422	0.7454	0.7486	0.7517	0.7549
0.7	0.7580	0.7611	0.7642	0.7673	0.7704	0.7734	0.7764	0.7794	0.7823	0.7852
0.8	0.7881	0.7910	0.7939	0.7967	0.7995	0.8023	0.8051	0.8078	0.8106	0.8133
0.9	0.8159	0.8186	0.8212	0.8238	0.8264	0.8289	0.8315	0.8340	0.8365	0.8389
1.0	0.8413	0.8438	0.8461	0.8485	0.8508	0.8531	0.8554	0.8577	0.8599	0.8621
1.1	0.8643	0.8665	0.8686	0.8708	0.8729	0.8749	0.8770	0.8790	0.8810	0.8830
1.2	0.8849	0.8869	0.8888	0.8907	0.8925	0.8944	0.8962	0.8980	0.8997	0.90147
1.3	0.90320	0.90490	0.90658	0.90824	0.90988	0.91149	0.91309	0.91466	0.91621	0.91774
1.4	0.91924	0.92073	0.92220	0.92364	0.92507	0.92647	0.92785	0.92922	0.93056	0.93189

续表

z	0.00	0.01	0.02	0.03	0.04	0.05	0.06	0.07	0.08	0.09
1.5	0.93319	0.93448	0.93574	0.93699	0.93822	0.93943	0.94062	0.94179	0.94295	0.94408
1.6	0.94520	0.94630	0.94738	0.94845	0.94950	0.95053	0.95154	0.95254	0.95352	0.95449
1.7	0.95543	0.95637	0.95728	0.95818	0.95907	0.95994	0.96080	0.96164	0.96246	0.96327
1.8	0.96407	0.96485	0.96562	0.96638	0.96712	0.96784	0.96856	0.96926	0.96995	0.97062
1.9	0.97128	0.97193	0.97257	0.97320	0.97381	0.97441	0.97500	0.97558	0.97615	0.97670
2.0	0.97725	0.97778	0.97831	0.97882	0.97932	0.97982	0.98030	0.98077	0.98124	0.98169
2.1	0.98214	0.98257	0.98300	0.98341	0.98382	0.98422	0.98461	0.98500	0.98537	0.98574
2.2	0.98610	0.98645	0.98679	0.98713	0.98745	0.98778	0.98809	0.98840	0.98870	0.98899
2.3	0.98928	0.98956	0.98983	$0.9^{2}0097$	$0.9^{2}0358$	$0.9^{2}0613$	$0.9^{2}0863$	$0.9^{2}1106$	$0.9^{2}1344$	$0.9^{2}1576$
2.4	$0.9^{2}1802$	$0.9^{2}2024$	$0.9^{2}2240$	$0.9^{2}2451$	$0.9^{2}2656$	$0.9^{2}2857$	$0.9^{2}3053$	$0.9^{2}3244$	$0.9^{2}3431$	$0.9^{2}3613$
2.5	$0.9^{2}3790$	$0.9^{2}3963$	$0.9^{2}4132$	$0.9^{2}4297$	$0.9^{2}4457$	$0.9^{2}4614$	$0.9^{2}4766$	$0.9^{2}4915$	$0.9^{2}5060$	$0.9^{2}5201$
2.6	$0.9^{2}5339$	$0.9^{2}5473$	$0.9^{2}5604$	$0.9^{2}5731$	$0.9^{2}5855$	$0.9^{2}5975$	$0.9^{2}6093$	$0.9^{2}6207$	$0.9^{2}6319$	$0.9^{2}6427$
2.7	$0.9^{2}6533$	$0.9^{2}6636$	$0.9^{2}6736$	$0.9^{2}6833$	$0.9^{2}6928$	$0.9^{2}7020$	$0.9^{2}7110$	$0.9^{2}7197$	$0.9^{2}7282$	$0.9^{2}7365$
2.8	$0.9^{2}7445$	$0.9^{2}7523$	$0.9^{2}7599$	$0.9^{2}7673$	$0.9^{2}7744$	$0.9^{2}7814$	$0.9^{2}7882$	$0.9^{2}7948$	$0.9^{2}8012$	$0.9^{2}8074$
2.9	$0.9^{2}8134$	$0.9^{2}8193$	$0.9^{2}8250$	$0.9^{2}8305$	$0.9^{2}8359$	$0.9^{2}8411$	$0.9^{2}8462$	$0.9^{2}8511$	$0.9^{2}8559$	$0.9^{2}8605$
3.0	$0.9^{2}8650$	$0.9^{2}8694$	$0.9^{2}8736$	$0.9^{2}8777$	$0.9^{2}8817$	$0.9^{2}8856$	$0.9^{2}8893$	$0.9^{2}8930$	$0.9^{2}8965$	$0.9^{2}8999$
3.1	$0.9^{3}0324$	$0.9^{3}0646$	$0.9^{3}0957$	$0.9^{3}1260$	$0.9^{3}1553$	$0.9^{3}1836$	$0.9^{3}2112$	$0.9^{3}2378$	$0.9^{3}2636$	$0.9^{3}2886$
3.2	$0.9^{3}3129$	$0.9^{3}3363$	$0.9^{3}3590$	$0.9^{3}3810$	$0.9^{3}4024$	$0.9^{3}4230$	$0.9^{3}4429$	$0.9^{3}4623$	$0.9^{3}4810$	$0.9^{3}4991$
3.3	$0.9^{3}5166$	$0.9^{3}5335$	$0.9^{3}5499$	$0.9^{3}5658$	$0.9^{3}5811$	$0.9^{3}5959$	$0.9^{3}6103$	$0.9^{3}6242$	$0.9^{3}6376$	$0.9^{3}6505$
3.4	$0.9^{3}6631$	$0.9^{3}6752$	$0.9^{3}6869$	$0.9^{3}6982$	$0.9^{3}7091$	$0.9^{3}7197$	$0.9^{3}7299$	$0.9^{3}7398$	$0.9^{3}7493$	$0.9^{3}7585$
3.5	$0.9^{3}7674$	$0.9^{3}7759$	$0.9^{3}7842$	$0.9^{3}7922$	$0.9^{3}7999$	$0.9^{3}8074$	$0.9^{3}8146$	$0.9^{3}8215$	$0.9^{3}8282$	$0.9^{3}8347$
3.6	$0.9^{3}8409$	$0.9^{3}8469$	$0.9^{3}8527$	$0.9^{3}8583$	$0.9^{3}8637$	$0.9^{3}8689$	$0.9^{3}8739$	$0.9^{3}8787$	$0.9^{3}8834$	$0.9^{3}8879$
3.7	$0.9^{4}8922$	$0.9^{4}8964$	$0.9^{4}0039$	$0.9^{4}0426$	$0.9^{4}0799$	$0.9^{4}1158$	$0.9^{4}1504$	$0.9^{4}1838$	$0.9^{4}2159$	$0.9^{4}2468$
3.8	$0.9^{4}2765$	$0.9^{4}3052$	$0.9^{4}3327$	$0.9^{4}3593$	$0.9^{4}3848$	$0.9^{4}4094$	$0.9^{4}4331$	$0.9^{4}4558$	$0.9^{4}4777$	$0.9^{4}4988$
3.9	$0.9^{4}5190$	$0.9^{4}5385$	$0.9^{4}5573$	$0.9^{4}5753$	$0.9^{4}5926$	$0.9^{4}6092$	$0.9^{4}6253$	$0.9^{4}6406$	$0.9^{4}6554$	$0.9^{4}6696$
4.0	$0.9^{4}6833$	$0.9^{4}6964$	$0.9^{4}7090$	$0.9^{4}7211$	$0.9^{4}7327$	$0.9^{4}7439$	$0.9^{4}7546$	$0.9^{4}7649$	$0.9^{4}7748$	$0.9^{4}7843$
4.1	$0.9^{4}7934$	$0.9^{4}8022$	$0.9^{4}8106$	$0.9^{4}8186$	$0.9^{4}8263$	$0.9^{4}8338$	$0.9^{4}8409$	$0.9^{4}8477$	$0.9^{4}8542$	$0.9^{4}8605$
4.2	$0.9^{4}8665$	$0.9^{4}8723$	$0.9^{4}8778$	$0.9^{4}8832$	$0.9^{4}8882$	$0.9^{4}8931$	$0.9^{4}8978$	$0.9^{5}0226$	$0.9^{5}0655$	$0.9^{5}1066$
4.3	$0.9^{5}1460$	$0.9^{5}1837$	$0.9^{5}2199$	$0.9^{5}2545$	$0.9^{5}2876$	$0.9^{5}3193$	$0.9^{5}3497$	$0.9^{5}3788$	$0.9^{5}4066$	$0.9^{5}4332$
4.4	$0.9^{5}4587$	$0.9^{5}4831$	$0.9^{5}5065$	$0.9^{5}5288$	$0.9^{5}5502$	$0.9^{5}5706$	$0.9^{5}5902$	$0.9^{5}6089$	$0.9^{5}6268$	$0.9^{5}6439$
4.5	$0.9^{5}6602$	$0.9^{5}6759$	$0.9^{5}6908$	$0.9^{5}7051$	$0.9^{5}7187$	$0.9^{5}7318$	$0.9^{5}7442$	$0.9^{5}7561$	$0.9^{5}7675$	$0.9^{5}7784$
4.6	$0.9^{5}7888$	$0.9^{5}7987$	$0.9^{5}8081$	$0.9^{5}8172$	$0.9^{5}8258$	$0.9^{5}8340$	$0.9^{5}8419$	$0.9^{5}8494$	$0.9^{5}8566$	$0.9^{5}8634$
4.7	$0.9^{5}8699$	$0.9^{5}8761$	$0.9^{5}8821$	$0.9^{5}8877$	$0.9^{5}8931$	$0.9^{5}8983$	$0.9^{6}0320$	$0.9^{6}6789$	$0.9^{6}1235$	$0.9^{6}1661$
4.8	$0.9^{6}2067$	$0.9^{6}2453$	$0.9^{6}2822$	$0.9^{6}3173$	$0.9^{6}3508$	$0.9^{6}3827$	$0.9^{6}4131$	$0.9^{6}4420$	$0.9^{6}4696$	$0.9^{6}4958$
4.9	$0.9^{6}5208$	$0.9^{6}5446$	$0.9^{6}5673$	$0.9^{6}5889$	$0.9^{6}6094$	$0.9^{6}6289$	$0.9^{6}6475$	$0.9^{6}6652$	$0.9^{6}6821$	$0.9^{6}6981$

参考文献

[1]胡启国. 机械可靠性设计及应用[M]. 北京:电子工业出版社,2014.
[2]陈循,陶俊勇,张春华,等. 机电系统可靠性工程[M]. 北京:科学出版社,2016.
[3]叶南海,戴宏亮. 机械可靠性设计与 MATLAB 算法[M]. 北京:机械工业出版社,2018.
[4]谢里阳. 现代机械设计手册:单行本:疲劳强度可靠性设计[M]. 2 版. 北京:化学工业出版社,2020.
[5]闻邦椿. 机械设计手册:第 6 卷:现代设计理论与方法[M]. 5 版. 北京:机械工业出版社,2010.
[6]张永芝. 可靠性与优化设计[M]. 天津:天津大学出版社,2019.
[7]宋保维. 系统可靠性设计与分析[M]. 西安:西北工业大学出版社,2008.
[8]刘惟信. 机械可靠性设计[M]. 北京:清华大学出版社,1996.
[9]李良巧. 机械可靠性设计与分析[M]. 北京:国防工业出版社,1998.
[10]胡湘洪,高军,李劲. 可靠性试验[M]. 北京:电子工业出版社,2015.
[11]赛义德. 可靠性工程[M]. 杨舟,译. 2 版. 北京:电子工业出版社,2013.
[12]王金武. 可靠性工程基础[M]. 北京:科学出版社,2022.
[13]高社生,张玲霞. 可靠性理论与工程应用[M]. 北京:国防工业出版社,2002.
[14]孙志礼,陈良玉. 实用机械可靠性设计理论与方法[M]. 北京:科学出版社,2003.